汞污染防治技术与对策

Mercury Pollution Control Technologies and Countermeasures

主　编　菅小东

副主编　沈英娃　葛海虹　王玉晶

北　京

冶金工业出版社

2014

内 容 简 介

本书介绍了汞污染的来源，汞污染的控制技术及管理对策。内容包括汞污染及其危害、全球汞的供需和排放、汞减量减排技术、全球汞的削减控制战略，以及我国汞污染的防治对策等。

本书可供有色金属冶炼、电石法聚氯乙烯生产、含汞电光源生产、含汞电池生产、含汞血压计和体温计生产等相关行业的技术和管理人员，以及从事汞污染防治管理工作的人员参考，也可作为环境保护相关专业的科研和教学参考用书。

图书在版编目（CIP）数据

汞污染防治技术与对策/菅小东主编 . —北京：冶金工业出版社，2013.5（2014.3 重印）
ISBN 978-7-5024-6252-9

Ⅰ . ①汞…　Ⅱ . ①菅…　Ⅲ . ①汞污染—污染防治—研究
Ⅳ . ①X5

中国版本图书馆 CIP 数据核字（2013）第 096480 号

出 版 人　谭学余
地　　址　北京北河沿大街嵩祝院北巷 39 号，邮编 100009
电　　话　（010）64027926　电子信箱　yjcbs@ cnmip. com. cn
责任编辑　于昕蕾　美术编辑　彭子赫　版式设计　孙跃红
责任校对　李　娜　责任印制　牛晓波
ISBN 978-7-5024-6252-9

冶金工业出版社出版发行；各地新华书店经销；北京慧美印刷有限公司印刷
2013 年 5 月第 1 版，2014 年 3 月第 2 次印刷
169mm×239mm；14.5 印张；1 彩页；285 千字；224 页
48. 00 元

冶金工业出版社投稿电话:(010)64027932　投稿信箱: tougao@cnmip. com. cn
冶金工业出版社发行部　电话:(010)64044283　传真:(010)64027893
冶金书店　地址:北京东四西大街 46 号(100010)　电话:(010)65289081(兼传真)
（本书如有印装质量问题，本社发行部负责退换）

前　言

　　汞是唯一在常温下呈液态的金属。在自然界中，汞主要以金属汞、无机汞和有机汞化合物的形式存在，煤炭、金属矿物、天然气等资源中均含有不同含量的汞。汞及其化合物广泛应用于化工、仪器仪表、电池、照明、医疗器械等行业，煤、金属、天然气等更是人类生产和生活不可或缺的资源。但是，人类在利用汞及含汞资源的同时，也带来了广泛而持久的汞污染问题，大气、水和土壤中的汞含量在逐年增加，汞污染正在随着城市化进程的加快和工业化水平的提高不断加剧。

　　进入 21 世纪以来，汞污染问题日益成为国际社会关注的焦点。联合国环境规划署（UNEP）于 2002 年组织开展全球汞评估，在全球范围内收集数据信息，分析和识别汞排放源，评估汞在环境中的迁移转化及产生的环境风险和危害，并呼吁全球共同应对和解决汞污染问题。为促进全球采取一致行动，UNEP 多次组织开展国际行动或区域行动，一方面促进人们提高对汞污染的防范意识，另一方面收集各国关于汞的生产、使用和排放信息，研究全球管控措施及实施的可行性，并于 2010 年召集政府间谈判委员会（INC），启动国际汞公约谈判，于 2013 年 1 月完成谈判并通过了公约文本。汞公约针对汞生产、使用、贸易、排放、汞废物、污染场地等制定了不同程度的管控措施。我国的汞产量和需求量位居全球首位，燃煤、有色金属冶炼、水泥生产等行业汞排放量较大，汞公约的制定和实施对我国的汞污染防治提出了更高要求，我国未来履约形势严峻。因此，推广应用无汞/低汞替代技术、汞减排技术、含汞废物处理处置技术等，制定和实施可行对策，不仅是履行国际公约的需要，更是我国加强汞污染防治的必要需求。

　　本书在国际汞公约谈判的大背景下编著完成，书中既汇编了全球汞评估报告中大量翔实的数据和信息，也分析编入了汞公约谈判各次INC会议所附信息文件中的重要内容。特别是结合近几年环境保护部开展的典型行业汞使用和排放清单研究、全国汞污染排放源调查、典型行业汞使用量和排放量估算方法研究、汞公约谈判国内技术支持等项目研究成果，书中系统地分析了我国汞生产、使用和排放现状及近年来的变化情况，从我国国情出发提出了我国汞污染防治对策。书中汇编的背景数据和研究成果尽可能全面、详细，力求为国内汞污染防治科研和管理工作提供有用参考。

　　本书由环境保护部化学品登记中心菅小东负责编写第4～7章的部分内容，沈英娃负责编写第3章和第7章部分内容，葛海虹负责编写第1章和第2章，王玉晶负责编写第3章、第4章和第7章部分内容。本书编写过程中，化学品登记中心田祎、赵静、李克、王磊协助编写了第4～6章的部分内容，同时田祎还协助完成了全文校对和修改工作，在此表示衷心感谢。北京科技大学研究生曹丽霞、傅川、朱亦郡、李洋子、徐士森、高琨、王泽甲、薛秋玉、刘芳、温子龙等协助翻译和整理了大量英文资料，在此表示诚挚谢意。

　　书中不妥之处，敬请批评指正。

菅小东

2013 年 2 月

目　　录

1 汞污染及其危害

1.1 汞的自然形态及特性

1.1.1 汞的存在形式

汞能以多种形态存在于自然环境中。一般而言，汞存在的形态可分为金属汞、无机汞和有机汞三大类，如图 1-1 所示。

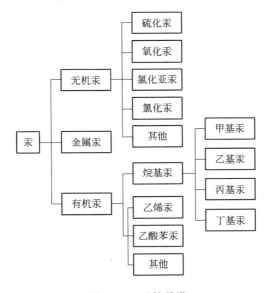

图 1-1 汞的种类

金属汞，也称元素汞，用 Hg（0）或 Hg^0 表示。金属汞在常温下是有光泽的银白色液态金属，常用为温度计指示液，也可与金、银、锌、锡、铬、铅等金属形成汞齐（也称汞剂）。金属汞沸点低，在常温下会蒸发，产生汞蒸气，且温度越高，蒸发量越大。

由于汞的特殊理化性质，自然界中几乎不存在纯净的液态金属汞，大多数情况下以汞化合物（也称汞盐）的形式存在。根据汞结合元素的不同，汞化合物又可分为无机汞化合物和有机汞化合物。在无机汞化合物中，汞可以以一价或二价形态与其他元素结合，分别用 Hg（Ⅰ）和 Hg（Ⅱ）或 Hg^+ 和 Hg^{2+} 表示。常见的无机汞化合物有硫化汞（HgS）、氯化亚汞（Hg_2Cl_2）、氯化汞（$HgCl_2$）及氧化汞（HgO）等。这些无机汞化合物除硫化汞是红色，遇光会变黑外，其余大多数无机汞化合物是白色粉末或晶体。天然硫化汞主要以矿石形态存在，是制造金属汞的主要原料，也用于生漆、印泥、印油和绘画和医药及防腐剂等方面。氯化亚汞又称为甘汞，曾用于制作泻剂及利尿剂等药物。氯化汞，俗称升汞，可用于木材和解剖标本的保存、皮革鞣制和钢铁镂蚀，是分析化学的重要试剂，还可作消毒剂和防腐剂。氧化汞，亮红色或橙红色鳞片状结晶或结晶性粉末，当粉末极细时为黄色，质重，无气味，露置光线下分解成汞和氧，主要用于电池制造。

有机汞化合物是指汞与碳结合形成的化合物，多半是由汞取代有机物中的氢、氮、卤素或其他金属原子反应而成。在自然环境中存在着许多有机汞化合物，如二甲基汞、苯基汞、二乙基汞、甲基汞等，目前最常见的是甲基汞。动物、植物、微生物体内常见的有机汞有烷基汞，如甲基汞、乙基汞。此外，还有部分芳香族烃基汞等。与无机汞化合物一样，有机汞通常也是以汞盐形式存在，如氯化甲基汞。

不同形态的汞在自然环境中可相互转化。通过生物或非生物的甲基化过程，有机汞和无机汞之间可以相互转化。自然界中的甲基汞也可通过生物和化学途径降解为甲烷和金属汞。

1.1.2 汞及其化合物的化学特性和毒性

1.1.2.1 汞

汞，化学符号为 Hg，原子序数为 80，俗称水银，银白色液态金属，易流动，密度为 $13.5939g/cm^3$。化学性质较稳定，在常温干燥空气中不易被氧化，在潮湿的空气中长期放置，汞表面会生成一层氧化亚汞薄膜。高温时汞会与氧气发生反应，该反应也可由紫外线和电子轰击来激发。在加热到 300℃ 以上时形成氧化汞 HgO，若再加热到 400℃ 以上时，氧化汞会分解，汞再度游离出来。汞在室温下可被臭氧氧化，生成 HgO。汞与氧气的反应方程式如下：

$$2Hg + O_2 = 2HgO \qquad (>300℃) \qquad (1-1)$$
$$2HgO = 2Hg + O_2 \qquad (>400℃) \qquad (1-2)$$

金属汞在常温干燥气体中表现为稳定元素，与氢气和惰性气体亦不起反应，但会在室温下与所有的卤素元素反应生成卤化汞。汞易与硫发生反应生成硫化物，因此在实验室通常用硫单质去处理撒漏的汞。除硫之外，元素硒和碲也可直接与汞起反应。氮、磷、砷、碳、硅、锗等元素不直接与汞发生反应。室温下汞对氧化物如 SO_2、SO_3、N_2O、NO、CO、CO_2 成惰性，但与 NO_2 强烈反应生成亚硝酸汞，最终生产硝酸汞。

汞与稀盐酸和稀硫酸均不发生反应，但中等浓度的盐酸（6mol/L）和硫酸（3mol/L）会与汞起轻微反应，并生成少量汞盐。热的浓硫酸会溶解汞生成 Hg_2SO_4、$HgSO_4$ 和 SO_2。汞除与热的浓硫酸发生反应外，还能与硝酸发生反应，依据反应条件的不同，可生成一系列产物：如 $Hg_2(NO_2)_2$、$Hg(NO_2)_2$、$Hg(NO_3)_2$、NO 和 NO_2 等。汞与磷酸不发生反应，但与王水反应，生成氯化汞。汞通常不与碱起反应。

汞可以同某些化合物的水溶液反应，如与 KI 溶液反应生成 K_2HgI_4，与 ZnI_2 溶液反应生成红 HgI_2，也可被某些氧化剂，如过硫盐酸、碱性 Mn（Ⅶ）、酸性 Cr（Ⅵ）和 Fe（Ⅲ）等氧化为 Hg^+ 或 Hg^{2+}，但由于 Hg^+ 化学性质不稳定，常以中间产物形态存在。此外，汞还可以溶解多种金属，如金、银、钾、钠、锌等，溶解后形成汞与这些金属的合金，俗称汞齐，又称汞合金。天然汞齐有银汞齐和金汞齐。人工制备的较多，如钠汞齐、锌汞齐、锡汞齐、钛汞齐等。当汞含量少时，汞齐一般为固态；当汞含量多时，汞齐一般为液态。

汞是一种分布广泛的重金属，其毒性效应已经过充分的科学证实。汞具有高度扩散性和脂溶性，因此其一旦进入人体血液里，很容易蓄积在脑组织中，易造成脑部的严重损害。金属汞暴露的主要途径是蒸气吸入，吸入的蒸气有 80% 左右被肺部组织吸收。汞蒸气也很容易穿过血脑屏障，造成人类的中枢神经系统损伤及行为紊乱，高浓度的汞蒸气还会造成呼吸衰竭，最终导致死亡。有关研究表明，皮肤接触液态汞后，人体的各项生物学指标水平显著提高。对于普通人来说，金属汞蒸气来源主要是口腔用的汞齐。而对于医疗工作者来说，其接触的主要是金属汞，包括仪器事故泄露的汞，主要的暴露方式是皮肤接触。对于涉汞职业工作人员，其暴露频次和暴露程度可能在某些情况下会超出普通大众许多倍。

1.1.2.2 汞的无机化合物

常见的无机汞化合物有硫化汞（HgS）、氯化汞（$HgCl_2$）、氯化亚汞（Hg_2Cl_2）等，其化学性质不同，但一般都具有毒性。

硫化汞，分子式为 HgS，熔点为 583.5℃，沸点为 584℃，密度为 8.1g/cm³，不溶于水、盐酸和硝酸，但溶于王水和硫化钠溶液，有毒。硫化汞有黑色和红色两种晶体，黑色硫化汞受热至 386℃ 即转变为红色硫化汞。自然界存在的辰砂是红色硫化汞，又称朱砂或丹砂，是一种很高质素的颜料，常用于印泥。自古以来，对金属汞的商业开采主要来自辰砂，将其加热至 540℃ 以上，就可从中提炼出金属汞。

氯化汞，俗称升汞，分子式为 $HgCl_2$，为共价型化合物，氯原子以共价键与汞原子结合成直线型分子 Cl－Hg－Cl。氯化汞为白色晶体、颗粒或粉末；熔点为 276℃，沸点为 302℃，密度为 5.44g/cm³ （25℃），有剧毒，溶于水、醇、醚和乙酸。在水中解离度很小，主要以 $HgCl_2$ 分子形式存在，遇光逐渐分解成氯化亚汞，且有剧毒。氯化汞可与氢氧化钠作用生成黄色沉淀。氯化汞溶液中加过量氨水，可得白色氯化氨基汞沉淀。氯化汞可用于木材和解剖标本的保存、皮革鞣制和钢铁镂蚀，是分析化学的重要试剂，医药上用作消毒剂和防腐剂，也用作有机反应的催化剂。

氯化亚汞，俗称甘汞，分子式为 Hg_2Cl_2，白色有光泽的结晶或粉末，难溶于水、乙醇、乙醚、稀酸，溶于浓硝酸、硫酸。氯化亚汞在 400 ~ 500℃ 时升华，在日光下渐渐分解成氯化汞和汞，需密闭保存。溶于浓硝酸或硫酸时，生成相应的汞盐。氯化亚汞与氨水或碱溶液反应可生成二价汞与单质汞。同时，也会被碱金属碘化物、溴化物或氰化物溶液分解为相应的高汞盐和汞。遇氢氧化钠和氨水颜色会变黑。氯化亚汞可用于制作饱和甘汞电极，少量的氯化亚汞无毒，在医药上可用作泻剂和利尿剂。

大部分的无机汞化合物都具有皮肤刺激性，唇、舌等部位一旦接触会出现水泡或溃疡，高浓度暴露的会引起皮疹、多汗、过敏、肌肉抽搐、体虚及高血压等症状。严重的将导致肾衰竭和胃肠损伤。无机汞化合物不能穿越血脑屏障，但可达到肾脏，使其严重受损。对于多数人来说，饮食是无机汞化合物最重要的来源。但是，对于部分人群，使用含汞的美白面霜和香皂、在植物栽培或传统药物中使用汞，也能造成无机汞的暴露。

1.1.2.3　汞的有机化合物

汞与碳结合形成有机化合物，常见的有机化合物有甲基汞、二甲基汞、二乙基汞等。

甲基汞，分子式为 CH_3Hg，是一种具有神经毒性的环境污染物。某些生物过程和化学过程，如细菌微生物的代谢，可使环境中的无机汞转化为甲基汞，易于在河流或湖泊中发现，通过水生食物链进行累积和富集，最终危害到处于食物链顶端的人类。20 世纪 50 年代日本所爆发的水俣病即是甲基汞中毒。

二甲基汞，分子式为 $(CH_3)_2Hg$，相对密度为 3.1874，熔点为 − 43℃（98.7kPa）。常温常压下为无色液体，具有挥发性，易燃，有毒，易溶于乙醇和乙醚，不溶于水。它也是已知最危险的有机汞化合物之一，对胎儿的神经系统、智商和记忆等有危害，数微升即可致死。

二乙基汞，分子式为 $(C_2H_5)_2Hg$，相对密度为 2.446，具有刺激性气味的无色有毒液体。遇明火能燃烧，能与氧化性物质发生反应。不溶于水，微溶于乙醇，易溶于乙醚。当受热分解或接触酸、酸气能发出有毒的汞蒸气。

有机汞化合物中，烷基汞化合物毒性最大，尤其是乙基汞和甲基汞，历史上曾用作杀虫剂。而其他有机汞化合物，如苯汞，其毒性类似于无机汞。甲基汞在有机汞化合物中占有特殊地位，是毒性最大的烷基汞化合物。甲基汞侵入人体，会破坏细胞的基本功能和代谢、破坏肝脏细胞的解毒作用，还可中断肝脏的解毒过程、损害肝脏合成蛋白质的功能。甲基汞能使细胞膜的通透性变差，从而破坏细胞离子平衡，抑制营养物质进入细胞，并引起离子渗出细胞膜，导致细胞坏死。甲基汞还引起神经系统的损害，使末梢神经中感觉神经元出现强烈的变性、脱落，产生感觉障碍。此外，甲基汞对胎儿会产生较大的毒性，脐带和胎儿脑组织中的甲基汞都比母体高，这会造成胎儿早亡或功能不全。一些研究发现，甲基汞暴露增加一点都可能引起心脑血管系统的不良反应，从而使死亡率增加。按照国际癌症研究机构所述并结合其综合评价，甲基汞化合物被认为是可能导致人类致癌的物质。

1.1.3 汞在各圈层的迁移转化

汞在自然界的分布较广，主要分布在地壳表层，但与其他元素相比，含量较少，且不能被降解。随着自然演化，各种环境介质中都可能含有汞或汞的化合物，形成汞的天然本底。汞能以 0、+1、+2 价的价位和不同元素结合，形成多种形态在自然界中存在。同时，受到自然环境及微生物等的作用，不同形态的汞及其化合物间可相互进行迁移或转化。本节主要介绍汞在大气圈、水圈、土壤圈中的迁移转化机理。

1.1.3.1 汞在大气圈中的迁移转化

元素汞及其多种化合物均具有较高的挥发性，在环境中易于迁移转化，特别是通过大气环流向全球各个地区扩散，并通过干、湿沉降向生态系统的各个环节渗透，进而通过食物链进入动物和人体体内，从而造成不可逆转的危害。因此，汞在大气环境中的行为对全球汞循环具有重大的影响。

大气中的汞主要来源于地表的自然源释放和人为源排放。自然源释放是指一系列涉及汞排放和再排放的自然过程，包括火山喷发、森林火灾、湖泊和海洋的去气作用、地热活动以及汞矿化带的释放等地幔和地壳物质的脱气作用，以及从表层土壤、植物表面的挥发过程。再排放是指经过沉降后的汞的再次挥发或释放。一般认为，汞自然排放的主要形态是 HgO，但是也有其他形态的汞的排放，某些自然过程，如火山活动或者土壤侵蚀可产生与颗粒物相联系的汞。人为源主要指化石燃料的燃烧、垃圾焚烧，包括市政及医疗废物焚烧、排污、金属冶炼、制造和精炼、化工和其他用汞工业等，这些也是目前发达国家主要的汞污染排放源。自工业化开始以来，人为源排汞量与自然源释汞量相比已大大增加。各种人为活动不仅增加了汞在大气中的循环通量，同时也增加了水圈、土壤圈、生物圈的汞负荷，改变了汞固有的生物地球化学循环特征。

大气环境中汞的存在形式有元素态（Hg^0）、水溶性无机汞化合物（Hg^{2+}）、有机汞化合物和颗粒态汞，其中95%以上的是以元素态（Hg^0）形式存在，颗粒态汞只占总气态汞的0.3%~0.9%。大气中重要的有机汞化合物主要是甲基汞和二甲基汞，它们在空气中会发生光化学分解，并可随雨水带入陆地生态系统。颗粒态汞主要是以HgO为代表的二价无机汞化合物，通过沉降进入各圈层，参与各圈层的循环。

元素态Hg^0在大气中停留时间较长，并能够参与长距离的传输，这也是造成全球汞污染的一个重要因素。大气中的Hg^0能与O_3、O、NO_2、H_2O_2等氧化剂和卤族元素等发生氧化反应，转化为Hg^{2+}。与Hg^0相比，Hg^{2+}在大气中的停留时间较短，从几天到几个星期不等，并趋于溶解在大气水蒸气中或吸附在雨滴、颗粒的表面，沉降过程比Hg^0快。这是大气汞（Hg^{2+}）通过湿沉降进入陆地生态系统的主要形式。

大气中的颗粒态汞主要通过降水湿沉降的方式进入陆地与水生生态系统，除此之外，还可以经重力沉降、湍流扩散等干沉降过程沉降于陆地与水生生态系统中。颗粒物的粒径对颗粒态汞的干沉降速率有一定的影响，一般粗粒径颗粒态汞的干沉降速率大于细粒径颗粒态汞的干沉降速率。

酸沉降与大气汞沉降之间也有着某种程度的同源性和协同性。酸沉降的增加可以增加湖泊系统中总汞的输入量，即使大气中汞的浓度维持不变，酸沉降也会造成大气汞干湿沉降的增加。

1.1.3.2 汞在水体中的迁移转化

自然水体面积约占全球总面积的70%，其作为大气汞重要的"汇"，同时也是大气汞重要的"源"，因此汞在水生生态系统中的行为，在汞的生物地球化学循环演化中占有重要地位。

天然水体是由水相、固相、生物相组成的复杂体系。在这些相中，汞具有多种存在状态。在水相中，汞主要以Hg^{2+}、$Hg(OH)_{n(n-1)}$、CH_3Hg^+、$CH_3Hg(OH)$、CH_3HgCl、$C_6H_5Hg^+$等形态存在；在固相中，主要以Hg^{2+}、Hg^0、HgO、HgS、$CH_3Hg(SR)$、$(CH_3Hg)_2S$等形态存在；在生物相中，主要以Hg^{2+}、CH_3Hg^+、CH_3HgCH_3等形态存在。它们之间会随着环境条件的变化而发生改变。研究证明，水体中汞的存在形态会受氧化还原条件和pH值的影响，同时也受Fe^{2+}、Mn^{2+}、DOC等有机和无机配体的影响。也有研究报道，水体中汞的存在形态还和水体温度、盐度、浊度、O_2浓度、总悬浮物（total suspended particulate，TSP）、沉积物以及颗粒态有机碳（particulate organic carbon，POC）含量相关。

水体中的 Hg^0 有不同的来源，最重要的来源是 Hg^{2+} 被水中的微生物还原，此外还来自于非生物机制，主要是腐质酸和有机汞的分解。近来研究表明，水体中 Hg^{2+} 的光还原是形成 Hg^0 的另一个重要机制。Hg^0 虽稳定，但在氯离子存在的条件下能被氧化成 Hg^{2+}。相对于大气来说，大部分水体具有超饱和的 Hg^0。因此，汞很容易从水体挥发，这说明汞从海洋表面的挥发在全球汞循环中扮演很重要的角色，同时也说明 Hg^0 的产生是减少下层 Hg^{2+} 甲基化的一个重要机制。

水体底部的沉积物是重要的汞贮存库，以沉积物结合态存在的汞在一定的环境条件下，会重新释放进入水生生态系统造成二次污染，这一过程往往历时数十年甚至更长的时间。在水体中，无机汞通过微生物的作用会转变成毒性更大的烷基汞。甲基汞有很强的亲脂能力，化学性质稳定，容易被水生生物吸收，进而通过食物链逐级富集与转移，威胁人类健康与安全。研究证实，浮游动物如水蚤，在水生食物链中对甲基汞的高度富集和传递起到重要的作用。藻类等浮游植物和水生植物可将水中的汞浓缩至 1/17000 ~ 1/2000；鱼类可蓄积比周围水体环境高 1000 倍的汞，而贝壳类从水生动植物中吸收的汞约为水中的 1000 ~ 3000 倍。汞的生物迁移过程，实际上主要是甲基汞的迁移与累积过程。

在水环境中甲基汞的形成受到多种因素的影响。汞的生物甲基化效率取决于微生物的活性和汞的生物可利用浓度（而不是总汞的数量），而这些又受到温度、pH 值、氧化还原电位、无机和有机复合物等参数的制约。当 pH 值小于 5.67 时，最佳 pH 值为 4.5，有利于甲基汞的生成。在 pH 值大于 5.67 时，则有利于二甲基汞的生成。甲基汞和二甲基汞之间可以相互转化，二甲基汞在微酸性条件下可以转化为甲基汞。研究表明，汞在海水中的甲基化速率通常比在淡水中低，这主要是受盐以及带电荷的氯配合物和硫配合物的影响。此外，对淡水和河口环境的研究表明，汞的甲基化主要发生在低氧条件下，由硫酸盐还原菌完成。如果有合适的甲基供体存在，那么汞的纯化学甲基化也是可能的。Hg^{2+} 在乙醛、乙醇、甲醇作用下，经紫外线照射作用可甲基化。

自然环境中的甲基汞也可通过微生物和化学两种途径发生降解，即脱甲基作用，这是自然环境向大气散发汞的重要途径。甲基汞的微生物降解是一种生物酶催化分解过程，其最终产物为 Hg^0 和甲烷，这种反应无论是好氧或厌氧条件均可发生。已知多种细菌具有脱甲基的能力，包括好氧菌和厌氧菌，但脱甲基作用主要还是由好氧菌完成。甲基汞的化学降解主要是通过光化学反应发生，经紫外线照射可分解为 $CH_3 \cdot$ 与 Hg^0。

1.1.3.3 汞在土壤中的迁移转化

土壤作为陆生生态系统赖以生存和发展的物质基础之一，也是汞在全球汞循环中重要的"汇"和"源"。土壤中的汞按化学形态可分为金属汞、无机结合态汞和有机结合态汞。在正常的土壤氧化还原电位（Eh）和pH值条件下，土壤中可能存在的无机结合态汞有 HgS、HgO、$HgCO_3$、$HgHPO_4$、$HgSO_4$、$HgCl_2$、$Hg(NO_3)_2$ 等，其中大部分化合物溶解度相对较低，在土壤中的迁移能力很弱，但在土壤微生物的作用下，可向甲基汞方向转化。有机结合态汞包括烷基汞、土壤腐殖质与汞形成的配合物和有机汞农药，如醋酸苯汞等。

在一定条件下，土壤中各种形态的汞之间可以相互转化。大量研究表明，这种转化特征是与土壤质地和土壤环境紧密相关的，其中包括土壤pH值、Eh值、有机质含量、微生物等因素。汞在土壤中的转化模式如图 1-2 所示。

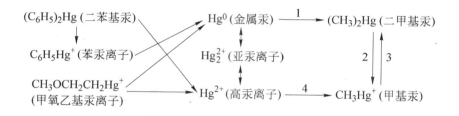

图 1-2　汞在土壤中的转化模式
1—酶的转化（厌氧）；2—酸性环境；3—碱性环境；4—化学转化（好氧）

由于土壤及其组分对汞有强烈的表面吸附和离子交换吸附作用，土壤中的汞主要为固定态。汞进入土壤后，95%以上能迅速被土壤吸附或固定。Hg^{2+}/Hg_2^{2+} 可被带负电的土壤胶体吸附；$HgCl_3^{3-}$ 可被带正电荷的土壤胶体吸附；土壤胶体腐殖酸对汞的吸附比黏土矿物高很多，原因是离子汞对含 S 基团有很高的亲和力。被固定的汞会受土壤种类、汞浓度、土壤性质和土壤微生物的影响，再度释放出来，有的呈溶解态，有的呈挥发态。受上述原因的影响，土壤中蓄积的汞会长时间持续地释放到地表水和其他介质中。土壤中汞的释放主要是由于土壤中微生物的还原作用、化学还原作用及甲基汞的光致还原作用，使无机汞转化为易挥发的有机汞（如二甲基汞）及元素汞。元素汞 Hg^0 很容易从土壤中释放出来，是土壤向大气释放汞的主要形态。

汞在土壤中也能通过食物链进行迁移和富集，使食物链各位点上的微生物、植物等受到危害。一般情况下，植物主要是通过根系从土壤中吸收汞，根系吸收汞后可将其运输至体内各组织。此外，植物还可通过叶、茎的表面直接吸收大气中的汞，植物吸收的汞也能重新释放到大气中。

1.2 汞暴露及人体健康风险

1.2.1 暴露途径

汞暴露的途径有很多，一般人群可以通过食物摄入（摄入受甲基汞污染的鱼类和贝类）、吸入、饮用水、牙齿填充物的释放、职业接触等途径接触汞或汞的化合物。本节介绍几种主要的汞暴露途径。

1.2.1.1 食物摄入

食物摄入是人类接触汞暴露的主要途径，鱼类及海洋哺乳类动物是人类摄入汞的主要来源，且鱼类及海洋哺乳类动物中的汞主要以甲基汞化合物的形式存在。大多数食物中的汞浓度往往低于检测限。1997 年，美国环保局（US Environmental Protection Agency，USEPA）规定鱼类中汞的检出限是 20 ng/g 净鲜重。不同种类鱼的营养组织中正常的汞浓度在一个较宽范围内，一般在 0.05 ~ 1.40mg/kg 净鲜重，具体值还受 pH 值、水的氧化 - 还原电位、鱼的种类、年龄和大小等因素共同影响。大型肉食性鱼类如鲭鱼王、梭子鱼、鲨鱼、箭鱼、白眼鱼、鲷鱼、枪鱼、海豹、锯齿鲸所含的汞平均浓度最高。人类常吃的金枪鱼罐头通常是用小金枪鱼制作的，因此其实际的汞含量较低。从各种暴露途径的吸收剂量来看，食用鱼类是人体汞暴露的最主要来源，通过此途径吸收的汞剂量最高可达 0.356pg/（kg 体重·d），是 USEPA 颁布参考剂量的 3.6 倍左右，而从其他暴露途径吸收的剂量非常少。

汞的摄入量不仅取决于鱼体内的汞含量，还与食用的鱼量有关。因此，部分国家的政府向消费者提出饮食建议，对于汞水平高的地方应限制对鱼类食品的食用量，除此之外，鱼类食用专家们一般会考虑可疑浓度、鱼或罐装食用鱼的消费量以及消费结构。

20 世纪 70 年代，有研究发现，超过几个月或几周时间持续摄入鱼及鱼产品，会导致日均甲基汞摄入量达到约 2 ~ 47μg 不等。由于总汞水平与许多食物的检测限值接近，而且汞的化学形态和配位结合还尚未确定，因此从食物中吸收的无机汞量难以估计。但研究人员已对不同年龄组饮食中总汞的日平均摄入量进行了多年的测定。在一次市场调查中，美国食品药品管理局（Food and Drug Administration，FDA）对饮食中摄入的总汞量进行了测定，不同年龄组每日的摄入量分别为：0.31μg（6 ~ 11 个月）、0.9μg（2 岁）、2 ~ 3μg（成年）。在比利时，也有两组调查，估计每日从所有食物中摄取的总汞量约为 6.5 ~ 13μg。

1.2.1.2 吸入

通过空气的吸入也是人类接触汞的又一主要途径，由于各地汞排放源类型不同，各地空气中汞暴露所产生的影响也有极大差别。假定某一乡村空气中汞浓度为 $2ng/m^3$，城市空气中汞浓度为 $10ng/m^3$，乡村地区和城市里的成年人每天通过呼吸而进入血液的汞量分别约为 32ng 和 160ng。此外，来自印度的一份研究报告指出，在建有热电厂的地区空气中汞暴露产生的影响会因热电厂排放汞的增加而比其他地区严重。同样，一份来自斯洛伐克的报告显示，斯洛伐克市区环境空气中汞浓度范围为 $1.7 \sim 20ng/m^3$，平均值为 $4.57ng/m^3$；工业区为 $1.5 \sim 40ng/m^3$，平均值为 $5.28ng/m^3$，在冶金工业区和燃煤区浓度最高。同理，在诸如有氯碱厂等排放源的下风向空气中汞的浓度也会增加。

除此之外，还有很多用汞类型可引起空气中汞浓度的增加，增加了人类通过空气吸入接触汞暴露的风险。在室内加热金属汞和含汞物体，引起空气中汞浓度的升高，从而引起中毒或死亡。过去用于早产婴儿居住的恒温箱中的汞蒸气浓度接近于职业阈限值，其主要来自于含汞恒温器损坏洒落的汞滴。集中供热箱中汞的泄露以及温度计破损同样也会导致室内空气中汞浓度升高。宗教、种族或礼仪活动中使用金属汞也会产生一定的汞暴露。此外，还有一种汞蒸气暴露的途径是过去用于延长室内乳胶涂料储存期的含汞化合物产生的汞释放，这种释放可使室内空气中汞含量达到 $0.3 \sim 1.5\mu g/m^3$。目前，世界上许多国家已经禁止在涂料中使用汞，因此这种暴露不会像之前那么普遍。中国也已经对室内装饰装修材料、玩具用涂料、汽车涂料和建筑用外墙涂料中的汞含量作出了明确规定。

1.2.1.3 饮用水

饮用水也是人类接触汞的又一途径，人体从饮水中吸收的汞量是人体每日摄入汞量和汞在肠道中吸收率的乘积。饮用水中汞浓度通常为 $0.5 \sim 100ng/L$，平均值约为 $25ng/L$，美国环保局（USEPA）在健康评价程序中采用的成人饮用水量标准为 $2L/d$，因而人类每天通过饮用水摄入的汞大约 50ng。有研究显示，成人对饮用水中汞的吸收率为 7% ~ 15%，儿童的吸收率为 40% ~ 50%。

饮用水中汞的存在形式还未经仔细研究，但化合物汞与螯合物汞（Ⅱ）可能是其主要存在形式。此外，也有一些关于饮用水中甲基汞摄入量的报道，但并不常见。

1.2.1.4 牙齿填充物

牙齿填充物是人类接触汞蒸气的主要途径，主要是牙齿填充物（汞齐）表面释放的汞蒸气进入口腔。1998 年，Clarkson 等已对汞齐填充物的汞释放进行过研究，发现根据汞齐填充物的数量不同，每天从其中吸入的汞蒸气平均量在 $3 \sim 17\mu g$ 之间，少数情况下人体内的血汞量会高达 $20\mu g/L$。

1.2.1.5 职业暴露

工作环境中的汞会增加人类接触的汞量。根据职业活动的类型和采取的保护措施不同，影响的严重程度也有差别，可能影响较小，也可能导致严重的伤害甚至死亡。实际上，在所有生产汞和用汞加工制作产品的工作环境中，职业暴露都可能发生。在氯碱工厂、汞矿、汞法提金、汞的加工和销售、温度计工厂、几乎未进行汞处理的齿科诊所以及含汞化学试剂厂产生的职业暴露都已有报道。

根据联合国工业发展组织（United Nations Industrial Development Organization，UNIDO）的一项研究，位于菲律宾主要岛屿之一的棉兰老岛 Diwata 山脉 Diwalwal 区金矿汞中毒产生的影响，超过70%的职业接触者受到了慢性汞中毒的折磨，在其下属的汞齐冶炼厂的职业暴露人群的比例更高，达到85.4%。在 Diwata 山区及其下风向区域，非职业暴露人群中大约1/3也表现出了慢性中毒的症状，典型的症状有记忆力减退、焦躁、体重减轻、疲劳、战栗、心神不安、蓝色龈等。

近十年来，许多国家通过使用密闭的加工系统、改善通风条件、采用安全的处理流程、加强个人保护装备以及通过替代含汞工艺等避免职业暴露的发生，提高了工作环境质量。但这些措施并未得到广泛普及，仍有许多工人暴露于存在风险的汞浓度环境中。

Zavaris（1994）报道了关于通过实施改进措施和替代工艺改善暴露状况可能性的例子，主要关注的是氯碱工业、电光源、电池及控制仪表这些特定行业中工人所暴露的汞浓度。起初大约17%的工人尿液中汞浓度超过法定限值，在不断改善工作环境，并采用部分汞替代品技术的情况下，超过98%的工人尿液中的汞水平返回到正常范围内。

1.2.1.6 其他暴露

汞在一些传统医药、化妆品、仪式以及某些药剂中使用，会产生有机汞、无机汞或单质汞暴露的可能性。例如硫柳汞，即硫代水杨酸乙基汞，在部分国家用来保存一些牛痘免疫球蛋白疫苗，在保存期间也会产生暴露的可能。此外，还有研究报道一些传统中药或亚洲药品的使用也会导致汞暴露。在中国有媒体报道，部分消费者使用汞超标的增白祛斑产品在短期内暴露于大量的汞，产生头晕、失眠、多梦、脾气暴躁等中毒症状，还有严重者患上了肾病综合症。

1.2.2 健康与暴露风险水平

一般人群主要是通过摄入含甲基汞的食物、饮用水或牙齿填充物（汞齐）中汞的释放接触汞。含汞护肤品、香皂的使用，宗教、文化和仪式中的汞使用，传统医药中的汞以及工作环境中的汞，也会提高人类对汞的接触。例如，家庭中旧煤气表泄漏和其他形式的泄漏会导致空气中汞浓度的升高。在氯碱工厂、汞矿山、温度计/体温计厂、精炼厂、齿科门诊部以及利用汞进行炼金的矿山和制造业等工作环境中汞浓度的升高，已有报道先例。其他的接触可能来自消毒液、一些疫苗中用于防腐剂的硫柳汞及其他医药品的使用。联合国环境规划署（United Nations Environment Programme，UNEP）组织编写的国家评估报告中指出，目前由于局部污染、职业暴露、某些文化和仪式活动、传统医药品的使用等产生的与汞相关的影响，在全球范围各国家和地区之间有很大差别，有些地区会表现得特别显著。

世界上有许多地区都发现了因鱼肉引起的甲基汞暴露的例子，如瑞典、芬兰、美国、北极地区、日本、中国、印度尼西亚、巴布亚新几内亚、泰国、韩国和亚马逊等。美国1999年开展了一项以约700名妇女（年龄在16～49岁）为代表性人群的研究，其中10%的妇女血液和头发中汞浓度超过了美国环保局（USEPA）相应的参考值。在这些国家和地区，地方性和区域性的汞沉积物多年来一直影响着汞污染物的量，直到最近十年才采取了一些措施减少汞的释放。然而，汞污染物释放后的长距离迁移特性，使在只有少量汞释放的国家，以及在远离稠密人类活动的区域，都可能会受到汞污染物的严重影响，北极地区已达到警戒的高汞暴露就是一个实例。

许多国家和国际组织也向 UNEP 提交了关于鱼体内汞浓度的资料，且这类研究在文献中也有报道。水体的 pH 值、氧化－还原性、鱼的种类、年龄和大小等因素造成不同鱼体内的汞浓度值一般在 0.05～1.4mg/kg。由于汞在食物链中的生物放大作用，食物链中营养级别越高或所处位置越高的鱼，其体内汞的浓度就越高。因此，大型食肉性鱼类体内汞的浓度最高，如梭子鱼、鲨鱼、旗鱼、梭鱼类、大金枪鱼以及海豹和有齿鲸等。因鱼体内的汞浓度会直接影响到食用鱼类产品的人类健康，所以许多学者对鱼类和一些海洋哺乳动物的汞暴露水平进行了研究。研究表明，适量食用汞含量低的鱼类不会导致严重的汞暴露，若大量食用受污染的鱼类或海洋哺乳动物将极可能面临严重的汞暴露并最终产生风险，同时建议敏感人群如孕妇和小孩，要限制或避免食用含汞水平高的鱼类。

1.2.3　食用鱼类的暴露风险

血液和头发中的总汞浓度是汞暴露评估的重要指标，一些地区和国家的研究和调查均表明血液和头发中的汞浓度与食鱼量有关。Urieta 等研究西班牙人群汞暴露和饮食摄取的关系时，指出成年人（25～60岁）平均每天吸收18pg的汞，其中80%～90%来自鱼类。Sanzo 等的研究也证明当食鱼量增加时，红血球中的汞含量也随之增加，红血球汞含量30%的变化可以用最近增加的食用鱼量来解释。Ikarashi 等也指出饮食中约 95% 的汞都来自鱼、贝类的消费。2000 年美国食品药品管理局（FDA）编制的食品报告中指出，通过对牛肝脏、菠菜、麦片和鸡肉等取样监测，结果显示大约有 4% 的样品中含有微量的汞（超出检出限但无法定量分析），在 26 份鸡肉样品中除 1 份含有 1mg/kg 的总汞外，其他非鱼类食品均未检出汞。在西班牙、英国、德国和丹麦也有类似的结果。由此可见，食用鱼类是一般人群日常饮食中摄入汞的主要来源。以下列举按照不同国家或地区的实例进一步说明由食用鱼类导致的暴露风险。

1.2.3.1　北欧地区鱼类食物产生的汞暴露

北欧地区一般特指挪威、瑞典、芬兰、丹麦和冰岛 5 个国家。北欧地区西临大西洋，北抵北冰洋。瑞典和芬兰地处波罗的海西侧和东侧，都拥有漫长的海岸线和众多的湖泊河流，捕鱼业发达，鱼类和海产品是这两个国家日常饮食结构中重要的组成部分。

据估计，10 万个瑞典湖泊中大约 50% 的湖泊中的梭子鱼（以 1kg 计）体内的汞含量超过世界卫生组织（World Health Organization，WHO）和联合国粮食与农业组织（Food and Agriculture Organization，FAO）0.5mg/kg（湿重）的限值，而且有 10% 的鱼体内的汞含量超过了 1mg/kg（湿重）。据计算，瑞典鱼类中的汞含量必须在 20 世纪 80 年代基础上降低 80%，才能达到 WHO/FAO 的 0.5mg/kg 湿重的标准。在瑞典，由点源释放排入大气中的汞已经从 20 世纪 60 年代约 30t/a 的峰值减至约 1t/a 的水平，排入水中的汞也同样减少。目前绝大部分的汞沉积物主要源于其他国家汞的远距离大气传输。这意味着要达到削减 80% 的目标，必须进一步减少来自欧洲和北半球其他国家的汞的排放。最近，汞沉积物有减少的迹象，而且最近的几十年中，瑞典鱼类中汞浓度总体上降低了大约 20%。

芬兰对鱼体内汞蓄积的研究持续了几十年。20 世纪 60 年代末期，由于造纸工业和氯碱工业废水的直接排放，大约 10%~15% 的湖泊和沿海水体都受到不同程度的污染，汞浓度也有所升高。芬兰北部部分淡水和沿海咸水中梭子鱼体内的平均汞浓度约为 1.52mg/kg（湿重）。自 1968 年，芬兰政府淘汰造纸工业中用汞化合物作为杀黏菌剂并减少使用氯气以来，汞的排放显著减少。1990 年，梭子鱼的平均汞浓度已经降至 0.6mg/kg 湿重（淡水梭子鱼中汞浓度总体上高于咸水梭子鱼）。Louekari 等（1994）将这些发现与饮食调查相联系，并对不同消费者每日的汞摄入量以及梭子鱼的消费进行了评估。据估计，1967~1968 年间，在汞污染严重的地区，依靠捕鱼为生的渔民汞摄入量为 22μg/d，而 1990 年为 15μg/d。对于公司雇员，由于食用当地鱼食品较少，1967~1968 年和 1990 年汞摄入量分别为 13μg/d 和 8μg/d。而芬兰南部和中部分布着约 22000 个湖泊，其中约 85% 的湖泊中发现质量为 1kg 的梭子鱼（Esox lucius）体内的汞浓度则超过了 WHO/FAO 的建议限值 0.5mg/kg。

1.2.3.2 美国鱼类食物产生的汞暴露

在美国，已经检测出相当多的湖泊中鱼体内的汞浓度升高，因此美国环保局（USEPA）指出，食用汞含量高于平均水平的鱼类将成为食用者显著的甲基汞暴露源。USEPA 对此进行了进一步风险评估，结果表明大多数美国消费者不必过分担心自身的汞暴露问题，但是那些定期并频繁地摄入大量鱼类，尤其是摄入含有较高汞浓度鱼类的消费者应给予注意（USEPA，1997）。

美国食品药品管理局（FDA）在美国主要负责管理商业销售的鱼类，负责发布鱼类和贝类中汞浓度的消费水平。基于健康影响的考虑，目前 FDA 采用的行动水平，即食物有害物质含量达到应由政府采取行动的浓度，是总汞 1mg/kg。美国淡水鱼的汞含量已经超过该限值。在一些海洋物种如鲨鱼、旗鱼和大西洋马鲛鱼中，汞浓度同样很高，不同鱼种的详细汞含量见表 1 − 1。主要商业销售的海洋鱼种的甲基汞浓度平均剂量与 FDA 的行动水平相比，约为其 1/10。海鱼中的汞水平已由全国海洋渔业服务部监控了至少 20 年，其中的数据显示，各鱼种的汞水平近期将维持相对不变。

20 世纪 90 年代中期，USEPA 根据全国综合饮食调查估计，1% ~ 3%（最多 5%）的美国育龄期（15 ~ 44 岁）妇女每天会食用 100g 或更多的鱼和贝类。另外，USEPA 通过饮食调查与食用鱼平均总汞浓度相结合，计算出 7% 的育龄期妇女的汞暴露超过了其参考剂量（reference dose，RfD 值）。2001 年，美国对 16 ~ 49 岁具有代表性的妇女血液和头发中汞浓度进行了测试，大约 8% 的妇女头发和血液中的汞浓度超过了 USEPA 规定的 RfD 值，进一步证实了上述计算。

1.2.3.3 北极地区鱼类食物产生的汞暴露

北极监测和评估组织（the Arctic Monitoring and Assessment Programme，AMAP）在北极地区污染问题的综合评价报告中已提及北极人口正面临着高汞暴露。北极地区大多数人口的饮食结构主要由海洋哺乳动物和鱼类组成。以格陵兰岛的汞暴露情况为例，在过去的 15 年中，人们对格陵兰岛地区的汞浓度及其分布进行了完整的研究，并对包括狩猎区和人口稠密区在内的格陵兰岛大部分地区的成年人、孕妇及新生婴儿进行了调查。调查结果表明，在所有研究区域中，汞暴露的决定性因素为每日摄入的海洋哺乳动物量。在区域水平上，血液中的汞浓度直接与海豹狩猎以及消费数量成比例，并未因取样地区不同而有差距，这表明在格陵兰岛的所有地区肉类中的汞浓度是相似的。对于成年人来说，血液中的汞浓度西南部地区较低，向北方逐渐增加，主要原因是由于对海洋哺乳动物的摄入量在逐渐增加，见图 1 − 3。

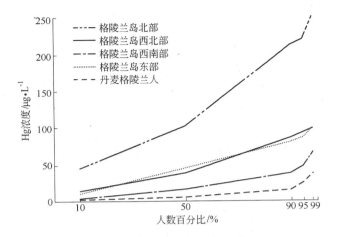

图 1-3　格陵兰岛四个不同地区的人口以及住在丹麦的格陵兰人血液中的汞浓度分布
（原始数据由 AMAP 提供）

在格陵兰岛北部，所研究的人群中，16% 的成年人血汞浓度超过 200μg/L，已经达到世界卫生组织（WHO）规定的未怀孕人群血液中汞的最低毒性浓度。超过 80% 的人口血液中的汞浓度超过 50μg/L，几乎接近美国 NRC 报告（2000）的基准剂量。血液中含有 200μg/L 的汞或毛发中的汞含量达到约 10μg/g，就相当于人体平均每天摄入 4μg 甲基汞/kg 体重，在格陵兰和北极加拿大的部分地区，传统的海洋食品营养丰富，很难被其他食物所取代。尽管由于摄入海洋产品导致人们血液中汞浓度升高，但加拿大政府认为食用传统的北方海洋食品所带来的好处要大于它的害处。但很明显，这类食品的害处是随甲基汞污染的加剧而增加。

1.2.3.4　亚洲地区鱼类食物产生的汞暴露

Feng（1998）对日本德岛县内三个不同地区的 243 个男子、中国哈尔滨市的 64 个男子和印度尼西亚棉兰市的 55 个男子进行了头发中总汞和甲基汞浓度的调查研究，所有样本均为在 40~49 岁男子之中随机抽取，检测结果发现浓度最高的是在海边居住的人群，但当地并不存在直接的人为汞污染。其中，对 78 个头发样品的检测中发现，总汞浓度从 1.7μg/g 到 24μg/g 不等，平均 6.2μg/g。对日本三个地区 243 个头发样品中的平均浓度稍低，为 4.6μg/g。

在以鱼类和贝壳类为食物主体的日本，甲基汞的量在总汞量中占很大一部分，并且两者高度相关，由此可见海洋食品是汞暴露的主要原因之一。Feng（1998）还引用了日本政府 1996 年的饮食调查数据，估计其国内鱼类和贝类的平均消费水平为 107g/（人·d），在世界 23 个国家的消费水平调查中排名第三。

此外，Menasveta（1993）的研究指出，泰国居民以平均体重 60kg 计，其鱼类平均消费水平为61g/(人·d),但未对甲基汞暴露对泰国居民产生的危害进行研究。

　　菲律宾估计国内鱼类的消费水平为75g/(人·d),以平均体重60kg计。联合国工业发展组织(UNIDO)的研究报道表明,Mindanao岛的汞中毒事件可能部分是通过食物暴露所致,尤其在Mt. Divalwal下游地区无职业暴露负荷的部分人群,163人中有55人,大约1/3发生中毒。

1.2.4　部分国家或地区鱼类体内的汞浓度及限值

1.2.4.1　部分国家或地区的鱼类体内汞浓度

　　水体中的汞、无机汞经过微生物的作用,可以转化为毒性更高的甲基汞。由于甲基汞的强亲脂性,以及生物蓄积和放大效应,进而通过食物链影响人类。因此,许多国家和地区都关注本地区鱼体中的汞浓度水平,以反映和评估本地区的汞暴露现状。表1-1中收集了来自于文献研究以及各国、国际组织提供的关于鱼体内的汞浓度数值,以此来说明全球水环境中汞的污染现状。WHO/FAO规定了鱼类中汞含量的指导消费水平:非肉食性鱼为0.5mg甲基汞/kg湿重,肉食性鱼(如鲨鱼,旗鱼,金枪鱼,梭子鱼等)为1mg甲基汞/kg湿重。

表1-1　世界不同地区鱼类的汞浓度

地理位置	鱼和贝的种类	浓度/mg·kg^{-1}	取样年份	营养水平	产地的污染水平	参考书目
北极地区	海鱼	0.01~0.1(峰值:0.1~0.9)	多年取样			AMAP, 1998
	海蚌(贝)	<0.009~0.033	多年取样			
澳大利亚(塔斯马尼亚西南部)	澳大利亚鳗鲡(Gordon湖)	0.86~2.15(平均值1.40)	1994			Bowles, 1998,澳大利亚国家提案
	Gordon鲑鱼(Pedder湖)	0.06~0.3(平均值0.16)	1993			
	Brown鲑鱼(Gordon湖)	0.1~1.4(平均值0.35)	1994			
	Brown鲑鱼(Gordon湖)	0.3~2.35(平均值1.09)	1993			
	红鳍河鲈(Gordon湖)	0.12~1.3(平均值0.52)	1993			

续表 1-1

地理位置	鱼和贝的种类	浓度/mg·kg⁻¹	取样年份	营养水平	产地的污染水平	参考书目
波罗的海	圆头鱼	0.010~0.050	1994~1998	非肉食鱼类/低水平	背景水平	Helcom，2001
	海鱼	0.016~0.091（鱼肉）			普通/未详细说明	
	蓝血蚌（贝类）	0.005~0.010			背景水平	
	蓝血蚌（贝类）	略高于0.01			普通/未详细说明	
巴西	草鱼	0.10/0.15	1991~1993			Boischio 和 Henshel，2000
	杂食性鱼类Ⅰ	0.36/0.21				
	杂食性鱼类Ⅱ	0.55/0.64				
巴西（亚马逊地区）	原始地区的河鱼	低于0.2	20世纪90年代		背景水平	Malm，NIMD 论坛，2001，日本国家提案
	被污染地区的食肉鱼（主要是亚马逊河流域矿山）	可达到2~6或更高，平均水平高于0.5		肉食鱼类/高水平	污染	
科特迪瓦	金枪鱼类	0.30~0.36	1991	肉食鱼类/高水平	普通/未详细说明	科特迪瓦国家提案
	个体大的鱼（80~91kg）	0.8湿重（鱼肉）				
	碟鱼、板鱼	0.064~0.090		非肉食鱼类/低水平	普通/未详细说明	
	青鱼	0.037~0.047		非肉食鱼类/低水平	普通/未详细说明	
塞浦路斯	箭鱼	0.20~2.00（平均值0.54）	1993~1997	肉食鱼类/高水平	普通/未详细说明	塞浦路斯国家提案（共提到约15种鱼）
	鲤科海鱼	0.00~2.00（平均值0.38）			普通/未详细说明	
	红鲻鱼	0.00~0.70（平均值0.11）		非肉食鱼类/低水平	普通/未详细说明	
	普通海鲷	0.00~2.00（平均值0.51）			普通/未详细说明	
芬兰	北部淡水和海水中的梭子鱼	1.52	20世纪60年代			北欧部长级议会提案
		0.60	1990			

地理位置	鱼和贝的种类	浓度/mg·kg⁻¹	取样年份	营养水平	产地的污染水平	参考书目
法国	大西洋鱼类 康吉鳗 鳕鱼 猫鲨	1.2 ± 0.3 干重 0.4 ± 0.1 干重 2.0 ± 0.6 干重	—			Cossa, 1994, 法国国家提案
	地中海鱼类 康吉鳗 鳕鱼 猫鲨	4.5 ± 2.8 干重 3.2 ± 2.1 干重 9.4 ± 5.2 干重	—			
	波罗的海、北海、英格兰运河和大西洋中捕捞的鱼 旗鱼 鲨鱼 红色金枪鱼	平均0.780(41 个样品) 平均0.692(497 个样品) 平均0.470(344 个样品)	1971 ~ 1980			Thibaud, 1992, 法国国家提案
加纳	河鱼类：主要是罗非鱼和鲇鱼	一般: 0.55 ~ 1.59 湿重 罗非鱼平均: 1.17	2000		污染	加纳国家提案和 UNIDO 报告
关岛	鱼类	0.009 ~ 0.045	—		背景水平	Denton 等人, 2001
中国香港	泥鲤鱼 淡水鲇科鱼 金纹鱼 发尾鱼	0.025 0.195 0.219 0.146	1995			Dickman 和 Leung, 1998
印度	孟加拉海湾、阿拉伯海以及印度海的18 种鱼类和其他海产品	总汞 0.005 ~ 0.065（平均值）	—		背景水平	Ramamurthy, 1979, 印度国家提案
	孟买西海岸 鱼类 双壳类 腹足纲 螃蟹	总汞 0.03 ~ 0.82 干重 总汞 0.13 ~ 10.82 干重 总汞 1.05 ~ 3.60 干重 总汞 1.42 ~ 4.94 干重	—			Bhattacharya 等人, 1996
	马德拉斯东南海岸 鱼类	低于检测限值（100ng/g） 总汞 0.08 ~ 0.14 湿重	—			
	爪哇岛东海岸 双壳类	总汞 0.06 ~ 2.24 干重	—			

续表 1 - 1

地理位置	鱼和贝的种类	浓度/mg·kg^{-1}	取样年份	营养水平	产地的污染水平	参考书目
意大利	金枪鱼	0~4 湿重	—	肉食鱼类/高水平	普通/未详细说明	Renzoni 等人，1998
日本	鱿鱼 米勒马特海湾内	0.655±0.162	1978			Yasuda 等人，日本国家提案
		0.511±0.241	1993			
	鱿鱼 米勒马特海湾外	0.603±0.216	1983			
		0.531±0.194	1990			
		0.431±0.163	1999			
基里巴斯	甲壳类	<0.0001~0.006 湿重	1987		背景水平	Naidu 等人，1991
韩国	Keum 和 Nakdong 河流域 12 处不明种类的鱼种	总汞平均为 0.126 (10 个鱼种，90 个样品)	1989			韩国国家提案
		总汞平均为 0.196 (6 个鱼种，124 个样品)	1985			
	Kangkyung 地区 Keum 河的淡水鱼类（鲤鱼，灰鲻鱼，猫鱼，摇头鱼，鳗鲡，鳜鱼）	平均 0.351 (鱼肉，7 个鱼种，57 个样品)	1980			
	韩国东南部 24 条河流的淡水鱼类	0.02~0.12 平均 0.07	1979			
科威特	各类小虾	0~1.57 （平均低于 0.4）	20 世纪 80 年代			Khordagui 等人，1991，UNESCWA 提案中
毛里求斯	鲨鱼（不明种类）	汞 0.13~0.60 (52 个淡水鲨鱼样品)	—	肉食鱼类/高水平	普通/未详细说明	毛里求斯国家提案
	鳗鲡	汞 1.20~3.00 (8 个样品)				
		汞 0.10~0.90 (另外的 18 个样品中)				
	金枪鱼	汞 0.10~0.70 (16 个淡水金枪鱼样品)				
	旗鱼	汞 0.22~0.65 (17 个旗鱼样品)				

地理位置	鱼和贝的种类	浓度/mg·kg⁻¹	取样年份	营养水平	产地的污染水平	参考书目
大西洋东北部	海洋鱼类	0.01 ~ 0.2（一般）高达 0.9（高峰区）	1993 ~ 1996		普通/未详细说明	OSPAR，2000a 和 2000b，北欧国家评论
	海洋蚌类	0.01 ~ 0.1（一般）高达 0.9（高峰区）		非肉食鱼类/低水平	普通/未详细说明	
挪威	贝类	0.1 ~ 2.5	1988 ~ 1994			挪威国家提案
	河鲈	0.1 ~ 2.5				
菲律宾群岛	河域鱼类	总汞 0.00107 ~ 0.439 甲基汞 0.00071 ~ 0.377	1996 ~ 1999	非肉食鱼类/低水平	污染	菲律宾国家提案
	台湾蛤	0.233 ~ 1.208g/kg	1997 ~ 1999			
	罗非鱼	总汞 0.109 ~ 0.494	1996 ~ 1999			
塞舌尔	各种海洋鱼类	平均 0.2 ~ 0.3	—			Cernichiari，1995，由 Pirrone 等人引用，2001
斯洛伐克共和国	某些河流湖泊鱼类：触须白鱼	0.053 ~ 7.329（29 个样品，平均 0.728）	1995 ~ 2000			斯洛伐克共和国国家提案
	欧洲鲈	0.009 ~ 1.964（34 个样品，平均 0.212）	1995 ~ 2000			
	河鳟	0.032 ~ 0.110（6 个样品，平均 0.064）	1995 ~ 1997			
	彩虹鲑鱼	0.001 ~ 0.970（56 个样品，平均 0.038）	1995 ~ 2001			
	鳗鲡	0.007 ~ 0.220（8 个样品，平均 0.093）	1995 ~ 1996			
所罗门岛	鱼肉（种未知）	0.0002 ~ 0.0014	—		背景水平	Kannan 等人，1995
	鱼肝（种未知）	0.089 ~ 0.120	—			
瑞典	内陆水域中质量为 1kg 的北方梭子鱼	0.1 ~ 2.0	—			瑞典国家提案
中国台湾	蓝色青枪鱼	10.3 干重	1995 ~ 1996			Han 等人，1998
	金枪鱼	9.75 干重				
	食草小虾	2.19 干重				
	牡蛎	0.180 干重				

地理位置	鱼和贝的种类	浓度/mg·kg⁻¹	取样年份	营养水平	产地的污染水平	参考书目
泰国	15 处不同河口不明种类的鱼类、虾类和贝壳类	0.041 ~ 0.32 干重	1998		普通/未详细说明	泰国国家提案
泰国		0.01 ~ 0.6 干重	1999			泰国国家提案
泰国	甲鱼、鲶科鱼、马鲅鲤科鱼、蜥蜴鱼、军曹鱼	0.049 ~ 0.694	1997			Windom 和 Cranmner，1998
汤加	贝壳类	0.022 ~ 0.191	1987			Naidu 等人，1991
爱尔兰共和国（爱尔兰海）	爱尔兰、威尔士、曼岛附近捕获的比目鱼	0.008 ~ 0.331		—		Leah 等人，1992，英国国家提案
爱尔兰共和国（爱尔兰海）	利物浦海湾捕获的比目鱼	达到 1.96				Leah 等人，1992，英国国家提案
爱尔兰共和国（爱尔兰海）	欧蝶鱼	低于 0.5				Leah 等人，1992，英国国家提案
爱尔兰共和国（爱尔兰海）	比目鱼	低于 1.1				Leah 等人，1992，英国国家提案
爱尔兰共和国（爱尔兰海）	少斑点鲨鱼	低于 2.5				Leah 等人，1992，英国国家提案
英国	东英格兰海域捕获的鳗鲡（安圭拉岛）	0.001 ~ 0.082μg/kg 0.014 ~ 0.788μg/kg 0.022 ~ 0.168μg/kg		—		Downs 等人，1999，英国国家提案
英国	大比目鱼	0.038 ~ 0.617（平均 0.290，2 个样品）				布里斯托尔大学关于进口鱼类和贝壳类以及英国农场鱼类产品的调查
英国	鳗鲡	0.409 ~ 2.204（平均 1.091，4 个样品）				布里斯托尔大学关于进口鱼类和贝壳类以及英国农场鱼类产品的调查
英国	鲨鱼	1.006 ~ 2.200（平均 1.521，5 个样品）				布里斯托尔大学关于进口鱼类和贝壳类以及英国农场鱼类产品的调查
英国	旗鱼	0.153 ~ 2.706（平均 1.355，17 个样品）				布里斯托尔大学关于进口鱼类和贝壳类以及英国农场鱼类产品的调查
英国	金枪鱼	0.141 ~ 1.500（平均 0.401，34 个样品）				布里斯托尔大学关于进口鱼类和贝壳类以及英国农场鱼类产品的调查
美国	鲤鱼	0.061 ~ 0.250	1990 ~ 1995	非肉食鱼类/低水平		USEPA，1997
美国	海峡鲶鱼	0.010 ~ 0.890	1990 ~ 1995	非肉食鱼类/低水平		USEPA，1997
美国	白吸鱼	0.042 ~ 0.456	1990 ~ 1995	非肉食鱼类/低水平		USEPA，1997
美国	肉食—小口黑鲈鱼	0.094 ~ 0.766	1990 ~ 1995	肉食鱼类/高水平		USEPA，1997
美国	灰鲑鱼	0.037 ~ 0.418	1990 ~ 1995	肉食鱼类/高水平		USEPA，1997

地理位置	鱼和贝的种类	浓度/mg·kg⁻¹	取样年份	营养水平	产地的污染水平	参考书目
美国	大口黑鲈鱼	0.101 ~ 1.369	1990 ~ 1995	肉食鱼类/高水平		USEPA,1997
	白斑鱼	0.040 ~ 1.383				
	北方梭子鱼	0.084 ~ 0.531				
瓦努阿图	贝壳类（蛤）	0.02 ~ 0.04	1987		背景水平	Naidu 等人,1991
	贝壳类（牡蛎）	0.01 ~ 0.04				

注：1. 表中数据来源于全球汞评估提案。样本的收集、处理和分析方法可能不同，对结果也会产生一定影响。
2. 无其他说明的情况下，所示结果均为测量的总汞浓度（非甲基汞）。
3. 无其他说明的情况下，汞污染均指的是湿重。
4. "—"表示时间不确定。

1.2.4.2　不同国家的鱼类体内汞浓度检测限值

甲基汞的亲脂性及在生物体内的蓄积性，使金枪鱼、鲨鱼、金目鲷等位于水生食物链顶端的大型鱼类体内的甲基汞含量水平较高。通常在鱼体内甲基汞含量约占总汞的 80%，并且鱼类寿命越长，个体越大，体内汞含量越高。为保护消费者的健康，减少摄入的汞量，有关国际组织和国家纷纷制定了鱼类中汞含量的检测限值，详见表 1 - 2。美国、英国、日本还对剑旗鱼进行了取样检测，结果见表 1 - 3。

表 1 - 2　国际组织和部分国家对鱼类汞含量的检测限值

国家（组织）	鱼　种	汞检测限值/mg·kg⁻¹	
		甲基汞	总汞
CAC、美国	鱼类（捕食性鱼类除外）	0.5	
	捕食性鱼类（鲨鱼、剑鱼、金枪鱼等及其他）	1.0	
日本	鱼贝类（金枪鱼等大型鱼类除外）	0.3	0.4
英国	鱼类		0.3
欧盟	鲨鱼、剑旗、金枪鱼等 19 种鱼类		1.0
	其他鱼类		0.5
加拿大	鱼类（鲨鱼、剑旗、金枪鱼除外）		0.5
	人类普遍食用的鱼类		0.2
澳大利亚	剑旗、南方蓝旗、鲨鱼等含有较高汞浓度的鱼类		1.0
	其他鱼类		0.5

国家（组织）	鱼　种	汞检测限值/mg · kg⁻¹	
		甲基汞	总汞
韩国	鱼类（金枪鱼等深海鱼类除外）		0.5
中国	食肉鱼		1.0
	其他动物性水产品		0.5

表1－3　美、英、日三国剑旗鱼汞含量的实际检测值

国　家	样本数量	检测值范围/mg · kg⁻¹	平均值/mg · kg⁻¹
美国	598	0.10 ~ 3.22	1.00
英国	17	0.153 ~ 2.706	1.355
日本	10	0.63 ~ 1.2	1.00

1.3　生态系统风险

　　自然界中各种形态的汞在一定程度上都有蓄积性，甲基汞脂溶性强，更容易被吸收和蓄积，对动物和人体产生的危害也最大。无机汞的吸收率和危害程度均不如甲基汞。

　　汞进入食物链的确切机制很大程度上仍属未知，在不同生态系统之间有所不同。某些细菌在早期起到重要作用，如硫酸盐还原菌能吸收无机形式的汞，并通过代谢过程将其转变成甲基汞。这些含甲基汞的细菌可能被食物链中更高一级生物所摄食，或者细菌将甲基汞排泄到水中，由浮游生物迅速吸收，浮游生物又被食物链中更高的一级吃掉。这样，环境中低浓度的甲基汞通过在食物链中迁移富集，使食物链上的微生物、植物、动物及人类受到危害。

　　研究发现，在陆生生态系统中，捕食性动物体内的汞浓度通常比食草性动物体内的汞含量高。在使用甲基汞作为种子消毒剂的地区，食种子的鸟类、小型哺乳动物及一些捕食性动物体内也能累积较高浓度的汞。

　　与陆地生态系统相比，水生生态系统的食物链所含营养级更多，汞的蓄积性和生物放大作用更加明显。鱼通过进食浮游生物，很容易吸收甲基汞，体内可富集比周围水体环境高1000倍的汞，且肉食性鱼体内所蓄积的汞几乎全部是甲基汞。鱼体内的甲基汞多数以共价键的形式与硫蛋白相连，致使甲基汞的半衰期长达两年。若环境中甲基汞浓度恒定，鱼体内的甲基汞浓度会随鱼龄的增长而增加。这是由于甲基汞释放速度很慢，而鱼体吸收的甲基汞随着鱼体的长大、鱼所处营养级的提高而逐渐增加所致。因此，对同一种鱼而言，大鱼体内甲基汞的浓度要高于幼鱼体内的浓度。处于食物链顶端或高营养级的鱼类体内汞含量比位于食物链低端的鱼类汞含量高，如大型掠食性鱼类（鲨鱼、剑鱼、梭子鱼、金枪

鱼以及齿鲸、海豹等)。一项对美国威斯康星州毛皮动物的调查研究表明,位于水生食物链顶层的肉食性哺乳动物水獭、水貂体内的汞浓度最高。

1.3.1　生态毒理效应

本节主要介绍汞及其部分化合物的生态毒理效应,以及造成个体机体受损的汞浓度和剂量,数据多数来自实验室或流行病学研究。

1.3.1.1　汞对哺乳动物的影响

甲基汞是一种中枢神经系统毒剂。日本的水俣病已反映出甲基汞对动物的神经毒性作用:鸟出现严重的飞行障碍和其他极其反常的行为,家养的动物特别是主要以鱼为食的猫,出现抽搐、痉挛、行动极其不稳定(如疯跑、突然的跳跃、撞击)等神经受损症状。甲基汞也具有明显的生殖毒性,由于甲基汞很容易穿过胎盘屏障,会损害正在发育的神经系统,因此,甲基汞对正在发育的胎儿具有极大的风险。

无机汞化合物主要分布在肝、肾和脑内,而最易受到无机汞化合物损害的器官是肾,能导致肾功能障碍。

美国环保局(USEPA)(1997)研究食用鱼中的甲基汞对水貂和水獭的影响。结果表明,甲基汞剂量达到每天 0.18mg/kg 体重或 1.1mg/kg 食物时就会产生影响,剂量达到每天 0.1~0.5mg/kg 体重或 1.0~5.0mg/kg 食物时就会致死。通常较小的动物,如水貂、猴子要比大型动物,如长耳鹿或鞍纹海豹等更易受汞的影响。因此,根据效应浓度和生物蓄积系数,USEPA 计算并设定了不会对动物造成影响的水体(动物的食物来自这些水体)中甲基汞的浓度标准,水貂为57pg/L,水獭为42pg/L。

北极监测和评估组织(AMAP)在 1998 年报道了肾或肝中汞浓度达到 25~60mg/kg 湿重时,会对海洋和陆生哺乳动物造成严重危害或致死。香港对驼背海豚种群的研究表明,汞对它们健康的危害大于其他重金属。

1.3.1.2　汞对鸟类的影响

20 世纪五六十年代,最先发现因汞以及其他环境有毒物质造成的环境问题中就包括鸟类蛋壳变薄现象。当时甲基汞用于拌种,受甲基汞的影响,斯堪的纳维亚和北美的野生动物受到严重危害。野鸡和其他以种子为食的鸟类,以及以鸟类为食的肉食性动物,如隼和鹰的数量急剧减少,在某些地区几乎灭绝。从那以后,鸟类、羽毛和蛋卵被用于监测汞对鸟类的影响,并得出了一些结果。

例如,1997 年 USEPA 的一份报告中指出,急性中毒的鸟整体残留的汞常常超过 20mg/kg 湿重。Burger 和 Gochfeld(1997)研究了引起鸟类受损,特别是孵化率、成活率和其他生殖毒性的鸟蛋中的汞浓度。鸟类受损的效应浓度范围为 0.05 ~ 5.5mg/kg 鸟蛋湿重，主要集中在 0.5 ~ 1.0mg/kg 区间；羽毛中的汞浓度达到 5 ~ 65mg/kg 干重时就会造成危害。Burgess 和 Braune 实验室研究表明，鸟蛋中的汞浓度达到 0.5 ~ 2.0mg/kg 湿重时就会产生生殖毒性。加拿大某些鸟类蛋中的汞浓度已达到这一水平，而其他一些鸟类蛋中的汞浓度正在持续上升并接近这一水平。相关研究成果见表 1 - 4。

表 1 - 4　汞对鸟类的急性毒性和其他毒性的效应浓度

水　平	效应浓度/mg·kg^{-1}①	参考文献
急性效应水平 整体残留	20 湿重	USEPA, 1997
其他有害效应水平		
蛋	0.5 ~ 2.0 湿重	加拿大提交的数据
蛋	0.05 ~ 5.5 湿重	Burger 和 Gochfeld, 1997
羽毛（实验室数据）	5 ~ 65 干重	Burger 和 Gochfeld, 1997
食用鱼	0.3 ~ 0.4 湿重（鱼中）	Pirrone et al, 2001
食用鱼（野外调查）	0.2 ~ 0.4 湿重	加拿大提交的数据
食用鱼（实验室数据）	> 0.5 湿重	加拿大提交的数据

① 效应浓度随鸟类物种的不同而不同，与鸟类的食性偏好有关，因此外推到其他鸟类物种时需谨慎。

研究表明，被捕食的鱼中汞浓度达到 0.2 ~ 0.4mg/kg 湿重时，就会对野生的普通潜鸟产生影响；食物中的汞达到 0.5mg/kg 湿重时，鸟类就表现出生殖和行为毒性。USEPA 制定了适用于翠鸟、潜鸟、鱼鹰和秃头鹰等栖息的水体的甲基汞标准限值，见表 1 - 5，范围在 33 ~ 100pg/L。为此，USEPA 还特别说明：反映野生动物明显效应的浓度水平仅比反映人体细微效应的浓度水平高两个数量级。

表 1 - 5　适用于不同鸟类的水中甲基汞标准

生 物 体	野生动物标准/pg·L^{-1}
翠鸟	33
潜鸟	82
鱼鹰	82
秃头鹰	100

1.3.1.3　汞对鱼类的影响

甲基汞在鱼类神经系统和红血球中大量积累，可使鱼产生神经毒性，活动失去平衡，并且周期性地发生反常游动，摄食减少，呼吸减弱，甚至导致死亡。

现已知成熟鱼体中的汞浓度远高于环境中的汞浓度（严重污染的环境除外）。研究表明，暴露于受汞污染水体中的鱼，其生长、发育都会受到危害，体内激素比没有汞点源输入的"清洁"湖泊中的鱼体高出 10 倍。Wiener 和 Spry（1996）研究推断，通常水体中甲基汞的直接暴露对成鱼并不构成严重问题，但当来自饮食的间接暴露和通过母体传给鱼卵和发育中卵胚的甲基汞浓度达到成鱼效应浓度的 1% 时，就可能构成严重问题。例如，湖红点鲑卵的致死浓度为 0.07 ~ 0.10g/g 湿重，而成鱼的致死浓度为 10 ~ 30g/g 湿重。世界卫生组织（WHO）研究表明，淡水鱼的急性毒性浓度（96 hour LC$_{50}$）为 33 ~ 400g/L，而海水鱼对甲基汞的敏感性略差。

1.3.1.4 汞对微生物的影响

汞对微生物有毒，长期以来实验室一直用其抑制细菌增长。据报道，微生物培养液中无机汞的效应浓度为 5g/L，而有机汞的效应浓度至少低 10 倍。因此，有机汞曾被用于保护种子免于真菌感染。

汞对土壤中细菌、放线菌和真菌的增殖总体上具有抑制作用，但这种抑制效应并不呈直线关系，而是呈波动性特点。长期受汞污染的土壤中，不仅微生物的数量减少，而且其种群之间的结构比例关系也会发生变化，以此可反映土壤生态系统功能的变化情况。在轻污染区，细菌和放线菌的比例增加，真菌、固氮菌的比例下降；在中污染区，细菌和放线菌的比例下降，真菌、固氮菌的比例增大；在重污染区，细菌和放线菌的比例进一步下降，真菌比例进一步增大。一般认为，土壤中真菌比例增加，而细菌比例下降是土壤生态系统功能衰退的表现。

研究显示，欧洲大部分地区，汞是造成土壤陆生食物链中极为重要的微生物活性下降的主要原因。世界上与欧洲类似土质的其他地方，可能也会受到同样的影响。为防止有机土壤中汞的生态影响，国际专家将土壤中总汞的临界值初步定为 0.07 ~ 0.3mg/kg。

1.3.1.5 汞对其他物种的影响

水中无机汞能引起水生植物受损的效应浓度为 1mg/L，但有机汞的效应浓度要低得多。高浓度无机汞通过减少萌芽而使大型藻类受损。

水生无脊椎动物对汞的敏感性差异很大，一般幼龄阶段比成龄阶段敏感。通常幼龄阶段 48h 的半致死浓度在 10g/L 左右，约是成龄阶段的数值的 1%。幼龄牡蛎对汞更是敏感。汞的毒性与水温、盐度、溶解氧和硬度都有关系。

通常，陆生植物对汞的毒害敏感性较差。植物主要是通过根系从土壤中吸收汞，也可以通过叶、茎的表面直接吸收大气中的汞。汞能使叶片光合作用和蒸腾作用减弱，叶绿素合成和吸水能力降低，生物量也会明显降低。汞主要蓄积在高等植物中，特别是多年生植物。植物受到高浓度汞蒸气影响时，其叶、茎、花蕾等会变成棕色或黑色，严重时会引起叶片和幼蕾的脱落。在一般污染情况下，即使植物未表现出汞毒害症状，但此时植物体内往往已富集了较高浓度的汞，这将严重危害到主要靠陆生食物链生活的人类。

1.3.2 处于风险中的生态系统和易受影响物种

1.3.2.1 水生生态系统

A 海洋环境

处于食物链顶层的海洋肉食性动物尤为容易暴露在汞污染中。在北极和格陵兰岛的一些地方，北极圈内的海豹和白鲸体内的汞在过去 25 年内增加了 2 ~ 4 倍。然而，还未完全掌握生物环境中发现的汞有多少源于自然因素，有多少源于人为因素。同样，温暖水体中的肉食性海洋哺乳动物也正处于已构成健康危害的汞暴露之中。

研究发现，氧气较少的海洋次表层是汞转化为甲基汞的地方，这将加剧甲基汞在鱼体和食物网中的蓄积。水深 200m 以上的鱼体内的甲基汞浓度比 300m 以下的高 4 倍，而 300m 以下，即使到 1200m 水深，鱼体内的甲基汞浓度没有明显差别。

B 淡水环境

淡水生态系统与海洋环境有着很大的不同。1997 年，美国环保局（USEPA）的研究发现淡水生态系统受大气汞危害最大，而且具有下列特点：位于大气汞沉降多的地区；表层水已经受到酸沉降的危害；除了 pH 值低以外，本身具备的其他特点导致汞的生物蓄积很高；包含敏感生物种类。

加拿大环境当局认为生活在汞沉降多的地区、被酸化的流域、湿地面积大溶解有机碳高的流域和水库中的食鱼物种，易加剧饮食汞暴露的危害。例如，对安大略湖的研究表明，大约 30% 的样本，包括体重小于 250g 的小鱼，体内汞的平均浓度大于 0.3mg/kg。

1.3.2.2 陆生生态系统

历史上，使用有机汞化合物拌种已经造成种子的食用者对汞的暴露，特别是鸟类和啮齿类。若继续使用拌有汞的种子，还会加剧对陆生环境的危害。

无机汞一直未被认为是造成土壤污染的主要因素，因为无机汞束缚于土壤颗粒上，不易被植物或有机体接触。事实上，叶子吸收的气态汞要比根部吸收的固态汞（Hg^{2+}）毒性大得多。因此，植物的汞暴露可能主要通过大气。

土壤微生物活性对土壤中碳和氮的转化过程至关重要，微生物群落的状况对构成陆生食物链基础的树木和土壤有机体的生存条件具有重要意义。瑞典等国家研究表明，表层土壤的微生物活性对汞的负荷很敏感，汞可能正在对欧洲大部分地区森林土壤造成严重危害。世界上具有相似土壤性质的其他地区也可能存在相同的情况。

1.3.2.3 北极地区

北极地区受到远距离传输汞的影响，北极沉积物中的汞正在呈上升趋势。但尚不能明确沉积物中的汞究竟有多少是由汞浓度增加所致，有多少是由气候变暖和北极圈内生物活动增强而导致的总汞中，可生物接触的那部分汞增加所致。北极的海洋食物网很长，常常是评价汞对生态系统和人群危害的关注点。

研究显示，在加拿大北极地区，由于地质沉积学的不同，西部的北极熊、北极圈的海豹和白鲸与东部动物体内的汞浓度不同。尽管因缺乏有关北极动物的剂量/效应关系数据，浓度数据不能直接反映危害效应，但是最近针对北极圈海豹和白鲸的研究表明，汞的蓄积速度是 10～20 年前蓄积的 1.5～2.5 倍。图 1 - 4 显示了北极鱼类、鸟类和哺乳动物体内的汞浓度。

1.3.2.4 热带地区

从生物角度讲，热带地区与温带地区不同，其生态系统更为脆弱。热带生态系统中，很多物种的习性相同，致使每一物种的生境更小。虽然两类生态系统中顶层的捕食者都是脆弱的物种，但是热带地区各种位于顶层的捕食者数量相对较少，个体数量减少所造成的影响可能会更加严重。

热带雨林地区活性态汞增加的一个主要原因是使用汞提炼黄金。例如，在巴西西部潘塔奈尔漫滩湿地、玻利维亚和巴拉圭的部分地区，由于使用汞提炼黄金，导致大量的汞被释放到亚马逊河流域和大气中，黄金采矿区的汞危害大大提高。调查显示，在巴西 Acurizal 黄金采矿区，汞的沉积速度高于本地区其他地方的 1.5 倍，证实了当地汞的危害主要来自黄金冶炼。主管当局估计黄金冶炼释放的总汞中，只有 2%～8% 的汞被安全地束缚于土壤中，剩下的汞大部分进入了大气、下游地区或蓄积在生物体内。

引起热带雨林地区活性态汞增加的其他原因，还包括因农业或采矿而进行的土地开荒、烧荒，这些活动会导致更多的束缚于土壤中的汞进入活动状态。

1.3.2.5 水库和湿地

由于沉积物中无机汞容易甲基化，所以常将水库和湿地作为甲基汞的源。

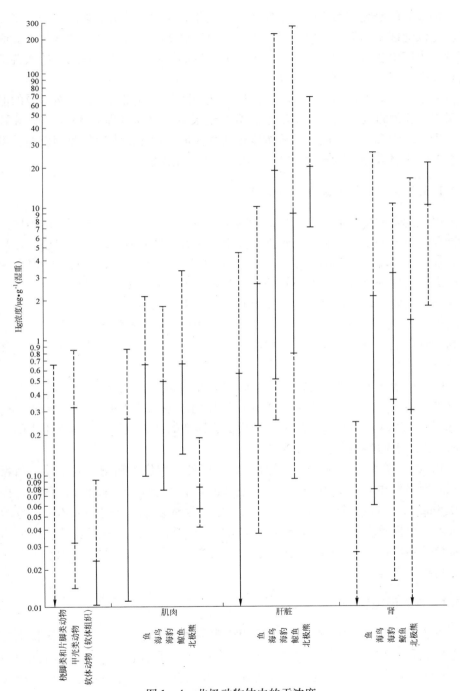

图1-4 北极动物体内的汞浓度

（数据的形式是对数，因此，不同营养级体内的汞浓度看来相差不大，实际相差很大）

加拿大的研究资料表明，水库是加拿大鱼类汞污染的重要地区之一。因为水库新淹没地区汞的活性增强，且其甲基化速度更快，使得毒性也变得更大。研究还发现水库中鱼体内汞的浓度超过加拿大卫生部针对那些经常食用鱼的人群推荐的 0.2mg/kg 湿重的浓度限值。

一项针对安大略湖西北部实验湖区湿地和池塘的研究表明，自然形成的湿地是汞甲基化的重要场所，湿地洪水泛滥会使汞甲基化速度提高 30 多倍，导致水中、食物链和鱼体内的甲基汞浓度也随之增加。对北部水库的监测表明，洪水泛滥 10～50 年以后，鱼体内的甲基汞浓度才可能恢复正常。

1.3.2.6　食鱼性鸟类和肉食性鸟类

以鱼为食的鸟类通过食用鱼而暴露于汞污染中。鱼体内汞浓度高的地区的食鱼性鸟类可能处于生殖和行为毒性风险中。用海鸟监测海洋环境质量已被广泛认可。加拿大环境部（2001）认为，由于海鸟广泛的饮食习性和较长的寿命，可以代表很大地理范围的汞暴露水平，它是汞远距离大气传输趋势的指示生物。对于鸟类，主要采用非伤害式的监测策略，如收集羽毛和鸟蛋。

Monteiro 和 Furness（1997）指出，食用中层海鱼的鸟类，其羽毛中的汞浓度高于食用上层海鱼的鸟类。与博物馆收藏的 1931 年前的羽毛样品相比，鸟类羽毛中的汞浓度上升了 65%～397%。

Braune 等研究表明，过去 20 年加拿大北极地区海鸟蛋中的汞浓度上升了 2～3 倍，与同一时期北极圈内海豹和白鲸体内的汞浓度上升相似。根据 Burgess 和 Braune（2001）对加拿大环境的一项更为详细的调查显示，当时鸟蛋中的汞浓度已达到能引起生殖危害的水平。

Monteiro 等在另一项研究中表明，由于所处地理位置和物种的不同，鸟蛋中的汞浓度通常在 1～5mg/kg 干重，此值已远高于 Burger 和 Gochfeld（1997）提出的 0.5mg/kg 干重的最低效应浓度，羽毛中的汞浓度也已高于 5mg/kg 干重的效应浓度。根据效应浓度，Burger 和 Gochfeld（1997）指出，最脆弱的肉食性鸟类和食鱼性鸟类包括鹰、鸥和贼鸥、苍鹭和白鹭、企鹅、信天翁、野鸭、滨鸟、燕鸥、鸟嘴海雀等。

1.3.3　生态风险评价

汞的环境行为复杂，通过生物作用或非生物作用可以使环境中的无机汞转化为毒性更大的甲基汞，并通过食物链对人体产生严重的危害，同时具有强烈的致畸、致癌和致突变性。生态风险评价是为了估计某种环境生物所引起的目标人群相关疾病的水平。

污染水体中的汞主要来自工业排放的废水以及汞矿床的扩散等，环境中的无机汞随工业污染也会释放到大气中，后被降雨带入溪流和海洋。研究表明，北欧、北美内陆偏远地区无明显工业污染源的湖泊中鱼体内的汞浓度的升高就来源于大气汞沉降。水体中的无机汞在微生物作用下转化成为容易被生物利用的甲基汞，鱼体内 75% ~95% 的汞都是以甲基汞的形式存在，处于食物链高端的鱼体内含汞的浓度可比其生活环境中的汞浓度高 100 万倍。

一般情况，采用水产品中允许的甲基汞最大残留量（maximumresidue level，MRL）或最高限量（maximum level，ML）评估水产品对当地食鱼人群的暴露风险。美国食品药品管理局（FDA）规定鱼体甲基汞限量标准为 1000μg/kg，英国和欧盟对非掠食性鱼类的规定同样为 1000μg/kg，其他的鱼类可食用部分为 500μg/kg。2012 年，中国在《食品污染物限量》（GB 2762—2012）中对鱼的甲基汞标准进行了整合修订，水产动物及其制品（肉食性鱼类及其制品除外）限值为 0.5mg/kg，肉食性鱼类及其制品限值为 1.0mg/kg。

为了评估甲基汞对人体的潜在危害，使用下式可计算居民每天消费鱼类摄入甲基汞的量：

$$EDI = C \times M/BW$$

式中，C 为鱼肉中甲基汞的浓度；M 为每人每天食鱼量；BW 为体重。

田文娟等根据此公式研究了不同年龄段人群的体重和鱼的消费量，计算出不同年龄段人群每天每千克体重甲基汞的摄入量，详见图 1 –5。

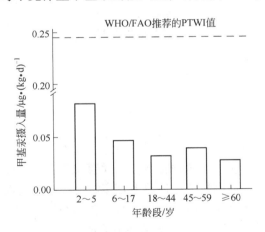

图 1 –5 不同年龄段人群食鱼的甲基汞摄入量

根据甲基汞和人体健康效应之间的关系，美国食品药品管理局（FDA）和美国环保局（USEPA）建立了甲基汞摄入参考剂量（reference dose，RfD），世界卫生组织（WHO）和联合国粮食与农业组织（FAO）联合制定了临时性每周可承受的摄入量（PTWI），这两个标准成为国际公认的甲基汞暴露衡量指标。1972 年，WHO 建议成人每周暂定甲基汞的 PTWI 值不得超过 3.3μg/kg。2003

年，联合食品添加剂专家委员会（JECFA）将甲基汞的 PTWI 值由 3.3μg/kg 降至 1.6μg/kg。USEPA 制定甲基汞的 RfD 为 0.1μg/(kg·d)。表 1-6 列举了部分国家或组织制定的甲基汞最大可承受的摄入量。

表 1-6　部分国家或组织建议的甲基汞最大可承受摄入量

国家或组织	相关标准	可承受的摄入量
欧盟	指令、法规和指导文件	每周 1.6μg/kg（0.23μg·kg^{-1}·d^{-1}）
日本	鱼类和甲壳类食用标准	临时性日可承受摄入量
英国	欧洲法定标准	每周 1.6μg/kg（0.23μg·kg^{-1}·d^{-1}）
美国	FDA/USEPA 相关规定	USEPA 制定的 RfD：0.1μg/(kg·d)
WHO/FAO	鱼体甲基汞含量导则	PTWI：每周 1.6μg/kg（0.23μg·kg^{-1}·d^{-1}）

由图 1-5 可知，随着年龄的增长，人体通过食鱼摄入的甲基汞含量总体呈下降趋势，2~5 岁儿童的甲基汞摄入量最高，为 0.087μg/(kg·d)，低于 WHO/FAO 设定的每天可承受摄入量 0.23μg/(kg·d)，也低于 USEPA 制订的 RfD 值 0.1μg/(kg·d)。儿童是最易受甲基汞毒性影响的敏感人群，其摄入较高量的甲基汞必应引起高度关注。

研究表明，食用水产品，即使是食用那些含汞相对高的水产品所引起的风险等级也是很低的，如果普通人群因惧怕甲基汞而减少水产品（严重污染区水域水产品除外）的摄入必将对公众健康带来一定的负面影响。尽管如此，鉴于甲基汞对胎儿和幼儿的潜在危害，USEPA 和 FDA 已经建议那些想要怀孕、正在怀孕以及乳母和幼儿要吃含汞水平相对低的鱼。

1.4　汞污染典型案例

1.4.1　日本水俣病

日本水俣病事件是世界八大公害事件之一。1956 年首次在日本熊本县水俣湾附近的渔村发现，经确认后依地得名。水俣镇位于日本九州岛南部，属熊本县管辖，全镇有 4 万人，周围村庄还住着 1 万多农民和渔民。水俣湾外围的"不知火海"是被九州本土和天草诸岛围起来的内海，那里海产丰富，是渔民们赖以生存的主要渔场。1925 年，日本氮肥公司在此建厂，之后又开设了合成醋酸工厂。1949 年开始生产氯乙烯，年产量不断提高，1956 年产量超过 6000t。

1956 年，在水俣湾附近发现了一种奇怪的病，最初这种病症出现在猫身上，被称为"猫舞蹈症"。病猫步态不稳，抽搐、麻痹，跳海死去，当地人称之"自杀猫"。随后，当地也发现了患这种病症的人，轻者口齿不清、步态不稳、面部痴呆、感觉障碍、视觉丧失、麻木、手足变形，重者神经失常，或酣睡、或兴奋，身体弯弓高叫，直至死亡。当时这种病由于病因不明而被叫做"怪病"。先后有 1 万人不同程度地患有此种病症，而且随后在附近其他地方也出现类似病人，才引起当地熊本国立大学医学院一些人的注意。经过调查，1956 年 8 月，日本熊本国立大学医学院研究报告证实，这是由居民长期食用水俣湾中含有汞的海产品所致。

1963 年，熊本国立大学医学院"水俣病医学研究组"的研究人员从水俣氮肥厂乙酸乙醛反应管排出的汞渣和水俣湾的鱼、贝类中，分离并提取出氯化甲基汞（CH_3HgCl）结晶，并用此结晶和从水俣湾捕获的鱼、贝做喂猫实验，结果 400 只实验猫均出现了典型的水俣病症状。通过红外线吸收光谱仪分析发现，汞渣、鱼、贝类中的氯化甲基汞结晶同纯的氯化甲基汞结晶的红外线吸收光谱完全一致。为进一步验证，研究人员又对水俣病死亡病例的脑组织进行病理学检查，在显微镜下观察到大脑、小脑细胞的病理变化，均与氯化甲基汞中毒的脑病理变化相同。1964 年，日本西部海岸的新潟县阿贺野川流域，一家生产氯乙烯与醋酸乙烯的企业任意排放废水，致使周围的人群中也出现了水俣病，且在很短时间内患病者增加到 45 人，其中有 4 人死亡。

从 1956 年熊本国立大学确认水俣病的病源后，日本政府毫无作为，任由该企业继续排污 12 年，直到 1968 年 9 月，日本政府才确认水俣病是人们长期食用受含有汞和甲基汞废水污染的鱼、贝造成的。据 1972 年日本环境厅的统计数据，水俣市的水俣病患者有 180 多人，其中有 50 多人已经死亡，新潟县阿贺野川患者 102 人，其中 8 人死亡。另有 283 人受到严重毒害，以至于面临死亡。实际受害人数远远超过这个数字，仅水俣市受害的居民已有 1 万人左右。后来，受害者们联合向日本最高法院起诉日本政府在水俣病事件中的无作为，以及周边渔民抗议、游行和示威，日本政府才采取行动。1979 年 3 月，在熊本地裁刑事二部对原氮肥公司相关责任人吉冈喜一（时年 77 岁）、西田荣一（时年 69 岁）进行公判，分别判处两人监禁 2 年缓期 3 年执行。这是日本历史上首次追究公害犯罪者的刑事责任。

1.4.2 伊拉克种子中毒事件

在 20 世纪六七十年代，因食用汞杀虫剂处理过的小麦而出现多次爆发性的汞中毒事件。其中最严重的一次发生在 1972 年的伊拉克，当时有 6530 人入院，459 人中毒死亡。早在 1956 年和 1960 年，伊拉克就已经发生过类似的汞中毒事件，当时患者人数约为 400 余人。

经调查确认 1972 年这次大规模汞中毒事件是因食用了被汞污染过的小麦种子制作的面包引起的。这批小麦种子是从英国进口的，约 7 万余吨，经过杀霉菌剂（乙基汞）的处理，并染成红棕色，同时在外包装袋贴上了相应的警告标签。但人们未注意这些警告，又因小麦上的红棕色可以洗净，人们误认为毒物已消除，随后就用其来制作面包食用，从而引起中毒。后当局命令将有毒面粉全部倒入海中，污染了水域，结果酿成灾难。后经过一些学者分析研究，当时这批小麦种子中甲基汞的含量平均为 7.9μg/g，乙基汞的含量为甲基汞的 0.8% ~ 7.8%；而在小麦磨成的面粉中甲基汞的平均含量为 9.1μg/g，乙基汞的含量为甲基汞的 0.08% ~ 0.88%。

1.4.3 加拿大汞中毒事件

1970 年，从加拿大安大略州瓦比贡河里的鱼中检出 16mg/kg 的汞，从而加拿大的汞污染事件便名噪一时。加拿大汞污染事件的特征是污染源来自苛性钠车间排出的无机汞，而这些无机汞在鱼体内转化形成有机汞，人和动物因食用了被汞污染过的鱼而引起中毒。

1970 年，当地州政府当局检测居民的血、毛发中的汞，毛发中最高值为 198mg/kg，血中最高值为 385μg/kg，平均达 77.39μg/kg 的高值。因此，州政府采取禁止职业性渔业和摄食鱼的措施。

1975 年，有学者前去加拿大进行现场调查，发现当地水域的淡水鱼可检出汞为 16 ~ 27.8mg/kg，从污染源到下游 50km 处死鱼比比皆是，离污染源越近，鱼的含汞值越高，而工厂上游汞浓度较低。检查河底胶状污泥中的汞，表层 2cm 以内为 8.4mg/kg，表层 6cm 处为 7.8mg/kg。据推算，仅古里湖残留汞约有 2t。

1.4.4 委内瑞拉汞污染事件

委内瑞拉汞污染事件，发生在临加勒比海的莫龙工厂地带。该厂距威廉西亚市 100 公里，是一家苛性钠生产工厂。1974 ~ 1975 年间曾发生过怪病，有 200 人发病，16 人死亡。后据靠近现场的卡腊博博大学 Monaco 教授等的调查，在病人尿中检出 60 ~ 90μg/kg 的汞，才被判定为无机汞中毒。而有关苛性钠生产工艺过程中使用汞而导致污染环境的事件，在日本德山湾、大牟田湾，还有加拿大均有发生。

该厂工人 102 人中有 23 人的血液中检出了 200μg/kg 以上的汞，可以推断该厂的排水管理有问题，从一开始就存在污染环境的可能。1977 年该苛性钠工厂停产，但 15 年间至少排出 30t 左右的汞。这是因为工厂排水管到海边只有约 5km，水路复杂，途经几个椰子林和积水的沼泽地，最后注入大海。1979 年，从这一水路经过的椰林中取其椰子汁、椰肉及柠檬进行分析，测得椰子汁含汞 0.9 ~ 1.8μg/kg，椰子肉含汞 2.4 ~ 9.0μg/kg，柠檬含汞 10μg/kg，充分证实了这一地区已被汞污染。加勒比海海域波高浪宽，潮流急，扩散快，适合汞的扩散，但是在该地区捕获的鱼中，最高检出了 5mg/kg 的汞。事实上，这一地区居民的血液中，约 5 人中就有 1 人血汞超过 100μg/kg，从这一数字上看，虽然不能断定是水俣病的再现，但是对当地居民健康带来的影响是不可否认的。

1.4.5　中国松花江汞污染事件

松花江为中国七大水系之一，它有南北两个发源地。南源第二松花江（简称二松），发源于吉林省的长白山天池，流经松花湖、吉林市、扶余镇，在三岔河与嫩江汇合。北源嫩江发源于大兴安岭东坡的伊勒呼里山，流经齐齐哈尔市和大赉镇，在三岔河与二松汇合成第一松花江（亦称松花江）。松花江全长1927km，江面宽600～1100m，最终汇入黑龙江。

松花江是东北大地的"母亲河"，河水清澈、鱼虾丰富，养育着流域内6500万人口。但是从20世纪60年代起，在渔民聚居的许多村子里却出现了一种怪病，表现为肌体无力，双手颤抖，关节弯曲，双眼向心性视野狭窄。经医生检查，这是一种汞中毒的症状。进一步诊断发现，大面积在渔民中发生的竟然是一种叫做水俣病的恐怖病症。渔民的患病情况受到国家的重视，相关水质专家开始了对松花江污染情况的调查。调查显示，当时的松花江存在着严重的汞污染，而污染源就来自于上游的中国石油吉林石化公司乙醛制造厂（103分厂）。它与日本水俣氮肥厂是同一类型的工厂，与上面所述的苛性钠厂不同，该厂是将各种有机汞不加处理直接排放。

中国石油吉林石化公司（当时叫吉林化学工业公司）是中国第一个五年计划建的大型化工厂，该厂的生产能力在国内首屈一指。但是，由于当时人们的环保意识不强，这家企业就建在上游的松花江边，大量的汞污染物被排进了松花江。

进入松花江的汞，不是高度集中在某个地方，而是散布在河床上，随着水的流动逐渐向下游推移，汞在水中扩散，并通过微生物的作用由无机汞变为有机汞，毒性扩大100倍；有机汞进入鱼体，人食用鱼而产生中毒症状。当时的渔民以鱼为食，产生的中毒症状最为严重。对上千名沿江渔民头发里的汞含量的检测显示，经常吃江鱼的渔民体内的汞含量比普通人高出几十倍甚至上百倍。经过筛查，近百名渔民被送进医院进行观察治疗。

此后，政府部门对松花江的汞污染进行了十年的治理，投入巨资进行设备更新，1982年关闭了吉石化103分厂向松花江的排污口。然而，在此前的几十年间，该厂向松花江排放的汞已经高达150多吨。20世纪80年代末期，因为污染，松花江哈尔滨段的江鱼资源大量减少。人们不再吃江鱼，阻断了汞污染造成人类中毒的渠道。此时，松花江的汞污染总算被成功地控制住。

2 环境中汞的释放

环境中汞的释放来源主要分为自然释放源和人为释放源，不同释放源释放的汞量也不尽相同，本章对环境中汞的释放进行详细介绍。

2.1 自然释放源

自然释放指来自地壳中的汞经由自然运动向大气、水和土壤的释放，例如火山活动和地热向大气释放汞，矿物降解向地下水释放汞。由于汞挥发性较强并可随大气环流在全球循环，所以重点介绍汞向大气的释放情况。

壳幔物质、土壤表面的释放、自然水体的释放、植物表面的蒸腾作用、火山排气作用、森林火灾和地热活动是自然界向大气中释放汞的主要途径。大气中汞的存在形态分为气态元素汞、活性气态汞和颗粒态汞。气态元素汞是主要的存在形态，占95%以上，在大气中停留时间较长，可远距离传输。活性气态汞和颗粒态汞在大气中停留时间相对较短，易于通过干湿沉降去除，迁移距离相对较短。

海洋水体向大气的释放是大气汞的一个重要来源，目前海洋水体表面的汞释放量估算为 $600 \sim 1400t/a$。水体中不同形态的汞不断转化变成易挥发的气态元素汞，是水体汞持续释放的途径，因此，洋流是汞广泛传播的媒介，海洋是汞在全球循环重要的动态接收器。

土壤中汞的释放是大气汞的另一个重要来源。相对于海洋水体的释放，目前对土壤汞释放的精确估算还存在一定难度，因为土壤的汞释放取决于土壤类型、土壤汞含量、气象条件等因素。研究表明，土壤汞含量、光照强度、土壤温度和湿度是影响土壤汞释放最重要的几个因素，与土壤汞释放通量成正相关关系。但最近研究发现，近地表的大气化学反应及土壤微生物活动对土壤的汞释放通量也有很大影响，如近地表大气中臭氧等大气氧化物含量的升高能够明显增强地表的汞释放。

植被覆盖是影响土壤汞释放的一个重要因素。植物冠层及落叶对土壤的覆盖能够降低到达土壤表面的光照强度，降低土壤温度，从而对土壤的汞释放有一定抑制作用。植物叶片和大气的汞交换是近年来提出的新的科学问题。有研究指出，植被既可以从大气中吸收汞，也可以向大气释放汞，这是一个双向动态过程。植物叶片和大气的汞交换通量主要取决于地表土壤汞含量、大气汞浓度和植物类型。一般认为，当空气中汞的浓度达到 $20ng/m^3$，植物从空气中吸收汞，当

空气中的汞浓度为 $2ng/m^3$ 时，植物释放汞。还有研究表明，森林和草地也是大气汞的一个重要来源，每年可向大气排放超过 1000t 的汞。

森林火灾和火山地热活动也能向大气排放大量的汞。在发生森林火灾时，植物叶片吸收或吸附的大气汞有 90% 以上在燃烧过程中以气态汞或颗粒汞的形态释放到大气中。另外，森林火灾使地表温度显著升高达 500℃ 以上，可使此前沉降于地表的汞重新挥发进入大气。通过一些试验，研究人员估计，全球森林火灾所导致的汞释放在 400～1300t/a 之间。火山和地热活动也可向大气释放汞，且其释放气体的汞含量很高，在几百纳克/立方米到几十微克/立方米之间。目前对火山和地热活动的汞释放估算还比较困难，这主要是因为不同火山、不同演化阶段所释放的气体含汞量有很大差别，全球总释放量粗略估计为 100～1000t/a。

大气汞的自然来源多样，影响因素复杂，目前对于自然源汞释放总量的估算还存在较多困难。已有的各种地球化学循环模型，对自然源释放的大气汞估算值为 1000～4000t/a 不等，偏差较大，且主要是以气态单质汞作估算。现今，由土壤和水体表面释放的汞是由自然汞源、先前人为汞源及自然源释放汞沉积物的再释放组成的，因此很难确定实际自然汞源的释放量，即对人为汞释放与自然汞释放的估计仍有较大误差。此外，有信息表明自然汞源的释放量占不到总汞释放的 50%。

2.2 人为释放源

随着人类活动的加强，人为释放源已经逐渐成为大气汞的一个主要来源。人为释放源主要包括含汞杂质物料的使用、工艺和产品的有意用汞、土壤和垃圾焚烧等。多项研究表明，含汞杂质物料的使用、工艺和产品的有意用汞等产生的汞排放是大气汞排放的主要来源。

2.2.1 含汞杂质物料的使用

汞自然存在于煤和其他燃料、水泥产品和土壤（如酸化的农业土壤）中的石灰矿物以及包括锌、铜、金在内的金属矿物，因此在燃煤、水泥和金属生产过程中，汞会作为杂质排放，从而进入环境。

随着全球能源需求的大幅上升，燃煤火力发电厂成为全球最大的大气汞释放源。美国环保局（USEPA）研究发现，发电量大于 300GW 的燃煤电厂是美国城市范围内主要的汞释放源。中国煤质复杂，燃烧利用方式和类型众多，全面、客观、准确地估算中国燃煤汞排放非常困难，国内外许多专家已经围绕中国燃煤汞排放做了很多研究。有学者估算出燃煤行业中大气汞排放因子为 64.0%～78.2%，1995 年中国燃煤共排放汞 302.9t，其中向大气中排放 213.8t，向其他环境排放 89.07t；美国阿贡实验室 David 等人与清华大学郝吉明等人合作，利用

1999 年中国国家统计年鉴数据研究分析认为，1999 年中国总的汞排放量为（526±236）t，其中 38% 来自煤燃烧。基于已有的研究成果及部分国家采用的经验值，联合国环境规划署（UNEP）确定了大气汞排放源的排放因子，并估算出 2005 年全球人为源大气汞的排放量为 1930t，其中燃煤所致的汞排放量达 878t，占人为源汞排放总量的 45.6%，是最大的汞排放源。

水泥生产是以副产品形式释放汞的主要来源之一。在水泥生产行业中，水泥窑的燃料主要是煤炭，还有一些废物，在加热这些燃料时会伴有汞的释放，熟料冷却和处理系统也会有汞的释放。在水泥生产过程中，含汞飞灰有时会进入到水泥中。燃料以及天然原料都可能含有汞，水泥生产汞的释放量很大程度上取决于燃料和天然原料中汞含量的差异。采取污染控制措施可以从很大程度上减少单个工厂的汞排放量。

金属生产也是释放汞的主要来源之一。采矿和选矿中汞的释放是燃料燃烧和杂质汞共同作用的结果，尤其是在铁、钢及有色金属（特别是铜、铅和锌的熔炼）等金属生产的初级阶段。金属生产作为汞释放源包括汞矿自身的开采、生产和黄金生产过程。黄金生产过程中，汞既是一种杂质，同时也在一些生产工序中以提取、分离黄金。这部分大气汞的排放量主要受到矿石或金属中的汞含量、熔炼所使用的技术、是否使用污染防治措施等因素影响。目前多数主要的有色金属熔炉像发电厂里的锅炉一样采取了防污染措施，也取得了相似的汞排放去除率。但对于那些小规模的生产商，尤其是在发展中国家，不大可能采取除汞污染控制措施。在钢铁生产中释放出的汞排放物主要来自于熔炼用的焦煤。

表 2-1 列出了 1995 年和 2005 年全球因含汞杂质物料使用造成的汞排放量的估算结果。燃料燃烧是最主要的汞释放源，该类释放源在 1995 年和 2005 年排放量分别占到含汞杂质物料总排放量的 81.8% 和 69.3%。此外，还可以看到，2005 年的汞排放总量比 1995 年的汞排放总量有所降低，可能是因为相关企业工业活动的减少、原材料消耗的下降以及安装排放控制设备等。金属生产位居汞排放量第二占总排放量的 11% ~ 16%，从 1995 年到 2005 年，该类释放源的排放量所占

表 2-1　1995 年和 2005 年全球含汞杂质物料使用造成的汞排放量

时　间	1995 年		2005 年	
	排放量/t·a⁻¹	所占比例/%	排放量/t·a⁻¹	所占比例/%
燃料燃烧	1474.5	81.8	878	69.3
金属生产	194.7	10.8	200	15.8
水泥生产	132.4	7.4	189	14.9
合　计	1801.6	100	1267	100

注：未包括黄金生产。

比例有所提高。对于水泥生产行业，1995年该行业的汞排放量为132.4t，2005年排放量达189t，排放量增长了42.7%。

为降低含汞杂质物料使用过程中汞的排放量，采用污染控制措施至关重要。在部分地区，大体积含汞杂质物料产生的汞排放被作为主要排放源采用了一系列的减排技术，这样既减少了汞的直接排放，也减少了其他污染物的排放。欧洲和北美在过去的10年或20年间就已采用了这些技术，其他地方也相继采用。但经过一系列减排技术，最终产生的固体残渣和废水中都会残留一定量的汞。固体废物通常贮存于垃圾填埋场中，这会造成汞的长期释放；而废水中残留汞，通常会与工厂的污水混合在污水处理厂或在生活污水处理系统中得到处理。

2.2.2 用汞工艺和产品

另一类人为汞释放源是有意用汞工艺和产品，如手工和小规模金矿生产、氯碱生产、聚氯乙烯生产以及电池、照明灯具、测量设备、开关和继电器、齿科汞合金等含汞产品。这类释放源的主要特征是汞在其使用过程、含汞产品的消费、废弃后的处理处置过程中都可能有排放，并进入环境。

手工和小规模金矿生产（ASGM）是全球最大的汞使用工艺。据称，其用量随黄金价格的上涨而不断增长，此外它与贫穷和人体健康问题也有着密切的联系。联合国环境规划署（UNEP）估算2005年手工和小规模金矿生产的汞排放量为111t，占人为源汞排放总量（1930t）的18.2%，位居第二。

氯碱生产（CA）是全球第三大用汞行业，此项技术不仅在某些地区应用普遍，且仍在不断向其他地区扩展。2005年，氯碱生产工业汞的大气排放量为60t，占全世界作为副产品排放的汞的总排放量的4%。

在聚氯乙烯生产过程中，汞作为催化剂被大量使用，尤其在中国该行业是使用和消耗汞的第一大户。

含汞电池以汞或氯化汞作为缓蚀剂，以保证电池储存性能。目前电池中汞的使用虽仍占据不小比例，但随着众多国家纷纷实施限制性政策，其用量呈持续下降趋势。

含汞的电光源是气体放电光源，一般包括荧光灯、高强度气体放电灯（HID灯）和紫外线灯。气体放电光源的含汞原料一般为液汞和固汞，其中荧光灯的原料可以是液汞，也可以是固汞，而HID灯只能以液汞为原料。固汞是生产含汞电光源的主要原料之一，其组成是金属汞与其他金属的合金。固汞的使用可以减少电光源生产汞的使用和排放量，是目前正在推广的清洁生产技术之一。

测控设备中的含汞设备种类繁多，包括温度计、血压计、气压计、压力计等，尽管大多数国际供应商已在供应无汞产品，但全球各地含汞产品的生产并未停止。

开关和继电器中的一些特种开关继电器用汞较多，如浮控开关、倾斜开关、压力开关、温度开关、汞置换继电器和汞湿簧继电器等，这类开关继电器主要是利用汞的物理性质进行工作。目前，这类开关产量小，使用范围不大，并且替代产品性能也较稳定。鉴于欧盟的 RoHS 指令以及日本、中国和美国加州的类似法规，无汞开关和继电器等替代产品得到鼓励，近年来汞消耗大幅减少，但这类设备中汞的使用量仍不容忽视。

齿科汞合金是一种补牙材料，由液态汞与银、锡、铜合金粉混合物质组成，传统用于修补蛀牙的"银填充物"中约含汞50%。汞的释放可来源于汞合金材料的生产、操作和常规处理环节，也可能发生在人体火葬的环节中。现在部分国家已采取措施，大量减少齿科中银汞合金的使用，汞使用量正逐步下降。UNEP 估算 2005 年齿科汞合金（火葬）的汞排放量为26t，占人为释放源汞排放总量（1930t）的 1.3%。

其他的一些含汞产品。油漆和涂料中使用含汞化合物用作防霉杀菌剂，汞会以杂质形式通过助剂干料进入涂料。肥皂和化妆品中的汞主要发挥防腐、杀菌等作用，其中眼部化妆品使用硫柳汞，口红一般使用硫化汞，增白产品一般会使用氯化汞。外用消毒剂类似于防腐剂，用在消毒剂中的含汞化合物包括红药水、消毒液（硫柳汞）、碘化汞、氰化汞、二氯化汞。

通过调查统计发现，现行欧盟立法所强调的一些汞应用领域，尤其是测控设备、开关和继电器领域，近几年来汞的消耗明显减少了，而其他一些主要的应用领域如氯碱生产、牙齿治疗中汞齐合金的使用等，汞的消耗量反而逐渐趋于稳定。表2-2是 2007 年欧盟国家工业生产及产品加工中汞的消耗量，从表2-2中可以看出，氯碱工业中汞的消耗量最大，占到总汞消耗量的41.2%。齿科汞合金所用的汞在汞消耗量中也占有较大比例，约占23.5%。

表 2-2 2007 年欧盟国家工业生产及产品加工中汞的消耗量

应用领域	汞的消耗量/t·a^{-1}	占总汞消耗量的百分比/%
氯碱生产①	160~190	41.2
灯	11~15	3.1
日光灯管	3.3~4.5	0.9
迷你型日光灯管	1.9~2.6	0.5
高压气体放电灯	1.1~1.5	0.3
其他灯（非电子发光灯）	1.6~2.1	0.4
电子发光灯	3.5~4.5	0.9
电池	7~25	3.8
汞扣式电池	0.3~0.8	0.1
普通用途电池	5~7	1.4
汞氧化物电池	2~17	2.2

应用领域	汞的消耗量/t·a^{-1}	占总汞消耗量的百分比/%
牙齿汞齐合金	90 ~ 110	23.5
治疗前使用的定形帽	63 ~ 77	16.5
液态汞	27 ~ 33	7.1
测控设备	7 ~ 17	2.8
医用温度计	1 ~ 3	0.5
其他含汞玻璃温度计	0.6 ~ 1.2	0.2
带刻度温度计	0.1 ~ 0.3	0
压力计	0.03 ~ 0.3	0.04
气压计	2 ~ 5	0.82
血压计	3 ~ 6	1.1
湿度计	0.01 ~ 0.1	0.01
张力计	0.01 ~ 0.1	0.01
旋转罗盘	0.005 ~ 0.025	0.004
参考电极	0.005 ~ 0.015	0.002
悬汞电极	0.1 ~ 0.5	0.1
其他测控设备	0.01 ~ 0.1	0.01
电闸、继电器等	0.3 ~ 0.8	0.1
所有应用中的倾斜电闸	0.3 ~ 0.5	0.09
温度调节器	0.005 ~ 0.05	0.01
读取继电器和电闸	0.025 ~ 0.05	0.01
其他继电器和电闸	0.01 ~ 0.15	0.02
化学	28 ~ 59	10.2
化学调节与催化（exclPU）[②]	10 ~ 20	3.5
聚亚胺酯产品中的催化	20 ~ 35	6.5
实验用化学药品	3 ~ 10	1.5
疫苗和化妆品中的防腐剂	0.1 ~ 0.5	0.1
涂料中的防腐剂	4 ~ 10	1.6
消毒剂	1 ~ 2	0.4
其他化学应用	0 ~ 1	0.1
其他各种用途	15 ~ 114	15.2
孔隙率和相对密度的测定	10 ~ 100	12.9
对接焊缝机中的导体（主要用于维护）	0.2 ~ 0.5	0.1
汞集电环	0.1 ~ 1	0.1

应用领域	汞的消耗量/t·a^{-1}	占总汞消耗量的百分比/%
灯的维护	0.8 ~ 3	0.4
轴承的维护	0.05 ~ 0.5	0.1
金制品（一般是违法的）	3 ~ 6	1.1
其他应用	0.5 ~ 3	0.4
总　计	320 ~ 530	100

①氯碱生产的汞消耗量代表每年的增加量。

②为了避免重复计算，用于化学调节与催化的汞消耗量（不包括聚亚胺酯产品催化所需的汞消耗量）不计入汞的总消耗量。

2.2.3　其他人为汞释放源

除了上面介绍的两种主要的人为释放源外，还有其他几种汞释放源。如土地用途的变化、垃圾填埋场，都会不同程度地向环境中释放汞。

土地用途变化是指土地由农用地变为工业用地，或由工业用地变为农用地，或者是不同类型的农用地之间由于改变耕种作物类型而引起的土地变化，这一变化过程可引起许多自然现象和生态过程的变化，并且土地利用方式的变化会影响土壤重金属的含量。例如，在有些环境中，包括农田、新开凿的断面和水库（水电、水产养殖、灌溉）等土地用途的人为改变，会大幅度增强汞向水体的释放，同时增加汞在有机体中的蓄积。

土壤中的汞按化学形态可分为金属汞、无机化合态汞和有机化合态汞。汞能以零价状态存在是土壤汞的重要特点，土壤中金属汞的含量甚微，且性质活泼，易挥发。有机化合态汞主要以有机汞（如甲基汞、乙基汞等）和有机配合态汞的形式存在，土壤中的甲基汞易被植物吸收，无机化合态汞则很少被植物吸收。当外源汞进入土壤后，会对土壤功能产生影响，特别是对土壤生物的影响，包括对土壤生物的类型、种群数量、生物活性以及土壤酶系统的影响等。目前研究较多的是对土壤酶系统的影响，汞能引起土壤酶活性降低，变化幅度最大的是脲酶。此外，汞在进入土壤的同时又常常能迅速被土壤固定或强烈吸持，包括物理吸附和化学吸附，使汞长期滞留在土壤中。然而，被吸附的汞不会一成不变，土壤汞可以被激活，形态发生变化，在土壤中发生汞的物理、化学和生物迁移，土壤汞的这些行为变化与汞在土壤中的固定方式、激活因子以及土壤矿粒、土壤有机质、pH 值、交换性复合体的阳离子种类、阳离子交换量、盐基饱和度、氧化还原电位和土壤微生物等都密切相关。

2.2.3.1　土壤汞向大气的释放

土壤中的汞通过微生物、有机质和化学还原作用等被还原为零价金属汞，从而从土壤中释放出来，金属汞也是土壤向大气释放汞的主要形态。

近些年，国内外有许多学者采用室内模拟及野外监测的方法研究了土壤甲基汞的释放。研究表明，施用污泥的土壤向大气中释放甲基汞和无机汞的平均值分别为 $12 \sim 24 pg/(m^2 \cdot h)$ 和 $100 pg/(m^2 \cdot h)$。甲基汞的这一释放速率可引起区域大气甲基汞浓度的增加，但无机汞的释放仍是总汞释放的主要部分。近年的研究表明，影响土壤汞挥发量的主要因素有土壤温度、土壤总汞含量、阳光及微生物。

2.2.3.2 土壤汞向水体的迁移

地表可溶态的汞化合物，会随着雨水的流动而迁移。它可随地表径流向其附近地区迁移，也可流向排水系统。研究表明，森林土壤中的一小部分汞和甲基汞（<0.02%），受溶解有机碳的影响，可通过径流进入地表水。虽然土壤汞和甲基汞的流失只占土壤总汞及甲基汞的一小部分，但却是偏远湖泊中总汞和甲基汞的重要来源。

2.2.3.3 土壤汞的生物迁移

有研究表明，土壤中的汞可在植物体内富集，且植物体中的汞含量随土壤汞含量的增加而增加。当植物根中的汞含量高于植物的地上部分时，说明植物吸收了土壤中的汞。不同作物对汞的吸收有较大的差异，水稻吸收最多，谷子、玉米、小麦次之，高粱吸收最少。因此，在汞污染的土壤上，可选择性地栽种不同的作物。

另外，随着城市的发展，城市面积不断扩大，原先在郊区的工业企业大规模外迁，而很多企业迁走后留下的土地却成为重金属或有机物污染较为严重的"毒地"。原先大量使用汞的企业，如汞法烧碱企业，厂址内土壤有可能因堆放含汞盐泥等固废而超标。这类企业在外迁后，原址可能会成为住宅用地，这种土地用途的人为变化将导致原有土地中的汞释放到环境中，对居住人群的身体健康产生危害。国内外均有类似报道，如美国的拉夫运河小区事件就是典型案例。

垃圾填埋是另外一种常见的汞释放源。因为随着人民生活水平的提高，大量含汞产品被生产和使用，由此造成了大量的含汞废物，这些含汞产品及含汞废物可能会随同垃圾一起进入垃圾填埋场或被丢弃、堆存、焚烧。由于在垃圾中混有含汞的物品或废物，生活垃圾的焚烧已成为发达国家最主要的一种人为大气汞的排放源。但在大部分国家里，垃圾填埋仍是处理垃圾的主要方式。

由于部分国家或地区未普及有关垃圾分类的知识，人们对含汞废弃物的危害认识不够，因而导致一些含汞产品如废灯管、废电池、废温度计、压力计以及含汞电器组件等电器设备混到生活垃圾中，且含量呈持续上升趋势。这些含汞垃圾被认为是生活垃圾而直接进入垃圾填埋场被填埋，其中含有的汞在垃圾降解腐烂过程中随淋溶水进入渗滤液。渗滤液中的汞可在光照、有机物等因素的作用下发生光化学反应,从而增加向大气中的传输,同时,它也能通过地表径流和渗滤作用造成周边地区地表和地下水系的污染。地表水径流中汞大多沉积于底泥和土壤中,并不断累积,进一步参与汞的地球化学循环。另外,垃圾中的汞还可通过挥发直接进入大气,或通过填埋场内的生物化学作用转化为剧毒的甲基汞,最后通过填埋场的上覆土或填埋气导排系统进入大气。垃圾填埋场是目前在陆地生态系统中发现的大气甲基汞来源之一,这也可以很好地解释最近在一些陆地定点观测的大气和降水中发现痕量甲基汞的现象。

表 2-3 中列举了部分国家垃圾填埋释放的汞量。由表 2-3 中可以看出不同国家之间由垃圾填埋而释放的汞量相差较大,主要是由不同国家的含汞来源不同,各国环境政策不同而导致的。

表 2-3 部分国家垃圾填埋的汞含量（北欧部长理事会文件统计）

国家—年份	垃圾填埋			说 明
	汞量/t·a^{-1}	垃圾量/t	排放强度/gHg·(t垃圾·a)$^{-1}$	
英国—1990	41	5900×10^4	0.69	
丹麦—1997	2.5	530×10^4	0.47	不包括出口到其他国家作特殊处理的废物
芬兰—1995	0.9	480×10^4	0.2	
挪威—1998	177	440×10^4	40	锌提炼的主要制造废物,1993 年的数据。2000 年总量达到 35t
瑞典—1995	42	850	4.9	主要采矿废物
美国—1996	295	26400	1.1	包括土地应用

如何减少或降低由垃圾填埋而造成的汞污染是目前各国普遍关注的问题,最有效的解决方法是减少汞的输入,包括降低产品的含汞量、对含汞的废弃产品进行专门回收和处理。同时,在垃圾填埋场的运行过程中,采取铺设防渗层、定期给填埋的垃圾覆土、收集和处理渗滤液和填埋气体等措施减少汞向环境的释放。

2.3 人为汞排放源示例

2.3.1 不同环境介质的汞排放源

尽管部分天然汞从地壳中释放出来,但人为汞排放源仍然是造成汞排放的主要途径。本节主要介绍人为汞排放源向各种不同环境介质排放的实例,以及可能采用的控制措施。

2.3.1.1　向大气排放

以下排放源可能造成汞向当地、区域、半球，甚至全球的大气排放：

（1）燃煤电厂、金属开采、垃圾焚烧、氯碱厂、废料回收/熔炼、水泥生产、工业无机物生产以及家庭燃煤等；

（2）手工和小规模金矿开采工业；

（3）火葬场（主要来自含汞补牙材料）；

（4）含汞油漆的排放；

（5）没有集中处理的废弃产品，如荧光灯、电池、温度计、含汞开关、丢弃的补过的牙齿等；

（6）过去排放到土壤和水中的汞的蒸发；

（7）过去排到垃圾填埋场中的汞的蒸发。

2.3.1.2　向水体排放

以下排放源可能造成汞向海洋、河、湖泊的排放：

（1）工厂或家庭向水体环境的直接排放；

（2）手工和小规模金矿开采工业；

（3）废水处理系统的间接排放；

（4）被汞污染的土地，或没有渗滤液收集膜和渗滤液水净化系统的填埋场的地面径流和渗滤液；

（5）过去施入土地或已经沉降到土地中的汞被冲洗出来。

2.3.1.3　向土壤排放

以下排放源可能造成汞向土壤的排放：

（1）没有集中处理的废弃产品，如电池、温度计、含汞开关、丢弃的补过的牙齿等；

（2）工业排放，如含汞废物堆放地、被汞污染的设备和建材等；

（3）水处理后的含汞污泥用作农肥施于农田；

（4）使用含有汞化合物的农药；

（5）垃圾焚烧和燃煤的固体残渣用作建材（煤渣/底灰和飞灰）；

（6）掩埋的人尸中的补牙材料。

除上述排放途径外，还有产品、普通垃圾和行业特定废物等输出途径。但是长期来看最终的排放介质还应是土壤、空气和水。以下是汞向"产品"、"普通垃圾"和"行业特定废物"的流动或排放的例子。

2.3.1.4 产品

向产品的排放是指非有意或有意制造的含汞产品，例如有意利用汞的特性，设计使用汞的产品，或因为采用的回收材料中含有汞的杂质，主要有：

（1）农药等产品中有意使用汞；

（2）采用燃煤发电厂烟道气清洗生成的固体残渣制造的石膏墙板；

（3）有色金属厂对（烟道气清洗过程中的）烟道气脱硫工艺中产生的硫酸；

（4）采用汞法氯碱生产工艺所产生的氯气和氢氧化钠。

2.3.1.5 普通废物

一般来说，普通废物是指家庭和机构产生的垃圾，这些垃圾在有控制的环境中经过焚烧或掩埋等一般性处理，主要包括：

（1）没有单独收集并处理的添汞消费品，例如电池、温度计、银汞补牙材料、装有含汞电开关的电子产品、荧光灯等；

（2）正常的、数量较大但含汞量极小的产品垃圾。

2.3.1.6 行业特定废物

行业特定废物是指在独立系统中收集处理的工业废物和消费品废物，主要有：

（1）因设计需要而含有大量汞的有害工业垃圾，这些垃圾可储存在有专门保护设施的堆放地点的密封容器中，有些情况下也可以焚烧处理；

（2）二级熔炼/废料回收作业的有害废物；

（3）含汞的有害消费废品，主要为单独收集的电池、温度计、含汞开关、丢弃的补过的牙等；

（4）因采矿活动而产生的大量的岩石、废物；

（5）废物焚烧所产生的固体残渣，如炉渣、底灰和飞灰。

2.3.2 汞向各环境介质的释放量

影响汞向环境释放的因素很多，因此即使是相同类型的汞排放源，其释放量也不同。表2-4列出了部分国家汞向大气、水体、土壤和垃圾中的释放量。需强调的是，各国的释放量与研究年代和研究方法息息相关。

2.3.2.1 大气中汞的释放

研究发现，由自然释放源释放到大气中的汞不到总释放的50%，其余大部分的汞还是来自于人为源的释放。还有研究表明，目前全球范围内人为的汞沉降已造成当今的汞沉降率比前工业时期高出 1.5 ~ 3 倍。在最近 200 年中，工业区及其周边的汞沉降率已经增长了 6~10 倍。

表 2-4 列举了美国、英国、芬兰、丹麦、瑞典、挪威和墨西哥几个国家部分用汞行业向大气释放的汞量。表中数据来自美国环保局（1997）、OSPAR（2000）、Maag et al（1996）、挪威污染控制中心（2001）、芬兰环境协会（1999）和 Mukherjee 等（2000）、墨西哥信息中心和瑞典国家化学品监督署（KEMI，1998）等研究报告。

表 2-4　部分国家用汞行业向大气中释放的汞量　　　　　　　（t/a）

项　目	美国	英国	芬兰	丹麦	瑞典	挪威	墨西哥
	1994~1995	1997	1997	1992~1993	1995	1999	1999
有意使用——制造业		1.1					
氯碱生产	6.5			0.01	0.12		4.9
仪器制造	0.5						
二级汞生产	0.4						
电子设备	0.3			0.01			
电池	<0.1						
原生汞生产							9.7
有意使用——产品中的使用							
灯管破损	1.4	<0.1				0.02	0.23
实验室使用和仪器	1.0					0.02	0.02
齿科材料	0.6	0.3					0.38
废物处理处置							
废物焚烧	48.8	1.3	0.05	1.26	0.09	0.05	0.03
焚烧	<0.1	1.3		0.1	0.28	0.07	
垃圾填埋	<0.1	0.4					
其他——灯管的回用等	<0.1			0.2	0.01		
流动性汞杂质——制造业							
水泥	4.4		0.09			0.01	0.01
制浆造纸	1.7			0.14		0.005	0.02
有色金属	<0.2					0.16	13
铁、钢		3.2			0.07	0.1	0.09
其他—炭黑、石灰等	0.4	0.8		0.07	0.11	0.005	0.76
流动性汞杂质——燃烧							
煤气炉	66.9	4.2	0.49		0.21	0.64	2.2
石油和天然气	10.2			0.35			
燃木锅炉	0.2			0.04			
其他（地热能）	1.3						
总计	144	13	0.62	2.2	0.9	1.1	31
人均排放量/g·a^{-1}	0.5	0.2	0.1	0.4	0.1	0.3	0.3

注：假设人口数量为：美国—264000000；英国—59000000；丹麦—5300000；挪威—4400000；瑞典—8500000；芬兰—5200000；墨西哥—99000000。

2.3.2.2 水体中汞的释放

市政污水处理厂的出口是水体中汞的主要来源,因为市政污水收集了来自诸如齿科门诊、各种各样的测量和监测设备以及实验室等部门排出的含汞废水。若某个国家的废水处理能力较低,含汞废水可能会未经处理而直接排放。

表2-5列举了丹麦、瑞典和挪威三个国家部分行业向水体中释放的汞量,其他一些释放到水体的汞排放源未列入表中。表2-5中数据来自挪威污染控制中心(2001)、KEMI(1998)和Maag等(1996)的研究报告。其中,挪威的数据表明,海洋石油运输活动可能是汞向海洋环境排放的一个重要来源。丹麦和其他国家也可能有类似的排放,但到目前为止还不能确定其准确的排放量。

表2-5 部分国家用汞行业向水体中释放的汞量 (t/a)

项 目	丹麦 1992~1993	瑞典 1995	挪威 1998~1999
有意使用——制造业			
氯碱生产	<0.001		
有意使用——产品的使用			0.05
废物的处理处置			
市政污水处理	0.25	0.53	0.06
其他			0.04
流动的汞杂质——制造业			
有色金属生产		0.02	0.03
其他——精炼厂和海洋石油运输等		0.02	0.17
总 计	0.25	0.74	0.35
人均排放量/g·a^{-1}	0.05	0.09	0.08

注:假设人口数量为:丹麦—5300000;挪威—4400000;瑞典—8500000。

2.3.2.3 土壤中汞的释放

以北欧国家为例,表2-6中列出了丹麦和挪威部分用汞行业向土壤中释放的汞量,从表中可看出土壤中的汞主要来源于污泥和墓地。污泥中汞的释放主要是因为填埋后的污泥中的汞得到了释放;而墓地中汞的释放主要来源于齿科银汞合金中的汞释放。

表2-6 丹麦和挪威部分用汞行业向土壤中释放的汞量 (t/a)

项 目	丹麦 1992~1993	挪威 1999
有意使用——制造业		
有意使用——产品的使用		
墓地(齿科银汞合金)	0.05	0.17

项 目	丹麦 1992 ~ 1993	挪威 1999
废物的处理处置		
污水处理场污泥	0.14	0.14
流动性汞杂质——产品的使用		
化肥/石灰——农业用途	<0.1	0.003
总　计	0.25	0.31
人均排放量/g·a^{-1}	0.05	0.07

注: 1. 数据来自挪威污染控制中心(2001)和 Maag 等(1996)。

　　2. 假设人口数量为:丹麦—5300000;挪威—4400000。

2.4　全球和区域汞释放量

研究证明大气汞沉积不仅是局部的和区域性的,也是半全球性或全球性的。人类释放到大气中的汞多数是单质汞,它可以随空气团作长距离迁移,余下部分以气态二价化合物(如 $HgCl_2$)的形式存在,或附着于释放气体的颗粒上,通过潮湿或干燥的过程而沉积。在大气传输过程中,汞化合物之间会发生重要的转化,从而影响迁移距离。

单质汞在大气中的停留时间为几个月甚至 1 年,这使得单质汞可能会在全球范围内进行迁移。任何一个大陆的汞释放都可能影响其他大陆的汞沉积,例如,根据 EMEP/MSCE 关于大陆之间的汞迁移模型,北美有 50% 以上的人为汞沉积来自于外部汞源。同样,欧洲和亚洲来自外部汞源的人为汞沉积分别为 20% 和 15% 左右。

目前,已有多项研究估算了全球汞排放总量,如表 2 - 7 所示,但估算数据都具有一定的不确定性,同时也说明了量化估算的复杂性。由于在估计全球汞排放总量时,一般不可能包括所有的显著因素,表 2 - 8 给出了可能包括的和可能漏掉的汞源类型。

表 2 - 7　全球汞排放总量　　(t/a)

排放过程	Lindqvist 等,1984	Nriagu 和 Pacyna,1988;Nriagu,1989	Fitzgerald,1986	Lindqvist 等,1991	Mason 等,1994	Pirrone 等,1996	Lamborg 等,2002
人为排放	2000 ~ 10000	3560 (910 ~ 6200)	2000	4500 (3000 ~ 6000)	5550	2200	3000
自然排放	<15000	2500 (100 ~ 4900)	3000 ~ 4000	3000 (2000 ~ 9000)	1650	2700	1400
总排放量	2000 ~ <25000	6060 (1010 ~ 11100)	5000 ~ 6000	7500 (5000 ~ 15000)	7200	4900	4400

表 2 - 8　1983 年全球大气、土壤和水体中汞的排放量　　　　（t/a）

汞源类型	大气	水	土壤
燃煤	650～3500	0～3600	370～4800
有色金属生产	45～220	0～40	0～80
废物焚烧		未估计	未估计
市政垃圾焚烧	140～2100		
污泥焚烧	15～60		
废水	无相关资料	0～600	10～800
木材燃烧	60～300	未估计	未估计
金属矿开采	非主要输入	0～150	未估计
城市垃圾	未估计	未估计	0～260
商业垃圾	未估计	未估计	550～820
制造过程	未估计	20～2300	未估计
大气辐射尘	无相关资料	220～1800	630～4300
磷肥的生产和使用	非主要输入	未估计	未估计
农业垃圾	未估计	未估计	0～1700
伐木和其他木材废物	未估计	未估计	0～2200
污泥倾倒	无相关资料	10～310	未估计
矿渣	未估计	未估计	550～2800
炉渣及废物	未估计	未估计	50～280
人为输入总量	900～6200（＋）	300～8800（＋）	2200～18000（＋）
平均值	3560（＋）	4600（＋）	10100（＋）
自然输入总量	100～4900	未估计	未估计
平均值	2500		

注：数据来自 1988 年 Nriagu、Pacyna、1989 年 Nriagu、1994 年 OECD 公布的报告，在略微修正过的总量和有疑问的地方做了标记。（＋）表示实际总量可能更大，因为所列举的总量中不包括各项"未估计"的输入。

3　全球汞的供需与人为排放

3.1　汞的供应

从全球单质汞的生产供应情况来看，目前全球汞的供应主要有五大来源：汞矿开采、氯碱工厂废弃汞电解池中收集的汞、金属提炼过程和天然气净化过程中产生的汞副产品、含汞产品和用汞工艺中回收的汞以及库存汞。各来源的汞供应量见表3-1，其中，汞矿开采是目前汞供应的主要来源。

表 3 - 1　2005 年全球汞的供应量

主 要 来 源	汞供应量/t
汞矿开采	1150 ~ 1500
氯碱工厂废弃汞电解池中收集的汞	700 ~ 900
金属提炼过程以及天然气净化过程中产生的汞副产品	410 ~ 580
从含汞产品和工艺回收的汞①	—
储存和库存汞	300 ~ 400
合　　计	2560 ~ 3380

①回收汞量未计入汞供应量中。

3.1.1　汞矿开采

西班牙、阿尔及利亚和吉尔吉斯斯坦是世界上主要的汞矿拥有国，其开采量和出口量均占据世界前列。中国也有汞矿，但汞矿的开采主要为满足国内汞的需求。

Almadén 汞矿是西班牙境内最大的汞矿，位于雷阿尔城，从罗马时期就被无间断地挖掘，年产量一度达到 745t。2003 年，该矿停止了汞矿石的初级开采，2004 年停止了矿石加工。但其国内部分企业仍继续储存汞，并在全球市场上销售。

阿尔及利亚，汞储量居非洲第一位，主要矿床位于东北部的安纳巴区。受技术和生产力等原因的限制，自 2000 年起，其汞矿年产量基本低于 200t，2004 年底停止生产。由于阿尔及利亚的汞矿与西班牙 Almadén 汞矿几乎同时关闭，对全球的汞供应市场造成了很大影响，导致汞的价格急剧攀升。

　　吉尔吉斯斯坦，拥有的汞矿数量较多，境内共有汞矿 400 余个，其中，两个大型汞矿 Chonkoi 和 Khaidarkan 总储量超过 2 万吨，一个中型汞矿 Zardobuka 储量 1500t，汞储量较大，其他汞矿区的储量则相对较少。Khaidarkan 汞矿位于南吉尔吉斯斯坦的巴特肯地区，是中亚地区唯一的汞生产商。吉尔吉斯斯坦的所有汞矿产量全部用于出口。

　　中国曾经是世界上汞矿资源比较丰富的国家之一，汞的总保有储量为 8.14 万吨，居世界第三位。全国汞矿产地密集于川、黔、湘三省交界的地区，其中贵州省最多，其储量约占全国总储量的 40%，约 3.2 万吨，其次是陕西和四川，上述三省的汞储量约占全国总量的 74%。截至 2009 年底，中国汞矿共 115 处（矿区数），元素汞的基础储量为 19879t（储量 11369t），资源量为 59602t，共计查明汞矿资源储量 79481t，比 2008 年新增 81.3t。全国汞矿分布在 13 个省区，按照省份划分，贵州省、陕西省、重庆市汞资源较集中，汞矿储量占全国的比例分别为 62%、26% 和 11%。

　　由于受到 2004 年西班牙和阿尔及利亚汞矿关闭的影响，全球的汞供应局面发生了变化。表 3-2 中列出了主要汞矿开采国家近年来的汞产量，显示了近年来全球汞产量的变化情况以及各国汞开采量所占据的全球份额。总体而言，到 2007 年，欧盟的汞开采量仅剩芬兰的 25t，美国则多年一直保持在 15t 左右，而中国和吉尔吉斯斯坦成为全球主要的汞开采国，其中中国汞矿产量约占世界总量的 53%，高居全球首位。除表 3-2 中列出的国家和地区外，其他地区的汞矿企业开采量较小且不正规，开采总量合计仅有 50~100t。

表 3-2　全球汞产量变化情况　　　　　　　　　　　　（t）

国家或地区		2001 年	2002 年	2003 年	2004 年	2005 年	2006 年	2007 年
中国		192.0	495.0	612	1140.0	1094.0	759	798
吉尔吉斯斯坦		575.0	478.0	370	488.1	500	550	550
俄罗斯		1100.0	50	50	50	50	50	50
智利		6.5	50	—	85	50	50	50
欧盟	芬兰	71.2	50.8	25	23.5	15.1	22.8	25
	捷克	50	50	50	50	—	—	—
	西班牙	1094.0	726.0	745.0	750	—	—	—
墨西哥		15	15	15	15	15	15	15
美国		15	15	15	15	15	15	15
阿尔及利亚		320.1	307.1	175.6	73.5	0.3	—	—
世界合计		3439.8	2178.2	2057.6	2690.1	1739.4	1461.8	1503.0

　　注：除中国为精炼汞产量外，其他国家为矿山汞产量。

3.1.2 氯碱工厂废弃汞电解池中汞的收集

汞法氯碱生产工艺是国外部分国家仍在采用的用汞工艺，该工艺除氯碱设施中产生的汞废物外，电解池底也会存有大量汞。当汞电解池设施关闭或转换成无汞工艺后，从电解池池底可清除出大量的汞。

欧美是全球采用该工艺生产的大户，关闭生产或转换为无汞化生产后的汞储备量居世界前列。据统计，2005 年，欧盟 25 国的汞电解池仍保有近 580 万吨氯产能，美国 110 万吨，印度 42.8 万吨，俄罗斯 43 万吨，巴西 34.1 万吨，其他地区 150 万~200 万吨。据报道，2005~2007 年期间，欧盟宣布关闭一些氯产能为 100 万吨的电解池并对其进行转换。预计至 2015 年全球大多数汞电解池设备都将停用，这意味着从氯碱工厂废弃汞电解池中收集的汞量将超过万吨。2006~2015 年预计全球停用氯碱设施中汞的收集量如表 3-3 所示。从表 3-3 中可以看出，欧盟和美国可能成为未来汞的最大储备国，而从氯碱工厂废弃汞电解池中收集的汞也将成为潜在的汞供应源。

表 3-3 2006~2015 年预计全球停用氯碱设施中汞的收集量

国家或地区	2005 年氯产量/t·a^{-1}	2006~2015 年可能完成的削减量/t·a^{-1}	2006~2015 年累计汞收集量/t	平均每年可获得的汞收集量/t·a^{-1}
欧盟	580×10^4	380×10^4	7600	760
美国	110×10^4	50×10^4	1000	100
印度	42.8×10^4	30×10^4	600	60
俄罗斯联邦	43.0×10^4	8×10^4	160	16
巴西	34.1×10^4	5×10^4	100	10
其他	$150 \times 10^4 \sim 200 \times 10^4$	$30 \times 10^4 \sim 50 \times 10^4$	600~1000	80
总 计	—	—	约 10300	约 1000

3.1.3 有色金属提炼和天然气净化的副产品

作为副产品收集的汞主要有两个来源：部分有色金属提炼和天然气净化。

锌、铜、铅和其他有色金属矿石中通常含有微量的汞，若采取预先除汞技术，可以减少在其冶炼过程中的汞排放。多数天然气中也含有微量的汞，可以在净化过程中进行汞回收。表 3-4 为估算的 2005 年全球汞作为副产品的年产量。

2005 年全球汞副产品的总产量估算值为 410~580t，其中金矿和锌矿冶炼的回收量最大，其次是铜矿和天然气净化。欧盟是全球从锌冶炼中回收汞最多的区

域，据估算，2007 年欧盟 27 国平均每年可从锌矿中回收汞 174 ~ 224t。金矿中
汞副产品的回收则主要集中在南美地区和美国。2005 年，美国的汞回收量估计
超过 100t。南美地区共有 5 个金矿进行汞回收，秘鲁 3 个、智利 1 个、阿根廷 1
个，其中智利的回收规模较大，秘鲁和智利的 4 个金矿年回收汞量在 80 ~ 100t
之间，而阿根廷则刚刚开始。铅矿与铜矿中汞的平均含量较低，回收量也相对
较少。

表 3 - 4   2005 年全球汞副产品的产量

副产品来源	初级金属产量/t	所含汞总量/t	回收的单质汞/t
锌矿	900×10^4	500 ~ 650	80 ~ 120
铅矿	350×10^4	20 ~ 30	0
铜矿	1400×10^4	200 ~ 270	20 ~ 40
金矿	2400	220 ~ 250	180 ~ 220
其他矿产副产品	—	—	100 ~ 150
天然气	—	—	30 ~ 50
总　计		1000 ~ 1200（+）	410 ~ 580

资料来源："初级金属产量"为美国自然资源保护委员会（2007 年）的估算值；"所含汞总量"为专
家的估算值；（+）表示实际总量可能更大。

与矿石中的含汞量相比，冶炼过程中汞的回收量相对较低。UNEP 估计，每
年各种矿石提炼过程释放出的汞约 1000 ~ 1500t，其中多数直接排入大气，只有
小部分得到回收处理。2005 年全球冶炼行业回收的汞不足矿石中含汞量的 1/2，
但据预测，2015 年汞回收量将达到或超过矿石含汞量的 50%。

天然气净化的估算数据相对比较保守。据估计，欧洲每年从天然气净化产生
的废物中回收的汞约 25 ~ 30t。天然气在管道和设备中流动时，汞蒸汽会吸附在
管道及设备表面，这些气态汞会浓缩为液态汞或与金属（多为铝）发生齐化反
应，逐渐腐蚀金属，从而导致严重的工业事故。因此研究人员指出："使用天然
气前必须使其汞浓度降至 $10\mu g/m^3$ 以下"。

3.1.4　含汞产品和工艺中回收的汞

除氯碱生产和金属冶炼外，可进行汞回收的用汞工艺和含汞产品的种类也较
多，如手工金矿开采、单体氯乙烯生产、齿科汞合金、电池、荧光灯、开关、温
度计和压力计等。2005 年全球含汞产品和用汞工艺的汞回收量见表 3 - 5。

电石法氯乙烯单体生产过程中使用汞触媒作为催化剂，消耗大量的汞。目前
全球主要是中国在使用该工艺进行生产，据调研，中国已开展对废汞触媒的回收

工作，2005 年从废汞触媒中回收的汞量约为 350t。此外，俄罗斯从氯乙烯单体生产中回收的汞约 8t。

表 3-5 2005 年全球含汞产品和用汞工艺中的汞回收量估计

产品和工艺	主要国家或地区	汞消费量/t	已回收金属汞/t
手工金矿开采	亚洲、非洲和南美洲的 50 多个发展中国家	650 ~ 1000	约 0
单体氯乙烯/聚氯乙烯生产	中国	715 ~ 825	350
齿科汞合金	美国、澳大利亚（制造商）	300 ~ 400	50 ~ 80
其他含汞产品以及其他应用	欧洲、美国、中国、日本等广泛分布	1050 ~ 1580	150 ~ 250

齿科汞合金的生产主要集中在发达国家，中国也有少数生产企业，其应用较为广泛。2005 年该行业的汞回收量约为 50 ~ 80t。

其他含汞产品的汞回收率相对较低，一般不会超过 10% ~ 15%，2005 年的汞回收量经估算约为 150 ~ 250t。

汞污染问题受到国际社会的高度重视，随着 2011 年欧盟汞出口禁令的颁布，汞的价格有所上升，加之有害废物处置成本的增长等诸多因素的影响，估计到 2015 年汞的再循环和回收率会增至 20% ~ 25%。

3.1.5 积累储存的库存汞

库存汞主要来源于汞矿开采、汞副产品以及废弃氯碱电解池的汞回收等，库存量取决于市场供需潜力和商业动机，有很大的灵活性，较难获取准确数据。欧盟、美国、俄罗斯是全球保有库存汞的大户，也是汞供应的主要来源。

西班牙曾经是原生汞的生产大国，也是目前汞的储存大国。据估计，2005年西班牙 Almadén 汞矿的单质汞储存量在 1000 ~ 2000t 之间。如此大量的汞库存主要来自于 Almadén 汞矿开采、从吉尔吉斯斯坦购买的汞以及从欧洲停用的氯碱设施中回收的汞等。美国也有一定量的库存汞，出于对环境问题的考虑，美国政府于 1994 年禁止了汞的销售。2006 年，美国政府决定将国内剩余的约5742t 汞集中到内华达州的统一地点封存，其中包括美国国防后勤局名下的4436t 库存以及美国能源部持有的 1306t 库存。俄罗斯目前也存有一定数量的汞。2006 ~ 2007 年，俄罗斯经销商提供了约 500t 汞，均产自吉尔吉斯斯坦，2008 年俄罗斯经销商又重新开始储存汞，其来源可能是吉尔吉斯斯坦。

随着全球汞矿的相继关闭，库存汞将成为汞供应的一个重要来源。尽管目前库存汞的总量尚无确切数据，估计为 4000 ~ 6000t，但随着全球汞价格的剧烈波动，库存汞可能成为转型期平衡全球汞供需的一个重要手段。

3.2 汞的贸易

3.2.1 汞国际贸易现状

单质汞的海关商品编码（HS 码）为 28054000，UN Comtrade 数据库（United Nations Commodity Trade Statistics Database）使用的是前六位编码 280540，使用的商品名称为 Mercury，自 1988 年起，就对汞的进出口有统计，其中包括世界不同国家或地区的汞进口、出口贸易金额、贸易数量以及贸易方。

根据 UN Comtrade 数据库的统计数据，表 3 - 6 列出了 2008 年全球汞出口贸

表 3 - 6 2008 年全球汞出口贸易额和贸易量（贸易额前 30 位）

排 序	国家或地区	金额/USD	数量/kg
1	欧盟 27 国	12003306	609472
2	美国	10101743	
3	日本	3271264	156984
4	新加坡	2479055	150310
5	印度	1276670	100879
6	墨西哥	1154415	58477
7	秘鲁	445468	86545
8	马来群岛	307401	105005
9	乌克兰	252476	33800
10	土耳其	195025	22885
11	肯尼亚	187007	4208
12	巴基斯坦	183676	51900
13	俄罗斯联邦	169050	9893
14	泰国	100211	177
15	瑞士	95380	11592
16	澳大利亚	91369	2526
17	阿拉伯联合酋长国	62879	940
18	南非	41267	1964
19	巴西	38064	3795
20	加拿大	33069	4326
21	阿根廷	31446	431
22	印尼	10766	1980
23	中国大陆及香港地区	8199	75
24	新西兰	6028	530
25	马里	5769	2792
26	奥地利	2694	565
27	斯里兰卡	1226	8
28	危地马拉	829	276
29	巴巴多斯岛	125	3
30	克罗地亚	118	1

易额和贸易量（按贸易额排序），表 3-7 为同年汞进口贸易额和贸易量（按贸
易额排序）。由于缺少有些国家的进口或出口贸易量，因此 2008 年世界汞的进口
和出口总量无法准确计算，估算值在 2000t 左右。

表 3-7　2008 年全球汞进口贸易额和贸易量（贸易额前 30 位）

排序	国家或地区	金额/USD	数量/kg
1	新加坡	2914405	179428
2	欧盟 27 国	2624390	251653
3	中国	2250720	169677
4	美国	1826328	154995
5	哥伦比亚	1598880	79039
6	印度	1371909	62305
7	巴西	676794	23895
8	巴基斯坦	645357	36976
9	澳大利亚	541298	26290
10	马来群岛	487942	289472
11	阿根廷	422505	24052
12	俄罗斯联邦	362953	1476
13	以色列	362000	
14	南非	299328	14198
15	瑞士	289496	3557
16	厄瓜多尔	272245	13613
17	阿塞拜疆	246260	20000
18	肯尼亚	242564	9769
19	圭亚那	241998	60023
20	泰国	176845	6205
21	加纳	157463	11771
22	墨西哥	154006	15338
23	印尼	152641	7791
24	加拿大	142142	18791
25	乌拉圭	129823	5405
26	埃及	103871	7535
27	土耳其	93820	3069
28	日本	70377	3453
29	阿拉伯联合酋长国	56308	1963
30	其他亚洲国家	53051	1801

从全球情况来看，2008 年存在汞出口贸易的国家或地区共 30 个，存在汞进
口的共 67 个。从汞进出口贸易额位于前十的国家或地区来看，汞出口量高于进
口量的主要有欧盟、美国、日本、印度；汞进口量高于出口量的国家主要有马来
西亚和新加坡；有汞进口而无出口或出口量较少的主要有中国和巴西。

汞的进出口贸易量与国家的汞供需情况密切相关。2008 年，欧盟 27 国汞出
口量位居全球第一，进口量全球第二，出口量高出进口两倍多，该地区可能已出

现汞供应充足或过剩的情形,美国、日本、印度可能也存在供过于求的情况,而中国、巴西、马来西亚则可能处于汞需求过剩的情形,但新加坡的情况有所不同,新加坡国内的汞需求量极少,但其进出口量却较高,且进口量高出出口量30t 左右,可能存在商业汞储存或囤积的可能性。

3.2.2　国际汞价的变化情况

随着汞供需特别是汞供应情况的变化,国际汞价也相应发生变化,具体情况如图 3 - 1 和图 3 - 2 所示。自 1960 年以来,国际汞价整体呈下降趋势,但近年来则表现出快速增长态势,2004 至 2005 年上半年翻了两番,最高已超过 20 美元/kg,

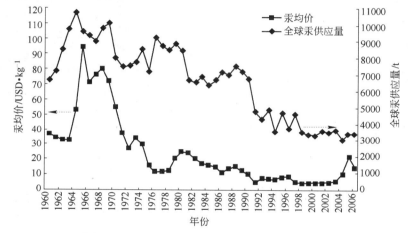

图 3 - 1　1960 ~ 2006 年间全球汞价的变化情况

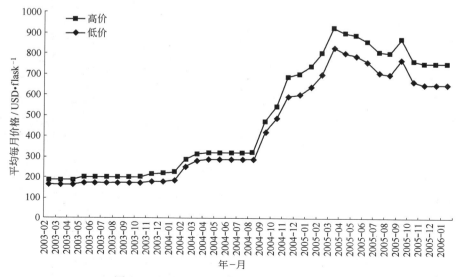

图 3 - 2　2003 ~ 2006 年国际汞价的变化情况

后半年虽出现下降，但下降速度相对缓慢。

3.2.3 主要国家或地区的汞贸易发展情况

2008 年，汞进出口贸易额位于前十的国家或地区主要有欧、美、拉美和亚洲区域，这些地区的汞贸易发展情况对未来汞的国际贸易有着重要影响。

（1）欧、美地区情况。表 3-8 和表 3-9 分别为 2000~2008 年间欧盟 27 国和美国的汞进出口贸易额、贸易量，图 3-3 显示了 2000~2008 年间欧盟 27 国和美国汞进出口变化趋势。

表 3-8　2000~2008 年间欧盟 27 国的汞进出口贸易额、贸易量

| 年份 | 欧盟 27 国 | | | |
| | 出　口 | | 进　口 | |
	贸易额/USD	贸易量/kg	贸易额/USD	贸易量/kg
2000	6475082	1147989	582389	76585
2001	5469484	953880	1082574	356984
2002	7287361	1308519	445188	181576
2003	6168562	810689	470514	175854
2004	7900977	688986	1248699	527975
2005	10709889	417065	2312889	288374
2006	6709359	268323	2835083	263123
2007	9449445	583543	1852583	283960
2008	12003306	609472	2624390	251653

表 3-9　2000~2008 年间美国的汞进出口贸易额、贸易量

| 年份 | 美　国 | | | | | |
| | 出　口 | | 进　口 | | 再出口 | |
	贸易额/USD	贸易量/kg	贸易额/USD	贸易量/kg	贸易额/USD	贸易量/kg
2000	2348816	221990	1288059	135717	311699	40226
2001	866489	109484	919496	99347	15899	1250
2002	1511211	324041	956792	209616	21935	3125
2003	1693258	287364	959453	45618	133569	5380
2004	2306546	278641	1429084	92144	3305	386
2005	5810663	318632	2612728	212106		
2006	5866723	390457	2404794	94245		
2007	1447092	84642	1442061	67080	14091	1084
2008	10101743		1826328	154995	14816	

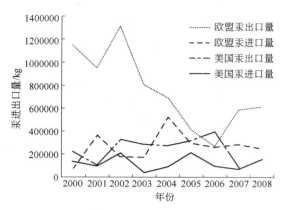

图 3 - 3　2000 ~ 2008 年间欧盟 27 国和美国汞进出口量变化趋势

从图 3 - 3 可以看出，欧盟 27 国 2004 ~ 2006 年汞出口量显著下降，2006 ~ 2008 年又显著上升，同时保持少量进口，2006 年汞进出口量基本持平。美国 2002 ~ 2006 年汞进出口量均比较平稳，进口量略低于出口量，2006 ~ 2007 年出口量大幅下降，2007 年基本与进口量持平。

近年来欧美汞的进出口价格总体呈上升趋势，但波动较大，特别是 2004 年汞价大幅提高，这可能与西班牙和阿尔及利亚关闭汞矿有密切关系。欧盟的汞出口价格要显著高于进口，而美国的汞进口价格在 2003 年和 2006 年则显著高于出口。汞价的波动一定程度地反映了两地区甚至全球汞供应的不稳定性。

作为欧盟成员国之一的西班牙曾是全球汞的生产和出口大国，随着欧盟出口禁令的发布和实施，西班牙成为欧盟乃至全球一个重要的汞集散地，其汞贸易情况的变化将对全球汞供应产生重要影响。近年来西班牙汞进出口贸易情况见表 3 - 10。表 3 - 10 中数据显示，2000 年西班牙的汞出口量远高于进口量，但其后进出口差额逐渐缩小且出现不稳定波动，特别是 2004 年西班牙汞矿关闭后，2005 ~ 2007

表 3 - 10　西班牙汞进出口贸易额、贸易量

年　份	出　口		进　口	
	贸易额/USD	贸易量/kg	贸易额/USD	贸易量/kg
2000	3995772	956504	593477	151188
2001	2540672	569187	1680614	746405
2002	3738419	821845	700257	318344
2003	4581341	872034	739435	324974
2004	5195522	596646	2098637	301089
2005	9205591	582019	4704119	601674
2006	5317804	471205	4490637	726047
2007	8567159	779111	5300486	817087
2008	8968501	639207	3273999	417865

年汞出口量已低于进口量,而2008年又反弹为出口高于进口。

(2)拉美地区情况。2008年汞进、出口量位于前十的拉美国家主要有墨西哥、秘鲁和哥伦比亚。三国2000～2008年的汞进、出口情况见表3-11,变化趋势见图3-4和图3-5。

表3-11 2000～2008年主要拉美国家汞进、出口量 (kg)

年份	墨西哥		秘鲁		哥伦比亚	
	出口	进口	出口	进口	出口	进口
2000	5950	9584	22236	31072	3	68171
2001	15223	52041	65503	72855		56808
2002	4126	43842	124241	63396	11	52760
2003	2380	21089	65960	93690	6	111125
2004	644	24707	57589	84046	34	23184
2005	5918	26209	105356	87608	76	67346
2006	8139	21460	24144	84634	17	61502
2007	21346	4035	59576		4	71435
2008	58476	15339	86545			79039

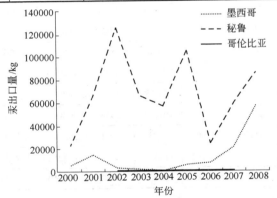

图3-4 2000～2008年主要拉美国家汞出口量

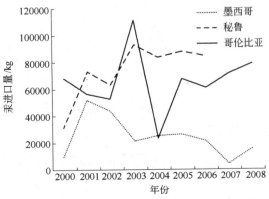

图3-5 2000～2008年主要拉美国家汞进口量

图 3 - 4 和表 3 - 11 显示,秘鲁的汞出口量虽波动较大,但持续高于墨西哥和哥伦比亚,且在 2006 ~ 2008 年间稳定增长,2008 年增至约 87t;墨西哥的汞出口量自 2004 年开始呈稳定增长趋势,2008 年增至约 58t;而哥伦比亚则几乎没有汞出口。图 3 - 5 和表 3 - 11 显示,秘鲁的汞进口量普遍高于其他两个国家。整体而言,秘鲁的汞贸易较其他两国活跃,交易量较大;哥伦比亚则以进口为主;墨西哥的汞出口高于进口,且近年汞出口增长较快。

(3)亚洲地区情况。亚洲地区的主要汞进、出口国有印度、中国、日本、新加坡和马来西亚。中国曾经是汞的生产和出口大国,但由于汞矿资源的枯竭,中国已由汞出口国逐渐转变为汞进口国,汞矿开采生产的汞主要供国内使用,汞出口量远小于进口量。印度、日本、新加坡和马来西亚四国 2000 ~ 2008 年的汞进、出口情况见表 3 - 12,变化趋势见图 3 - 6 和图 3 - 7。

表 3 - 12 2000 ~ 2008 年主要亚洲国家汞进、出口量 (kg)

年份	印 度		日 本		新加坡		马来西亚	
	出口	进口	出口	进口	出口	进口	出口	进口
2000	374334	254534	38836	6876	5105	129542		3030
2001	3104	296527	16524	11066	55413	143444		4504
2002	17732	487925	5818	6876	52277	238266	148	1935
2003	2212	234392	125851	5446	149996	285859		2943
2004	15038	176132	53815	3441	34918	24778		34163
2005	13412	150893	107031	3453	83838	69898	45636	27167
2006	5596	227963	248935	3691	103746	74890	170	146389
2007	17162	160591	218512	5	127252	167920	57700	227368
2008	100879	62305	156984	3453	150310	179428	105005	289472

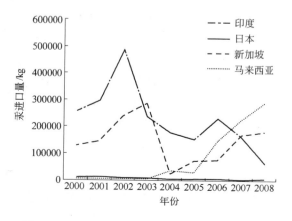

图 3 - 6 2000 ~ 2008 年主要亚洲国家汞进口量

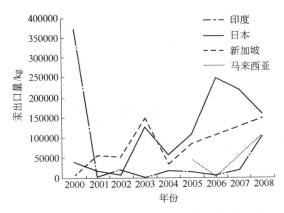

图 3 - 7　2000~2008 年主要亚洲国家汞出口量

图 3-6 和表 3-12 显示，日本的汞进口量一直较低，而近年马来西亚和新加坡的汞进口呈上升趋势，印度则呈显著下降趋势。图 3-7 和表 3-12 显示，马来西亚的汞出口量在 2008 年增至 100t 以上，日本 2006 年后的汞出口量呈下降趋势，但仍高于其他三国，而新加坡的汞出口 2004 年后则呈持续增长态势。总体来看，近年来新加坡的汞进、出口贸易均比较活跃，交易量较大；而日本明显以汞出口为主；马来西亚则以汞进口为主，但 2008 年出口有回升；印度则出现进口量下降、出口量上升的趋势。

3.3　汞的需求

汞为常温下唯一的液态金属，因其特殊的物理化学性质而被广泛应用。大量的汞及其化合物作为原料或催化剂，应用于化工、仪器、电子、制药等工业。主要的有意用汞产品有电池、齿科汞合金材料、测量和控制装置、电光源产品等，主要的用汞工艺有手工和小规模金矿开采、单体氯乙烯/聚氯乙烯生产和氯碱生产等。

3.3.1　有意用汞产品

3.3.1.1　电池

含汞电池以汞或氯化汞作为缓蚀剂，以保证电池储存性能，防止电池的自放电，从而延长使用寿命。目前全球生产和销售的含汞电池主要有普通锌锰电池、碱性锌锰电池、锌-氧化银电池、锌-空气电池、锌-氧化汞电池等，含汞电池产品类别及其典型用途见表 3-13。

国际上通常将电池分为微型电池和非微型电池两类。微型电池一般指纽扣型电池，包括扣式碱锰电池、锌-氧化银电池、锌-空气电池和锌-氧化汞电池；非微型电池一般指圆柱型或方型的锌锰电池、碱锰电池和大型氧化汞电池。微型纽扣电池是目前汞消耗量最大的电池产品，主要原因是该电池的汞含量高达2%左右，远高于非微型电池（汞含量低于0.0025%）。近年来，随着生产技术的不断改进，纽扣电池的汞含量也逐年降低，但因许多国家仍在大量生产纽扣电池，每年汞的消耗量仍保持在几百吨的水平。

表3－13　含汞电池产品类别及其典型用途

含汞电池品种		典型用途
普通锌锰电池	糊式锌锰电池	手电筒、收音机
	纸板锌锰电池	手电筒、收音机、遥控器、电子钟表
碱性锌锰电池	圆柱型碱锰电池	收录机、电动玩具、遥控器等
	扣式碱锰电池	礼品、玩具、计算器、遥控器等
锌－氧化银电池（扣式）		照相机、钟表等
锌－空气电池（扣式）		助听器、寻呼机
锌－氧化汞电池		医疗、军用，目前已较少生产但仍有使用

中国是含汞电池的主要生产国，2005年汞消费量约为150t，生产的产品主要用于出口。欧盟含汞电池生产的用汞量较少，2005年用汞约2~17t，也有资料显示少数企业生产锌－氧化汞金属带，作为生产氧化汞电池的半成品材料出口到其他国家和地区，年耗汞量约为12~14t。此外，2005年柬埔寨用于生产电池的汞年消费量约为4t，智利约为3t，美国、日本每年也要消费约2t的汞用于电池生产，其他国家也有少量含汞电池生产。UNEP估算的全球电池生产的汞年消费量经估算约为260~450t。

3.3.1.2　齿科汞合金材料

齿科汞合金材料是由液态汞和银、锡、铜合金粉混合组成的一种牙齿填料。使用时，可现场配制汞合金，也可制成一定比例的汞和合金粉胶囊，在牙医使用时再将两者混合。目前多采用汞合金胶囊，常用规格为400mg、600mg、800mg三种。汞在胶囊内用塑料薄膜晶片包裹（又称枕包），使用前，将胶囊放置在混汞机内，通过振荡使汞与合金粉充分混合完成汞齐化，使用时填充在牙洞内，一般可持续12年之久。汞合金材料的汞含量为43%~54%（以质量计），用汞量因牙洞的尺寸和所用汞合金胶囊的大小不同而有所变化。

研究显示，全球齿科材料汞消费量约为300~400t，部分国家齿科材料的汞需求量如表3－14所示。欧盟是全球最大的齿科材料生产商和供应商，每年的齿科用汞量所占欧盟汞消费量的比例较大。目前，欧盟齿科材料的汞消费量约为90~110t，约占总消费量的24%，其中70%用于汞合金胶囊，30%为液态汞。另据行业估计，欧盟生产的医用汞合金材料约40%~50%用于出口，而20%~

30%的消费量由进口提供。相对欧盟而言,美国在该领域的汞需求量较少,2004年美国齿科材料的汞需求量约为27.6t。

表3-14 部分国家齿科材料的汞需求量

国 家	汞需求量/t·a^{-1}
美国	27.6(2004年)[1]
德国	20[1]
菲律宾	17.741(2006年)[2]
英国	6.6(2006年)[1]
中国	6
加拿大	4.665(2007年)
叙利亚	4.125[1]
荷兰	1.6(2007年)[1]
丹麦	1.2(1.1~1.3)(2001年)[1]
俄罗斯	0.8(2001年)
阿根廷	0.614[1]
日本	0.15(2005年)[1]
瑞典	0.103[1]
柬埔寨	0.008~0.163(2007年)[2]
挪威	0[1]

①数据来源于 UNEP。
②数据来源于《汞清单工具包》。

随着公众对汞危害认识的提高,齿科材料的汞消费量在发达国家已呈下降趋势。据估计,2004年德国使用的银汞合金填充物约21000000个,2007年有所降低,目前估计约40%的德国牙医已经不再将银汞合金作为齿科填充物。其他国家,如瑞典、丹麦、挪威和芬兰已颁布并实施了大幅减少医用银汞合金使用的相关政策。若无其他政策影响,齿科含汞材料的汞消费量将保持低速、平稳下降的趋势。

3.3.1.3 测量和控制仪器

目前仍在生产、销售和使用的含汞测量和控制仪器主要有温度计、血压计、自动调温器、气压计、压力计、干湿球温度计、湿度计、液体比重计、流量计、火焰感应器、高温计等。含汞温度计一般由一根装有汞的细玻璃管制成,管中的汞随温度的变化而相应上升或下降。含汞血压计一般采用汞柱(压力计)提供压力读数,根据判断血液通过狭窄的血管管道而形成涡流时发出响声进行血压测量。自动调温器常用于自动测量室内温度,同时调节相关设备以控制和保持理想的温度,主要组件为温度传感器和温度开关。含汞部件为温度开关,采用双金属片作为感温元件,通过磁芯调节设定触点的高低,利用汞的热胀冷缩原理使触点导通或关闭，从而连接或切断电流，控制加热和冷却设备。

根据联合国环境规划署（UNEP）统计的相关数据，中国体温计的汞需求量约为170～200t（2004年和2005年），血压计的汞需求量约为95t（2004年）；菲律宾自动调温器的汞需求量约为65t（年份未知）；俄罗斯温度计的汞需求量约为25t（2002年）；美国自动调温器的汞需求量约为12.8t；欧洲27国（欧盟25国＋瑞士＋挪威）测量仪器的汞需求量约为7～17t（2007年），主要含汞产品为血压计、家用气压计、医用温度计（主要在新成员国使用）以及实验室和工业用温度计，但欧盟指令已经禁止家庭使用医用体温计和大多数气压计。美国东北部废物管理官方协会（NEWMOA）的报告对美国2004年销售的各类测量和控制装置进行了详细分类和分析，列举了各类产品的含汞量，详见表3－15。

表3－15 美国销售的测量和控制仪器的含汞量（2004年）

产品种类	产品含汞量/t	所占比例/%
温度计	2.06	11.5
血压计	1.01	5.6
自动调温器	13.61	75.9
压力计	1.16	6.5
气压计	0.11	0.6
干湿球温度计和其他测量设备	0.001	<0.1
合　计	17.94	100.0

2005年，全球测量及控制仪器的汞消费量在300～350t之间。伴随技术的进步以及无汞替代品的出现，欧盟已禁止了一些含汞仪器的销售及使用。美国部分州也采取措施，禁止生产及销售部分测量及控制仪器。非政府组织也针对医疗保健行业采取了积极的减汞行动。根据专家预计，今后十年内该行业的汞使用量将可能减少60%～70%。

3.3.1.4 电光源产品

利用汞蒸汽通电时会发光的特性，汞被广泛用于多种电光源产品的制造。主要含汞产品有荧光灯、高强度气体放电灯（HID）以及冷阴极灯等。

荧光灯分为各种长度的直管型荧光灯、环状荧光灯、代替白炽灯使用的紧凑型荧光灯以及可调光的冷阴极小型荧光灯（用于笔记本电脑和其他设备、航海系统等的液晶显示屏）。高强度气体放电灯（HID）包括汞蒸气灯、金属卤化物灯、高压钠灯等，通常用于安全照明、街道照明、户外和停车场照明、仓库和其他自动化立体结构的照明中。紫外和其他冷阴极灯通常用于皮革制造设备、实验室和医疗设备中，而氖灯经常用在剧场、照明设计和一系列特殊用途的器械中。

不同类型电光源产品的含汞量差距较大,一般而言,每支直管荧光灯的含汞量不超过 10mg,紧凑型荧光灯的含汞量不超过 5mg,而高强度气体放电灯每支的平均含汞量约为 30mg。表 3 - 16 列出了近年来不同国家电光源产品的汞需求量,其中,中国电光源产品的汞需求量最大。据估计,2005 年全球电光源产品的汞消费量约为 120 ~ 150t。目前,中国、日本等国家均出台了与欧盟《限制使用某些有害物质指令》相类似的法律法规,单支产品的含汞量有所下降。然而,随着各国纷纷提议停止使用传统白炽灯而改用紧凑型荧光灯,致使紧凑型荧光灯产量增加。上述情形导致对汞需求量的影响相互抵消。随着 LED 灯和其他无汞节能灯的生产及应用,未来几年照明行业的汞需求量将呈持续下降趋势。

表 3 - 16 主要国家电光源产品的汞需求量

国 别	汞需求量/t·a^{-1}
中国	47 (2000 年)
	63.94 (2005 年)
菲律宾	25.7[2]
美国	17.6[1]
俄罗斯	7.5 (2001 年)
日本	4.72 (2005 年)[1]
加拿大	1.839

①数据来源为《索取资料书》。
②数据来源为《汞清单工具包》。

3.3.1.5 电气和电子设备

含汞电气和电子设备主要有开关和继电器两种。含汞开关主要包括倾斜开关、浮控开关、温度开关和压力开关等产品。含汞继电器包括置换继电器和湿簧继电器。两者的工作原理主要是利用汞常温下呈液态、流动性好以及金属汞的导电性能,能够快速切换电路,实现开关和继电器的通、断电功能。这些电子元件被广泛应用于各种电气、电子设备和车辆中。全球范围内该领域的汞消费量约为170 ~ 210t,受欧盟《限制使用某些有害物质指令》(规定 2006 年 7 月 1 日后禁止使用生产含汞电气电子设备)的影响,汞的需求量有望逐渐减少。表 3 - 17 列出了部分国家电气和电子设备行业的汞需求量。

美国是该领域中汞需求量最大的国家,2004 年的汞需求量高达 46.9t,美国不同种类开关和继电器的含汞量见表 3 - 18。

与美国相比,欧盟在该领域的汞消费量相对较小,根据此类设备制造商提供的信息可知,欧盟在开关、继电器和其他电子部件中的汞消耗量约为 0.3 ~ 0.8t,应用较多的是汽车用 ABS 刹车器以及其他车辆中的 G 力传感器、压力开关和位移继电器等。

表 3 – 17　部分国家电气和电子设备行业的汞需求量

国　家	汞需求量/t · a⁻¹
美国	46.9（2004 年）[1]
菲律宾	11.97（1.77 ~ 22.17）[2]
智利	2.196（0.325 ~ 4.067）[2]
英国	1（2005 年）[1]
加拿大	0.772
斯洛文尼亚	0.0022（< 0.001 ~ 0.004）[1]
日本	0[1]
荷兰	0[1]
挪威	0[1]
瑞典	0[1]

[1]数据来源为《索取资料书》。
[2]数据来源为《汞清单工具包》。

表 3 – 18　美国销售电气和电子设备的含汞量（2004 年）

产品种类	含汞量/t	所占比例/%
继电器	16.91	36.4
倾斜开关	3.25	7.0
浮控开关	6.31	13.6
其他开关（如舌簧开关、振动开关等）	19.97	43.0
合　计	46.44	100.0

3.3.1.6　其他

除上述用汞产品外，在油漆、试剂、药品、防腐剂、轮胎平衡器、灯塔透镜和水银真空泵的维修等领域也有汞的使用。据估计，2005 年汞在这些领域的消费量约为 200 ~ 420t。

3.3.2　有意用汞工艺

3.3.2.1　手工和小规模金矿开采

由于工艺简单、成本低廉，混汞法是手工和小规模金矿开采者从矿石中提取金的最常用方法。其工艺过程是将一定比例的金属汞混入原矿或精矿中，使汞与金混合形成汞合金，分离后得到的汞合金一般含金 60%，含汞 40%，再经加热使大部分汞挥发出来，从而得到海绵金。海绵金不是纯金，其中含有约 5% 的残余汞和其他杂质。一般情况下，手工和小规模金矿开采者自己不再提纯海绵金，而是将得到的海绵金卖给黄金商，由黄金商加以精炼后得到纯金。混汞法只适用于含有游离金的矿石，不适于处理被硫化矿包裹的矿石。除使用混汞法外，采矿者通常还会在筛选和分离阶段加入汞，用汞捕收细小的金片。

由于汞混入的阶段不同，汞消耗量与金提取量的比例也有很大差别。直接采用原矿混汞，汞消耗量与金提取量的比例会大于3:1，有时则高达100:1。采用精矿混汞，汞消耗量与金提取量的比例约为1:1。若在提取过程中，采用曲颈瓶回收汞蒸气，则能显著降低汞消耗量。

手工和小规模金矿开采是目前全球汞使用量最大的工艺。根据联合国工业发展组织（UNIDO）的有关文件显示，目前全球至少有55个国家的1亿人直接或间接依靠手工和小规模金矿维持生计，主要分布在非洲、亚洲、南美洲。手工和小规模金矿的黄金年产量约为500~800t，占全球产量的20%~30%，涉及约1000万~1500万矿工，其中450万为女性，100万为儿童。

3.3.2.2 氯乙烯单体生产

电石法氯乙烯单体生产过程中使用氯化汞触媒作为催化剂，汞触媒是以活性炭为载体，浸渍一定量的氯化汞制备而成。理论上氯乙烯单体生产过程中并不消耗氯化汞，但氯化汞会随着工艺的运行而释放，一段时期后会因氯化汞含量的逐渐降低而导致汞触媒失效。

中国是目前世界上采用电石法氯乙烯单体生产工艺的主要国家，其次是俄罗斯。据调查，2004年中国采用此工艺进行生产所消耗的汞约为610t，随着中国经济的快速发展，对聚氯乙烯制品的需求也在不断增加，此领域的汞消费量呈快速增长趋势。俄罗斯在氯乙烯单体生产中的汞消费量相对较小，估计约为15t。

3.3.2.3 氯碱生产

氯碱生产主要是用汞作阴极电解食盐水，电解析出的钠与汞形成汞齐，从而与阳极产物分开，同时产生氯气。表3-19列出了2005年世界各国和主要地区氯碱生产的汞消费量，消费总量约为450~550t。

表3-19 2005年主要国家和地区氯碱生产中汞的消费量

国家或地区	2005年氯产量/t	净消费汞量[①]/t	回收汞量/t	总消费汞量/t
欧盟	5824×10^4	147	25~40	175~190
美国	1108×10^4	9	35~60	45~70
印度	42.8×10^4	20~28	0~5	20~35
俄罗斯	43.0×10^4	25~45	0~5	25~50
巴西	34.1×10^4	10~15	0~5	11~25
其他	160×10^4	120~180	10~40	140~210
合计	9731×10^4	350~430	90~140	450~550

①总消费汞量约为净消费汞量与回收汞量之和。

欧美是采用汞电解工艺生产氯碱的主要国家。欧盟氯碱工业协会数据显示，2005 年，欧盟氯碱工业氯产量的 43% 使用汞电解槽工艺，40% 使用离子膜槽，14% 使用隔膜槽，3% 使用其他技术，汞的总消费量约为 175~190t。美国采用此工艺的比例相对较低，2005 年的汞消费量约为 45~70t。

3.3.3   全球汞需求量及趋势

总体而言，全球汞需求量在逐渐减少。20 世纪 60 年代汞需求量每年约9000t，到 20 世纪 80 年代每年低于 7000t，从 20 世纪 90 年代后期以来，汞需求量每年少于 4000t。2005 年，受黄金价格走势的影响，小型手工金矿对汞的需求有所增加。主要用汞行业及主要地区的汞需求量分布情况分别见表 3 - 20、表3 - 21，全球的汞需求量维持在每年 3000~3900t。其中，东亚和东南亚的汞需求

表 3 - 20   2005 年主要用汞行业汞需求量

全球汞需求行业	需求量/t
小型金矿	650~1000
氯乙烯单体	600~800
氯碱产品	450~550
电 池	300~600
齿科用产品	240~300
测量和控制设备	150~300
照 明	100~150
电气电子设备	150~350
其他（油漆、实验室、温度计、艺术/传统用品等）	30~60
合 计	3000~3900

表 3 - 21   2005 年主要地区汞需求量

主要地区	需求量/t
东亚和东南亚	1600~1900
南 亚	300~500
欧盟（25 国）	400~480
独联体和其他欧洲国家	150~230
中东地区	50~100
北 非	30~50
撒哈拉以南非洲	50~120
北 美	200~240
中美和加勒比海地区	40~80
南 美	140~200
澳大利亚、新西兰和大洋洲	20~40
合 计	3000~3900

量最大，约占总需求量的 50%，其次是欧盟和南亚地区，汞需求量最少的是澳大利亚、新西兰和大洋洲地区。

随着电池、齿科汞合金材料、测量设备、电气和电子设备、氯碱工业的无汞替代产品或技术的逐步成熟，这些行业的汞需求量将发生一定变化，而全球汞需求量的递减速度主要取决于这些行业的汞需求量的减少情况。

由于未来汞的供应和需求减少的程度存在较大的不确定性，因此 UNEP 假设了两个方案用以评估 2015 年汞的需求量。第一种方案为"现状维持"，反映了目前行业发展的趋势、相关立法以及已采取的适中举措，预测的未来汞需求量相对较高。第二种方案为"聚集汞减排"，反映了采取较为严格管控措施后行业汞需求量的变化，对未来汞需求量的预测值较低。表 3 – 22 分别针对不同含汞产品和工艺列出了 2015 年的汞需求情况。

表 3 – 22　全球汞需求量预测范围　　　　　　　　　　（t）

产品或工艺	2005 年汞需求量	2015 年的预测值	
		"现状维持"情况	"聚焦汞减排"情况
电　池	300 ~ 600	200	100
齿科用产品	240 ~ 300	270	230
测量和控制设备	150 ~ 300	125	100
照　明	100 ~ 150	125	100
电气电子设备	150 ~ 350	110	90
其　他	30 ~ 60	40	30
小型金矿	650 ~ 1000	650	400
氯乙烯单体	600 ~ 800	1000	1000
氯碱产品	450 ~ 550	350	250
合　计	3000 ~ 3900	2870	2300

（1）电池。"现状维持"情况：电池生产商表示愿意降低电池的汞含量。中国和其他一些国家已经立法，进一步减少电池中的汞含量，预计汞的需求量将从 2005 年的 400t 降低到 2015 年的 200t，甚至更少。"聚焦汞减排"情况：该行业大部分的汞用于生产扣式电池，因此汞需求下降的程度主要取决于无汞扣式电池的转型进程。研究人员预测，电池行业将在 2015 年完成该转型进程，汞消耗量将会低于 100t。

（2）齿科汞合金。"现状维持"情况：目前，复合材料等无汞补牙材料作为银汞合金补牙材料的替代品已经被广泛应用，因此到 2015 年，齿科行业的汞使用量很可能会很少。"聚焦汞减排"情况：由于无汞补牙材料的费用在持续下降，加之人们更加认可无汞补牙材料的美观以及其他因素，都可使全球齿科的汞使用量减少，2015 年该行业的汞用量将会降至很低。

（3）测量和控制设备。"现状维持"情况：含汞温度计正在逐渐被电子温度计和镓铟锡温度计所替代。欧盟指令提出禁止含汞测量和控制设备的出售和使用，鼓励无汞产品的生产，并要求生产商生产无汞产品。因此可预见，2015 年全球该行业的汞使用量将减少 50%。"聚焦汞减排"情况：目前，美国许多州已采取各类鼓励措施淘汰含汞产品，促进无汞产品的生产和应用。全球其他地区也开展各类旨在减低用汞量的活动。预计 2015 年该行业中的汞使用量将下降60% ~ 70%。

（4）电光源产品。"现状维持"情况：尽管欧盟的《电子电气设备中限制使用某些有害物质指令》（RoHS 指令）限制了电光源产品的汞含量，并且已经开始生产无汞节能灯，但是应用范围仍然有限，且节能灯的价格不断增长。因此到 2015 年，电光源产品汞消耗量的下降幅度较小。"聚焦汞减排"情况：参照欧盟的 RoHS 指令及汞限值标准，其他国家也制定了相关法律。随着 LED 灯和无汞节能灯市场占有率的增加，且此类灯具的价格逐渐被消费者所接受，预计在 2015 年，该行业的汞使用量将会下降 20%。

（5）电气和电子设备。"现状维持"情况：欧盟 RoHS 指令和其他相关法律要求，在 2006 年 1 月 1 日后禁止在电气和电子设备中添加汞，随着各项法律、法规的逐渐健全，可以预测，2015 年全球该行业用汞量会下降 60% 甚至更多。"聚焦汞减排"情况：欧盟颁布的 RoHS 指令对全球的影响很大，各国在未来几年中将制定相似条例，其生产商需严格执行，因此该行业的全球汞使用量应有明显下降，但消减程度主要取决于国家最终执行指令或相关法律的情况。

（6）手工和小规模金矿开采。"现状维持"情况：近期内，因黄金价格较高导致了手工和小规模金矿开采活动的增加，将有可能增加汞使用量。但有迹象表明，汞的高价格已促使一些矿主设法更加有效地使用汞。因此，预计该行业的用汞总量不会在现有高水平上再有明显的增加。"聚焦汞减排"情况：相关报告指出，全球每年手工和小规模金矿开采所使用的汞占用汞总量的 30% ~ 50%，该部分汞的使用是没有必要的，而且停止使用汞不会影响黄金生产。因此随着限制汞供应及其他措施的落实，预计到 2015 年，该行业汞消耗量有可能会降低 50%。

（7）氯乙烯单体生产。"现状维持"情况：中国是利用涉汞工艺生产氯乙烯单体的最大生产国。综合考虑原材料可用性和经济条件等因素，预计氯乙烯单体的产量将会继续增加，导致汞的使用量也将增加。"聚焦汞减排"情况：有效采用从废汞催化剂和盐酸中回收和提取汞的工艺将会显著减少汞的净消耗量，并使该行业的汞排放量得到削减，但是目前还没有方案能阻止该行业整体产量和汞使用量的增加。

（8）氯碱产品。"现状维持"情况：2005年氯产量约1000万吨，预计到2020年将缩减至400万吨。2005年该行业汞消耗量为500t，预计到2015年时将减少至350t。"聚焦汞减排"情况：在全球范围内，积极鼓励生产者采用"最佳措施"和其他措施减少汞的排放，预计2015年汞消耗量将降低至250t。

当然，任何对全球汞需求量的总体预测都会受法规和其他变量因素的影响。根据目前已有资料，按上述方案估算结果，预计到2015年，"聚焦汞减排"的汞需求量预测值将低于"现状维持"预测结果。

3.4 汞的人为大气排放

汞的人为大气排放主要指人为向大气中排放汞，主要的排放源有燃料燃烧、金属生产、水泥生产、废物焚烧（含汞产品废物和垃圾）、氯碱生产和补牙材料（火葬）等。

3.4.1 燃料燃烧

燃料主要指煤和石油。煤是古代植物经过自然界复杂的生物化学和物理化学作用而形成的。石油是由浮游生物等低级生物的残骸在海底沉积，被细菌分解或在地层中历经长期的生化作用而形成的。由于煤和石油是由古代动、植物转化而成的，所以动、植物体内的汞必然要向这些燃料中转移。

汞可与煤中的有机官能团、有机化合物或有机螯合物结合。煤中的汞，无论是单质汞还是二价汞化合物，在锅炉燃烧区内温度超过500℃时，大部分汞会伴随其他微量元素转化为气相进入烟道气中。当燃烧区温度达到900℃时，99%的汞将转化为气相。随着烟气的逐步冷却，汞经历一系列物理和化学变化，部分凝结在飞灰颗粒表面，绝大部分汞系污染物以气相形式存在于烟气中，并随烟气排入大气。

燃煤排放烟气中汞的形态随外界温度的不同而不同。当大气温度低于20℃时，自然状态空气中的汞蒸气分压迅速降低，汞就会凝结，若燃煤中硫含量较大，则产生大量硫化汞气溶胶。因此，在夏季燃煤排放烟气中的汞大多呈气态，而在冬季，当烟气进入空气后温度降至20℃以下时，大量汞蒸气迅速凝结为微小的金属汞珠或各种含汞气溶胶。

煤作为一次能源，燃烧是其主要的利用形式。研究表明，煤在燃烧过程中，90%的汞排放进入大气。Senior等针对实际燃煤锅炉，探讨了汞等多种金属的变化情况，发现金属元素沸点越低，其在灰分中的残留率越小。试验中燃煤（灰分6%）每燃烧1min，便释放98mg的汞，其中残留在灰分和煤气的汞经净化器而去除的比例仅有4%（4.08mg），其余96%的汞均逸散到大气中。如果没有净化装置，逸散到大气中的汞可达98%。美国相关调查数据显示，1999年美国燃煤排放的75t汞中大概有40%被飞灰和残渣吸收，其余的60%则被排放到大气中。王起超等估算1995年中国燃煤汞排放量达302.9t，其中向大气排放量约213.8t，比例约为71%。燃煤中汞的含量在十亿分之几到百万分之几之间，主要与硫化矿物（如硫铁矿）亲和。按每年燃煤5亿吨估算，每年约有450t的汞进入大气中。

在美国，燃煤锅炉是目前最大的人为汞污染源，每年排放将近50t的汞污染物，约占人为汞排放总量的1/3。大多数国家最大的汞排放点源是火力发电厂。由于汞对人体和自然环境的危害性，燃煤汞污染被认为是继燃煤硫污染之后的又一大污染问题。

3.4.2 金属生产

在铁、钢及有色金属（特别是铜、铅和锌的熔炼）等金属生产的初级阶段，冶炼或熔融过程会向大气中释放部分汞。

以钢铁生产为例，钢铁生产主要有铁矿石冶炼和废金属再生两种方式。铁矿石冶炼时，由于铁矿石中的汞含量较少，冶炼过程中汞的释放主要来自于熔炼用的焦煤。废金属再生钢铁时，汞的释放主要是来自原材料中的汞杂质，例如汽车的废旧含汞部件在加热融化时，汞就可能向大气、水或土壤中排放。

此外，在有色金属铅、锌、铜等矿石中，汞常以辰砂（HgS）的形式存在，在高温焙烧过程中硫化汞分解成汞蒸气，随烟气进入净化除尘与制酸系统。这些污染控制设施对汞有不同程度的截留，余下的汞随废气排出。

3.4.3 水泥生产

在水泥生产过程中，由于燃料或原料中可能含汞，因此在加热过程中会导致汞的释放。例如加热水泥窑的燃料时，因为主要燃料是煤炭，而煤炭中含有一定量的汞，因此在燃烧过程中随温度的升高从而释放一定量的汞。此外，在水泥生产过程中的熟料冷却和处理系统也会有部分汞的释放。水泥生产过程中汞释放量的多少很大程度上取决于燃料和原料中汞的含量。

与采矿和金属生产的汞释放量相比，水泥生产的汞释放量相对较少，约占人为汞排放量的10%。相关数据显示，在全球范围内，2005年水泥生产向大气排放的汞量达到189t，占2005年总排放量的9.8%。其中，亚洲的排放量最大，约为138t，占总排放量的73.0%。其次是欧洲，约为18.8t，占总排放量的9.9%。非洲和北美的排放量并列第三，均为10.9t，各占总排放量的5.8%。假设维持目前的汞排放现状,估计到 2020 年,水泥生产向大气中排放的汞量将达到 283.0t。

3.4.4 废物焚烧

含汞废物处理同样也是重要的人为汞排放源。含汞废物通常采用的处理方式是垃圾填埋和焚烧,垃圾填埋场中的汞会再次缓慢释放到环境中,而含汞废物进行焚烧处理后,汞会随废气排入大气中,是大气汞排放的主要来源之一。据估计,废物焚烧的大气汞排放量约占总人为汞排放量的 5% ~7% 。

由于废物处理方式的不同,废物中的含汞量也有较大区别,因此不同处理方式产生的大气汞排放量也不尽相同。废物焚烧的汞排放量约占废物处理大气排放总量的 47% ,垃圾填埋约占 37% 。2005 年,由废物焚烧向大气排放的汞约为 125t,占 2005 年总排放量的 6.5% 。

3.4.5 氯碱生产

采用汞电解槽工艺生产氯碱是以流动的汞层作为阴极,在直流电作用下使电解质溶液的阳离子成为金属析出,与汞形成汞齐,而与阳极产物分开。产品氢氧化钠与氢气以及排出的废气、废水、废渣中均有少量汞存在。

据估计,1990 年全球氯碱生产工业的汞排放量约为 1910t,1995 年该行业的汞排放量达 2050t 左右,2000 年汞的排放量有所下降,约为 1930t。汞电解槽工艺中汞的流向较为复杂,不同企业有不同的情形。欧盟氯碱工业协会针对欧盟和瑞士的氯碱厂进行了调查和估算,结果如表 3 – 23 所示。总体来看,氯碱生产过程中大部分汞进入废物中,经空气和水的排放量较低。

表 3 – 23 欧盟和瑞士氯碱厂汞流向及消耗量估算

汞的流向	汞量/t					
	2002 年	2003 年	2004 年	2005 年	2002 ~2005 年平均值	2006 年
排放到产品、空气和水体中的汞量	8	8	6	6	7	6
废物处理的汞量	102	108	86	86	96	84
汞损失量	12	20	78	53	41	45
预计从废物中回收的汞量	25	25	30	35	29	35
汞消耗总量	147	160	201	181	173	170

目前，许多氯碱厂已逐步停止使用汞电解槽工艺进行生产，转向能效更高的无汞离子膜工艺。由于引进并广泛应用汞污染控制技术，欧洲和北美的汞排放量明显减少。而亚洲、南美洲、非洲和大洋洲的汞排放量在这段时期内有一定程度的上升，与其经济发展水平有很大的关系。近年来，全球氯碱生产工业中用汞工艺的汞排放量已显著减少。

3.4.6   齿科汞合金材料

齿科材料（银汞合金）的汞排放可来源于合金材料的生产、操作和常规处理环节，也可能来源于人体火葬环节。

据统计，2005 年人体火葬向大气排放的汞约为 26t，这些汞来自于齿科用银汞合金，占大气总排放量的 1.3%。为降低人体火葬时齿科银汞合金的汞排放量，必须降低或淘汰使用齿科银汞合金。目前，瑞典、日本、丹麦和芬兰已经采取措施减少齿科银汞合金的使用，在其他国家，如挪威、美国也在逐步淘汰齿科银汞合金。由于各国的淘汰速度不尽相同，在很多国家中使用齿科银汞合金作为补牙材料的比例依旧很大。在一些低收入国家，饮食习惯的改变（如糖类摄入的增加）和逐渐增长的齿科手术导致汞的用量在短期内呈增长趋势。

3.4.7   全球大气汞的人为排放量

大气中的汞主要来源于上述各类排放源。由于排放源的类型和排放途径不同，部分排放源的汞排放量可以进行定量计算，其余排放源的汞排放量可以通过排放因子进行估算。基于已有的研究成果及部分国家采用的经验值，联合国环境规划署（UNEP）给出了各类排放源的大气汞排放因子，并将各类大气汞排放因子进行汇总分析（表 3 – 24），用以估算全球大气汞的人为排放量。

目前表 3 – 24 中缺少齿科汞合金和含汞产品的大气汞排放因子。齿科汞合金的生产和使用尚无统一的大气汞排放因子，而火葬过程的齿科汞合金的汞排放量的地区差异性较大，估算值有很大的不确定性。含汞产品消耗的汞主要随产品进入消费环节并最终进入废物中，调研结果显示，废物中 90% 以上的汞进入到垃圾焚烧和填埋系统。其中，垃圾焚烧的大气汞排放量所占比例约为 40%，是大气汞排放的主要途径，而废物填埋的大气汞排放量较小。

2008 年 UNEP 研究报告《全球大气汞评估：来源、排放和迁移》，估算了 2005 年全球人为汞排放源的大气汞排放量（齿科汞合金和含汞产品除外），详见表 3 – 25。从估算结果来看，燃煤是最大的人为汞排放源，占总排放量的 45% 以上，其次是手工和小规模金矿开采，约占总排放量的 18.2%，之后依次是水泥生产、有色金属冶炼、废物焚烧等。由于废物焚烧和含汞产品的大气汞排放量难以估算，该部分的实际汞排放量可能会远高于估算值。

表 3 - 24 不同汞排放源的大气汞排放因子（2005 年）

汞排放源类型	排放因子
燃煤	
电厂（g/t 煤）	0.1～0.3
民用和工业锅炉（g/t 煤）	0.3
石油燃烧（g/t 油）	0.001
有色金属生产	
铜冶炼（g/t Cu）	5.0
铅冶炼（g/t Pb）	3.0
锌冶炼（g/t Zn）	7.0
水泥生产（g/t 水泥）	0.1
钢铁生产（g/t 钢）	0.04
废物焚烧（g/t 垃圾）	
市政垃圾	1.0
污泥	5.0
原生汞矿生产（g/t 矿石）	0.2
大规模黄金生产（g/g 金）	0.025～0.027
烧碱生产（g/t 烧碱）	2.5

表 3 - 25 2005 年不同人为汞排放源的大气汞排放量

汞排放源	排放量/t	所占比例/%	估算值范围/t
化石燃料燃烧（电、热）	878	45.6	595～1160
燃煤电厂	498		
民用供热	375		
其他燃烧	5.2		
金属生产（黑色金属和有色金属，黄金生产除外）	200	10.4	123～276
钢铁生产	54.5		
有色金属生产	132		
汞生产	8.8		
再生钢	4		
大规模黄金生产	111	5.78	66～156
手工和小规模金矿开采	351	18.2	225～475
水泥生产	189	9.8	114～263
氯碱工业	46.8	2.43	29～64
废物焚烧、废物及其他	125	6.49	53～473
废物燃烧（欧洲和北美）	35		
其他	26.1		
废物	63.9		
齿科汞合金（火葬）	25.7	1.33	24～28
合　计	1930		

UNEP 最新发布的报告《2013 全球汞评估：来源、排放、释放和环境迁移》，以 2010 年数据为基础，对不同人为排放源的大气汞排放量进行估算，详见表 3 - 26。

表 3 - 26   2010 年全球不同人为汞排放源的大气汞排放量

汞排放源	排放量/t	所占比例/%	估算值范围/t
副产品或无意排放			
化石燃料燃烧			
燃煤（所有用户）	474	24	304 ~ 678
石油和天然气燃烧	9.9	1	4.5 ~ 16.3
采矿、冶炼及金属生产			
金属初级生产	45.5	2	20.5 ~ 241
有色金属初级生产（Al、Cu、Pb、Zn）	193	10	82 ~ 660
大规模黄金生产	97.3	5	0.7 ~ 247
汞矿生产	11.7	<1	6.9 ~ 17.8
水泥生产	173	9	65.5 ~ 646
炼油	16	1	7.3 ~ 26.4
污染场地	82.5	4	70 ~ 95
有 意 用 汞			
手工和小规模金矿开采	727	37	410 ~ 1040
氯碱工业	28.4	1	10.2 ~ 54.7
产品废物	95.6	5	23.7 ~ 330
火葬（齿科汞合金）	3.6	<1	0.9 ~ 11.9
合　计	1960	100	1010 ~ 4070

表 3 - 26 更新数据显示，85% 的燃煤大气汞排放量来自于燃煤电厂和工业用燃煤，燃煤依旧是大气汞排放的主要贡献源，每年向大气中排放的汞量约为 475t，而其他化石燃料燃烧的大气汞排放量仅为 10t 左右。2008 年的评估数据中，民用燃煤对大气汞排放的贡献非常显著，然而最新数据显示，该类排放源对燃煤大气汞排放的贡献比预想值要低一些。

水泥生产的大气汞排放量很大程度上取决于原材料以及所使用的燃料。最新的排放清单避免了对包括工业用燃料在内的传统燃料燃烧（例如煤和石油）的汞排放量进行重复计算，并对其他燃料燃烧，例如替代燃料（废旧轮胎和其他废弃物），以及原材料的大气汞排放情况进行说明。水泥生产越来越多地使用废物与其他燃料进行协同燃烧，而某些工厂则采用焚烧废物的方式对危险废物进行处置。由于部分废物中可能含有汞，因此一些地区采取新的测定方法，确定了与废物协同燃烧相关的汞排放，并未使水泥生产的大气汞排放总量增加。

2010 年，手工和小规模金矿开采的大气汞排放量约为 727t，与 2005 年的汞排放量相比有显著增加。氯碱工业的大气汞排放量有所下降，但关闭后的氯碱企业作为污染场地仍可能持续释放汞。2010 年齿科汞合金经火葬的汞排放量约为 3.6t，比 2005 年显著降低。

3.5 全球汞的消费和排放格局

3.5.1 全球汞消费区域分布

从理论上讲，汞的消费量和需求量基本一致，但对某一特定区域而言，两者会有很大差别。以体温计为例，中国在该领域的汞需求量较大，但生产的大部分产品用于出口，为其他国家所消费。按地区统计的 2005 年汞消费量如表 3 - 27 所示，表中所列的汞消费量指包括循环再利用和回收汞量在内的总消费量。

表 3 - 27 2005 年全球汞消费量

汞应用领域	汞需求量/t	汞消费量/t
手工和小规模金矿开采	650 ~ 1000	650 ~ 1000
单体氯乙烯/聚氯乙烯	600 ~ 800	715 ~ 825
氯碱	450 ~ 550	450 ~ 550
电池	300 ~ 600	260 ~ 450
齿科汞合金	240 ~ 300	300 ~ 400
测量和控制装置	150 ~ 350	300 ~ 350
灯具	100 ~ 150	120 ~ 150
电气和电子装置	150 ~ 350	170 ~ 210
其他应用	30 ~ 60	200 ~ 420
合计	3000 ~ 3900	3165 ~ 4365

表 3 - 28 数据显示，在整体汞消费方面，东亚及东南亚地区的汞消费量比其他地区高出许多，而且该地区的汞消费主要集中在某些特定行业，如手工和小规模金矿开采、氯乙烯单体/聚氯乙烯生产、电池、测量及控制仪器等，约占该地区汞消费总量的 85%。为更好地表现全球各区域的汞消费水平，图 3 - 8 描绘了不同区域的人均汞消费量。

从图 3 - 8 中可以看出，东亚及东南亚、北美、南美、欧盟的人均消费量估算值介于 0.9 ~ 1.05g 之间，差别不大，但比南亚高出一个数量级。北美地区的氯碱、测量及控制、电气电子及其他用途的汞消费量相对较高，在南美地区，手工和小规模金矿开采的汞消费量相对较高，而在欧盟，与其他行业相比，氯碱、齿科行业的汞消费量相对较高。

表3-28 2005年全球不同地区主要用汞领域的汞消费量

(t)

单质汞消费量	手工和小规模金矿开采	氯乙烯单体生产	氯碱生产	电池	齿科应用	测量及控制仪器	灯类	电气电子设备	其他	地区总量
东亚及东南亚	408~520	700~800	5~10	180~300	70~86	122~136	44~50	55~65	44~66	1628~2033
南亚	3~10	0	35~40	20~45	22~32	34~38	13~15	16~20	10~20	153~220
欧盟（25国）	3~5	0	152~197	10~25	80~100	5~15	11~16	1~2	43~174	305~534
独联体和其他欧洲国家	18~40	15~25	100~115	8~15	10~12	22~25	8~10	10~13	8~12	199~267
中东国家	1~3	0	50~58	5~10	15~23	15~18	5~7	7~10	5~8	103~137
北非	0~10	0	7~10	2~4	4~6	6	1~2	3~4	2~3	25~45
撒哈拉以南非洲	59~118	0	1~2	4~7	5~9	11~13	3~4	5~7	4~6	92~166
北美	2~4	0	55~65	17~20	33~45	45~55	23~30	55~65	70~110	300~394
中美洲和加勒比地区	15~25	0	15~18	4~7	20~27	12~13	4~5	5~7	4~6	79~108
南美	141~260	0	30~35	8~14	38~55	23~25	7~9	11~14	8~12	266~424
澳大利亚、新西兰和大洋洲	0~5	0	0	2~3	3~5	5~6	1~2	2~3	2~3	15~27
各项应用的总量	650~1000	715~825	450~550	260~450	300~400	300~350	120~150	170~210	200~420	3165~4355
平均消费量	825	770	500	355	350	325	135	190	310	3760

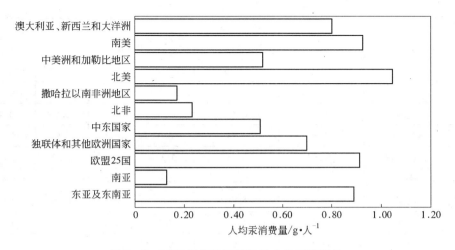

图 3 - 8   2005 年按地区统计的人均汞消费量

3.5.2   全球大气汞排放区域分布

根据 2005 年汞排放清单可知，全球人为排放的汞约 2/3 来自亚洲。联合国环境规划署（UNEP）收集各国提交以及估算得到的数据，将 2005 年全球不同地区的人为大气汞排放量进行汇总（表 3 - 29），并列举出 2005 年全球汞排放量位于前十的各个国家的汞排放情况，详见表 3 - 30 和图 3 - 9（书后有彩图）。2005 年中国的大气汞排放量居全球首位，大多数国家经燃料燃烧向大气中排放的汞量占该国家排放总量的比例较大，印度尼西亚、巴西和哥伦比亚除外。

表 3 - 29   2005 年全球不同区域人为大气汞排放量

区　域	排放量/t	占排放总量的比例/%	估算值范围/t
非洲	95	5.0	55 ~ 140
亚洲	1281	66.5	835 ~ 1760
欧洲	150	7.8	90 ~ 310
北美洲	153	7.9	90 ~ 305
大洋洲	39	2.0	25 ~ 50
俄罗斯	74	3.9	45 ~ 130
南美洲	133	6.9	80 ~ 195
合　计	1930	100	1220 ~ 2900

表 3 - 30   2005 年全球十大大气汞排放国

序号	国　家	汞排放量/t	占排放总量的比例/%	类　别			
				固定燃烧	工业生产	手工冶金	其他
1	中国	825.2	42.85	387.4	243.2	156.0	38.6
2	印度	171.9	8.93	139.7	21.6	0.5	10.1
3	美国	118.4	6.15	62.8	31.7	0.5	23.4
4	俄罗斯	73.9	3.84	46.0	18.9	3.9	5.1
5	印度尼西亚	68.0	3.53	3.3	10.2	50.9	3.6
6	南非	43.1	2.24	33.4	5.7	2.6	1.4
7	巴西	34.8	1.81	4.8	11.4	15.8	2.8
8	澳大利亚	33.9	1.76	17.7	15.2	0.4	0.6
9	韩国	32.2	1.67	18.1	12.9	0	1.2
10	哥伦比亚	30	1.56	0.8	2.3	26.3	0.6
	总　计		74.33				

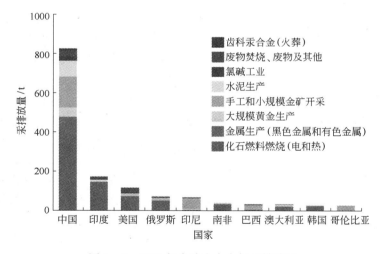

图 3 - 9   2005 年全球十大大气汞排放国

　　汞排放强度是指单位国民生产总值的汞排放量，该指标主要是用来衡量国家的经济状况与汞排放量之间的关系。2005 年全球主要国家的人均汞排放量及排放强度如表 3 - 31 所示。在全球十大大气排放国家中，中国的人均汞排放量位于全球第五位，低于澳大利亚、南非、韩国、哥伦比亚。而中国的汞排放强度位于世界首位，其他依次是哥伦比亚、印尼、印度、南非、俄罗斯、巴西、澳大利亚、韩国和美国。

表 3 - 31   2005 年全球主要国家的人均汞排放量及排放强度

国家	2005 年汞排放量/t	2006 年人数	人均汞排放量/t·百万人$^{-1}$	2005 年国民生产总值/美元	汞排放强度/g·百万美元$^{-1}$
中国	825.2	1311.4×10^6	0.63	1772724×10^6	465.50
印度	171.9	1121.8×10^6	0.15	719819×10^6	238.81
美国	118.4	299.1×10^6	0.40	12486624×10^6	9.48
俄罗斯	73.9	142.3×10^6	0.52	671815×10^6	110.00
印尼	68.0	225.5×10^6	0.30	245073×10^6	277.47
南非	43.1	47.3×10^6	0.91	187339×10^6	230.06
巴西	34.8	186.8×10^6	0.19	587784×10^6	59.21
澳大利亚	33.9	20.6×10^6	1.65	612800×10^6	55.32
韩国	32.2	48.5×10^6	0.66	714219×10^6	45.08
哥伦比亚	30	46.8×10^6	0.64	97730×10^6	306.97

数据来源：人口数来自美国人口咨询局 2006 年世界人口数据表；2005 年国民生产总值来自国际货币基金组织。

UNEP 报告《2013 全球汞评估：来源、排放、释放和环境迁移》更新了 2010 年全球各区域的大气汞排放数据，详见表 3 - 32。亚洲依旧是全球人为大气汞排放量最多的地区，约占全球汞排放总量的 50%，大气汞排放主要来自东亚和东南亚地区。

表 3 - 32   2010 年全球不同区域人为大气汞排放量

区 域	排放量/t	所占比例/%	估算值范围/t
澳大利亚、新西兰和大洋洲	22.3	1.1	5.4 ~ 52.7
中美洲和加勒比海	47.2	2.4	19.7 ~ 97.4
独联体及其他欧洲国家	115	5.9	42.6 ~ 289
东亚和东南亚	777	39.7	395 ~ 1690
欧盟（EU27）	87.5	4.5	44.5 ~ 226
中东国家	37.0	1.9	16.1 ~ 106
北 非	13.6	0.7	4.8 ~ 41.2
北 美	60.7	3.1	34.3 ~ 139
南 美	245	12.5	128 ~ 465
南 亚	154	7.9	78.2 ~ 358
撒哈拉以南非洲地区	316	16.1	168 ~ 514
其他（污染场地的大气汞排放）	82.5	4.2	70.0 ~ 95.0
合 计	1960	100	1010 ~ 4070

4　全球汞削减战略对策

4.1　应对全球汞问题的国际进程

4.1.1　全球汞评估

由环境署发起的全球汞评估项目自 2001 年开始至 2003 年结束。为配合项目的有效实施，环境署号召全球各政府、政府间组织、非政府组织及私营部门提供资料信息，以确保对全球汞问题进行全面、系统、准确的分析，为制定合理、可行的应对策略提供依据。作为项目成果的《全球汞评估报告》提交给 2003 年召开的第 22 届 UNEP 理事会大会审议。

《全球汞评估报告》针对汞的环境和健康影响特性、全球环境的汞循环及来源、汞的生产、使用及控制对策、信息差距以及解决全球汞问题的备选方案等进行了全面的分析，目的是提高决策者对与汞有关的主要问题的理解和认识。

（1）汞的环境和健康影响特性包括迁移性、高毒性、持久性和蓄积性。自工业革命以来，环境中的汞含量已大幅度提高。目前汞存在于全球各环境介质和食物中，特别是鱼类，其水平已能对人类和野生动物构成不利影响。目前，由于人为源造成的广泛暴露，连几乎没有汞排放的北极地区也因为汞的远距离迁移而受到了不利影响。汞有剧毒，特别对发育中的神经系统危害极大，胎儿和新生儿是极易受害人群。但汞仍广泛应用于全世界各种产品和工艺中，如手工和小规模金矿开采、温度计、血压计、电气开关、荧光灯、齿科汞合金、电池和氯乙烯单体（VCM）生产以及一些药物中都不同程度地使用汞。大气排放是汞排放的最重要途径，主要的大气排放源包括：燃煤电厂、垃圾焚烧厂、水泥厂、钢铁厂、氯碱工厂、金和其他金属采矿、火葬场、垃圾填埋场以及诸如二级熔炼作业和工业无机化工生产等其他汞源。一经排放的汞会在环境中持久存在，并以各种不同形态循环于空气、水、土壤和生物圈之间。沉降后的汞会通过微生物转变成甲基汞，这种特殊形态的剧毒物质可以沿着食物链尤其是水生食物链不断富集。人类主要是通过饮食尤其是食用鱼类产品而摄入甲基汞，而对汞元素的摄入主要是通过补牙剂和职业暴露等途径。此外还有皮肤增白霜、宗教仪式中使用的汞、传统医药以及家庭中的汞泄漏等。鱼类产品是人类重要的营养食品，而汞恰恰对这种重要食物源构成主要威胁。目前全世界已经发现了很多汞含量超标的鱼类，超标最严重的是那些捕食其他鱼类的大型鱼类。同样，以鱼为食的野生动物例如水獭、老鹰、海狮以及一些鲸体内的汞含量也经常会超标。

（2）全球环境的汞循环及来源。汞的释放源主要有自然汞源、人为汞源、产品和加工过程中有意使用汞而造成的人为释放以及由于过去人为排放而沉积于土壤、沉积物、水体、填埋场、废弃物/尾矿堆中的汞的再释放。汞释放的环境受体包括大气、水体和土壤，汞在各环境要素之间连续不断地迁移和相互作用，汞的形态不断变化，但作为一种元素，汞在环境中是不会被降解为无毒或低毒物质，并且局部地区的汞污染可引发全球汞污染。

（3）汞的生产、使用及控制对策。尽管汞的全球消费量在下降（全球需求量不足 1980 年的 1/2），但因汞供应的竞争性而使得许多国家仍进行着汞的矿山开采活动。近几年，从事开采活动的主要国家有中国、吉尔吉斯斯坦、阿尔及利亚等，全球汞的年产量在 2000t 左右，用于满足局部地区对汞的需求。此外，回收的汞也会大量供应市场。

汞具有独特性质，广泛应用于许多产品和工艺过程，主要的用汞领域有：金属汞——用于金和银的提取、氯碱生产的催化剂、测量和控制用的压力计、温度计、血压计、电子开关、荧光灯、齿科汞齐填充物。化合物——电池（氯化汞），作为生物杀灭药剂在造纸工业、油漆、谷物制种的应用，药品防腐剂，实验室分析试剂，催化剂，颜料、染料等。因汞对健康和环境的不利影响，许多用途在一些国家已被禁止或严格限制。

因各地区情况有所不同，控制有意用汞引起的汞排放的方法也多种多样，但主要可归纳为四类，即减少汞矿的开采，减少能够造成汞释放的原料和产品的消费；替代（或消除）涉汞产品、工艺和实践；通过末端治理技术控制汞的释放；含汞废物的管理。预防和控制措施的良好结合是削减汞排放的有效途径。

（4）信息差距。尽管全球已经公认汞是一种环境毒物，但有关汞全球性问题方面的资料仍存有缺口，主要表现在以下几方面：环境中汞迁移转化的机理和量化，即汞在环境中的行为和其从环境到生物体内的转化途径；对与汞排放有关的人类行为活动以及由此造成的对局地、区域、全球汞负荷贡献的了解和量化，即汞从人到环境的转化途径；对当前水平下汞的危害途径以及危害程度的了解，即影响效应、影响范围、影响的严重程度。

尽管上述资料尚有缺口，但就目前对汞的认识，已足够支持应立即采取国际行动解决汞的全球不利影响的立场。

（5）解决全球汞问题的备选方案。备选方案包括：减少和消除汞的生产、使用和排放，替代产品和工艺，讨论制定一个有约束性的法律条约，建立一个非强制性的全球行动方案，加强政府间在信息共享、风险信息交流、评估及相关活动方面的合作。

通过全球汞评估形成了针对汞问题的重要发现：

1）汞广泛存在于环境介质中；

2）汞在全球范围内持久存在和循环；

3）汞暴露影响严重；

4）采取行动控制汞的影响可以取得成功；

5）全球范围的汞循环增加了汞问题的严重性；

6）汞对全球渔业有不利影响；

7）汞问题在不发达地区更为严重；

8）汞的国际使用和贸易日益显著等。

4.1.2   全球汞伙伴关系

UNEP 第 23 届理事会决定中提出建立全球汞伙伴关系，在第 24 届和第 25 届理事会决定中均要求增强汞伙伴关系建设。几年来，UNEP 理事会一直在加快推动全球汞伙伴关系的建设和发展，2008 年和 2009 年召开两次全球汞伙伴关系会议，审议并通过了全球汞伙伴关系总体框架，制定了现行汞伙伴关系领域的业务计划，并逐步将更多汞问题的优先领域纳入汞伙伴关系建设中。

目前，已建立的汞伙伴关系领域包括：燃煤汞排放、氯碱生产、产品中的汞、汞在大气中的迁移转化、手工/小规模金矿开采和含汞废物管理，新增领域包括汞的供应和储存、有色金属采矿/冶炼以及水泥生产。

燃煤汞排放：牵头方为国际能源机构清洁煤中心（International Energy Agency Clean Coal Centre，IEA CCC），目标是尽可能最大限度地减少和消除燃煤汞排放。

氯碱生产：牵头方为美国环保署（USEPA），目标是最大限度减少和尽可能消除氯碱生产向大气、土壤、水环境中排放的汞。具体目标包括：防止新建氯碱生产厂；减少在役氯碱生产厂对汞的使用和排放；鼓励向无汞工艺转型；减少或消除包括已转型的氯碱生产厂产生的含汞废物的汞释放；促进过量汞储存的环境无害化处理，限制氯碱厂转型、淘汰或关闭产生的过量汞排放。

产品中的汞：牵头方为 USEPA，目标是通过环境无害化生产、运输、储存和处置程序，逐步淘汰和最终消除产品用汞，消除生产和其他工艺的汞释放。具体量化目标见表 4-1。

表 4-1   全球含汞产品的汞消耗减量目标

含汞产品	2005 年耗汞量/t	2015 年预计耗汞量/t	2015 年减少耗汞量/t
电池	300~600	200	<100 或减 50%
测量和控制设备	150~350	125	<100 或减 20%
电和电子设备	150~350	110	<90 或减 20%

含汞产品	2005 年耗汞量/t	2015 年预计耗汞量/t	2015 年减少耗汞量/t
电光源	100～150	125	<100 或减 20%
补牙	240～300	270	<230 或减 15%
其他	30～60	40	<30 或减 25%

汞在大气中的迁移转化：牵头方是意大利国家研究委员会 – 大气污染研究所（CNR – Institute for Atmospheric Pollution），目标为：针对全球汞循环及其形态的不确定性和数据差距，促进科学信息的开发（如大气浓度和沉降率、源与受体的关系、半球大气传输、释放源）；加强科学家之间以及科学家与决策者之间的信息共享；尽可能提供技术支持和培训，支持开发重要信息。

手工/小规模金矿开采（ASGM）：牵头方是联合国工业发展组织（UNIDO），目标为到 2017 年，将 ASGM 的汞需求量减少 50%。

含汞废物管理：牵头方是日本，目标是通过全生命周期管理方式，尽可能最大限度减少、消除含汞废物产生的汞向大气、水和土壤的释放。

全球汞伙伴关系是对汞采取立即行动的一种手段，尽管汞文书谈判导致汞问题国际形势发生变化，全球汞伙伴关系的责任和地位也会发生相应改变，但全球仍在推动和加强汞伙伴关系建设，且成效显著。

4.1.3　汞文书谈判历程

随着对汞在生态环境系统中危害性认识的不断深入，从 20 世纪 60 年代起，人们开始控制汞的使用量和排放量。总体来看，汞污染排放量降低后，多数严重工业污染区水体中鱼类或其他生物体内的汞含量水平明显下降，汞污染问题似乎得到了有效解决。然而，20 世纪 80 年代末和 90 年代初，研究人员在没有人为和自然汞排放源的北欧及北美偏远地区的大片湖泊中发现鱼体内高浓度的甲基汞，并证实了产生该污染的主要原因是人为排放的汞通过大气长距离迁移、沉降到水体或土壤中。由此，在西方发达国家兴起了新一轮环境汞污染的研究热潮。在瑞典德堡大学无机化学系 Oliver Lindqvist 教授的倡议下，1990 年在瑞典召开了首届全球汞污染物的国际学术会议，之后这一国际学术会议每 2～3 年定期召开一届，第十届会议已于 2011 年 7 月在加拿大召开，参会国家有 46 个，与会人数超过 800 人，足以证明国际学术界对环境汞污染研究的重视程度。

美国于 20 世纪 90 年代初开始对汞污染排放源实施控制，主要针对医药废物焚化炉和城市垃圾焚烧炉，1999 年开始对火力发电厂进行汞控制，当时计划到 2010 年达到 20% 的汞控制率，最终于 2018 年达到 70% 的汞控制率，现已有 20 多个州决定制定更严格的政策来控制其火力发电厂汞排放。欧盟在既有汞污染控制行动基础上，首先全面制定控汞战略和专项法规措施。欧盟于 2005 年正式发布"欧盟汞控制战略"，全面提出了包括减少汞的排放、削减汞的供应与需求、控制产品用汞数量、防止汞的暴露、提高控汞意识、促进国际控汞 6 项战略目标。2008 年 10 月，欧盟进一步颁布了《关于禁止金属态汞和某些汞化合物、混合物出口及安全汞储存的 EC1102/2008 号条例》，规定从 2011 年 3 月起全面禁止各类商业目的的含汞产品出口，并要求对现有用汞行业实施安全的汞储存，力求此举能减少全球的汞供应和需求。

联合国于 2002 年发布了一项全球性汞评估报告，首次对全球汞的生产、使用和排放量进行了系统评估，其后每两年一次的联合国环境署理事会/全球部长级环境论坛均讨论了全球汞污染问题。2005 年初联合国环境规划署（UNEP）设立全球性汞伙伴关系，来自 140 个国家的环境部长们一致同意采取自愿态度逐步减少汞排放。2009 年 2 月，在肯尼亚内罗毕举行的 UNEP 第 25 届理事会上，美国、印度以及中国等几个汞排放大国的政府转变了原有的保守态度，同意建立全球汞控制公约，并决定在 2010 ~ 2013 年召开 5 次政府间谈判委员会系列会议（INCs），到 2013 年达成全球汞控制公约。

4.1.3.1 环境署理事会/全球部长级环境论坛

环境署理事会/全球部长级环境论坛每两年召开一届会议，从第 21 届环境署理事会开始涉及全球汞问题的讨论和磋商，历届会议中有关汞的内容具体如下：

（1）第 21 届环境署理事会/全球部长级环境论坛。2001 年，环境署理事会/全球部长级环境论坛第 21 届会议（21GC）形成决议，启动全球汞评估项目，研究汞的迁移和甲基化、毒性以及健康和环境影响；全球汞的自然源和人为源；全球汞的远距离大气传输；全球汞的环境释放源以及汞的生产和使用现状；预防控制技术、替代技术、实践和成本效益；未来可采取的控制汞释放、限制汞使用和暴露的国际、亚区域和区域行动计划，包括含汞废物的管理实践；科学和技术需求以及信息差距等。全球汞评估的重要发现在全球取得一定程度的共识，进一步推动并加快了全球应对和解决汞问题的国际进程。

（2）第 22 届环境署理事会/全球部长级环境论坛。2003 年的环境署理事会/全球部长级环境论坛第 22 届会议（22GC）针对全球汞问题形成 4 V 号决议，其中包括认可《全球汞评估》的重要发现；号召采取国家、区域和全球行动；要求环境署为国家行动提供技术和能力建设支持；要求环境署寻求建立伙伴关系；鼓励政府及各方组织对上述行动提供技术和财政支持等。同时，会议还提出了汞的国际行动方案，号召全球各界援助发展中国家和经济转型国家完成下列目标：

1）加强汞风险及迁移转归方面的基础研究；
2）增进汞风险信息交流；

3）减少人为汞释放；

4）减少汞的使用需求；

5）提高风险评估和管理能力；

6）与世界卫生组织（WHO）及其他组织合作促进研究成果的应用；

7）增强在汞的暴露、使用、生产、贸易、处置和释放方面的信息收集与交流；

8）识别并分阶段最终消除汞矿开采遗留的环境危害。

应第 22 届会议号召，环境署在全球 8 个区域举办了汞污染区域意识提高研讨会，目的是交流信息，提高意识，促进区域行动的开展和推进。

（3）第 23 届环境署理事会/全球部长级环境论坛。2005 年的环境署理事会/全球部长级环境论坛第 23 届会议（23GC）针对全球汞问题形成 9 Ⅳ 号决议，提出了旨在促进全球行动的汞方案：

1）发起、拟定和公布汞供应、贸易和需求资料报告；

2）建立和实行各种形式的伙伴关系；

3）制定具体伙伴关系的目标、实施工作进程和时间安排，确定合作伙伴的作用和职责，订立监测和评估机制；

4）需进一步采取长期的国际行动，以减少汞排放风险；

5）启动评估是否针对汞采取进一步行动，考虑一系列备选行动和办法，包括制定一项具有法律约束力的国际文书的可能性、建立相关伙伴关系和其他办法等。

应第 23 届会议号召，2006 年欧盟组织了旨在减少汞供求的国际汞会议，相关政策制定者、行业代表、非政府组织、相关科学家和专家参会，共同探讨全球汞的供求管理问题。各国政府也纷纷向联合国环境规划署（UNEP）提交汞的供应、贸易和需求资料，同时不同形式、不同领域的汞伙伴关系也在全球范围内相继建立和实施。

（4）第 24 届环境署理事会/全球部长级环境论坛。2007 年的环境署理事会/全球部长级环境论坛第 24 届会议（24GC）针对全球汞问题形成 3 Ⅳ 号决议，认识到目前所做出的努力尚不足以在全球范围内应对汞风险方面的各种挑战，还需进一步采取长期的国际行动。

决议中提出了减少汞风险的七个优先重点领域：

1）减少人为来源的大气汞排放；

2）为管理含有汞和汞化合物的废物寻求无害环境的解决办法；

3）在全球范围内减少对产品和生产工艺中所使用的汞的需求量；

4）减少全球范围内的汞供应量，包括考虑减少初级采矿业活动，并考虑到各种来源的等级顺序；

5）寻求以无害环境方式储存汞的办法；

6）针对减少全球范围内的汞供应量中提到的分析结果，设法补救那些已受到污染，而且已影响到公众和环境健康的场址；

7）进一步深入了解诸如清单、人类及环境暴露、环境监测和社会－经济影响等领域的情况。

促请各国收集减少汞供应风险方面的资料，增强全球汞伙伴关系建设，并决定成立汞问题不限成员名额特设工作组，审查和评估增强自愿性措施及新的和现行国际法律文书的各种备选办法。

应第24届会议号召，UNEP组织专家起草了"全球汞伙伴关系总体框架"，并编制了针对小金矿开采、氯碱生产、燃煤汞释放、汞在大气中的迁移转归、含汞产品五个领域的汞伙伴关系业务计划，组织了全球范围内的讨论；组织专家编写了"全球汞污染控制备选办法研究报告"，其中详细分析了针对全球汞问题是采取自愿性措施还是具有约束力的国际法律文书的可行性及其成效，并在应24GC要求成立的全球汞问题不限成员名额特设工作组两次会议上进行讨论和磋商，在2008年召开的第二次工作组会议上形成全球汞问题政策框架，确定了汞问题国际行动的八个行动领域：

1）削减汞的供应；

2）减少产品和工艺对汞的需求；

3）减少汞的国际贸易；

4）减少或消除汞的大气排放；

5）实现含汞废物的无害环境管理；

6）寻找无害环境的汞存储解决办法；

7）对现有的受污染场址进行补救；

8）提高认知。

此外，根据各届理事会会议要求，UNEP还组织了针对全球汞问题的一系列技术研究工作，并取得了显著成果，如编写了对含汞废物施行环境友好管理的技术指南、汞暴露危险人群识别的指导文件、汞污染意识提高的标准化操作方法、汞排放清单工具包等。在亚洲区域开展了汞排放清单工具包测试项目，柬埔寨、巴基斯坦、菲律宾、叙利亚和也门实施了该项目，项目研究成果提交给2009年的第25届会议，供大会对全球汞问题进行决策。

（5）第25届环境署理事会/全球部长级环境论坛。2009年2月召开的环境署第25届理事会/全球部长级环境论坛，通过了包括汞在内的化学品管理决定，提出继续推动全球汞伙伴关系建设；要求环境署执行主任召集政府间谈判委员会（INC），谈判制定全球汞问题具有法律约束力的国际文书；要求针对各类汞排放源，研究汞排放的现状及发展趋势，分析和评估替代、控制技术和措施的成本效益等，旨在全球层面采取一致行动，限制甚至最终淘汰汞的开采和使用，对从各种源和途径造成的汞污染进行严格的管理和控制。

（6）第26届环境署理事会/全球部长级环境论坛。2011年2月，第26届环境署理事会/全球部长级环境论坛在联合国环境规划署总部内罗毕开幕。会议重申了第25/5号决定中载列的拟定一项具有法律约束力的全球汞问题文书的政府间谈判委员会的任务规定；承认联合国环境规划署汞方案所取得的进展，包括在全球汞伙伴关系和相关倡议下取得的进展，同时敦促各国政府及其他利益攸关方继续支持和推动全球汞伙伴关系，并敦促所有合作伙伴继续努力立即采取措施减少汞接触带来的风险；请执行主任根据可获得的资源，在全球汞伙伴关系背景下采取具体行动，增强发展中国家和经济转型国家建立或进一步编制国家汞清单的能力；邀请有能力的各国政府及其他各方提供预算外资源，支持实施有关汞问题的决定。

文书谈判于2010年启动，2013年结束。为做好谈判前的准备工作，环境署还组织召开了一次汞问题不限成员名额特设工作组会议，讨论了提交给INC审议的INC议事规则、INC谈判时间表和谈判议题优先顺序安排、汞排放源研究信息报告、可能有助于INC工作的资料、全球汞伙伴关系活动进展以及INC主席团组成和初步提名等议题，并就会议讨论情况最终协商通过了"提供给INC第一届会议的信息文件"。

4.1.3.2 汞问题不限成员名额特设工作组会议

汞问题不限成员名额特设工作组作为环境署理事会的一个附属机构设立，分别于2007年、2008年召开了两次会议，具体内容如下：

（1）汞问题不限成员名额特设工作组第一次会议于2007年11月在泰国曼谷举行。会议审查和评估了关于增强自愿性措施及新的或现行国际法律文书的备选方案。同时会议汇报了在环境署汞问题方案下各项活动的开展情况：

起草《关于大气排放和场地污染的报告》。该报告是秘书处根据第24/3号决定编制的。在终结和运输伙伴关系及《北极检测评估报告》的协助下，报告草案正在制定中，并将于2008年6月1日前分发。

继续与《巴塞尔公约》秘书处合作为含汞化合物的无害环境管理制定技术准则；以及在与WHO和FAO进行磋商后，就指定因汞接触而处于危险的人群编制了指导文件，并且指定了采用单元法来提高认识的整套材料草案。

制定了旨在协助各国进行编制汞排放清单的《汞排放识别和量化标准工具包》（简称"工具包"），以此作为各国指定解决汞问题的第一步，并且已经在五个国家开展了检验工具包的试点项目。

（2）汞问题不限成员名额特设工作组第二次会议于2008年10月在肯尼亚

内罗毕召开。会议就汞问题不限成员名额特设工作组第一次会议制定的应对措施的分组和解释说明做出了报告。

4.1.3.3　汞问题政府间谈判委员会会议

汞问题政府间谈判委员会是由 UNEP 组织召开的，为谈判并制定一份具有法律约束力的关于全球汞问题的国际文书。截至 2013 年 3 月，共召开了六次会议，包括一次预备会议和五次正式会议，各次会议内容如下：

（1）汞问题政府间谈判委员会预备会议。2009 年 10 月，"汞问题政府间谈判委员会预备会议"在泰国曼谷召开。会议主要讨论针对限制汞排放进行的谈判，以期最终达成一项避免环境污染的控制性国际公约。与哥本哈根气候谈判不同，许多发展中国家从一开始就跟上国际社会的步调，避免了由发达国家制定规则、发展中国家遵从的局面。在这次会议上，中国被认为是向大气中排汞量最多的国家之一，重点来源主要有燃煤、有色金属、垃圾焚烧、水泥、氯碱、小金矿等领域。其中，氯碱行业因在聚氯乙烯生产过程中使用氯化汞催化剂而涉及汞的排放问题。

（2）汞问题政府间谈判委员会第一次会议（INC1）。INC1 于 2010 年 6 月在瑞典首都斯德哥尔摩召开。来自 149 个国家和 10 个国际组织的 500 多名代表出席了本次会议。会议选举了政府间谈判委员会主席团成员，通过了谈判委员会议事规则，并就汞文书的目标、结构、资金机制与财政援助、技术转让与援助、遵约机制等议题进行了全面政策交流，就汞的供应、需求、贸易、存储、排放、废物管理；必要用途、协同增效等实质性控制条款进行了立场阐述。在这些议题中，资金机制、能力建设和技术转让是发展中国家最为关注的，而遵约机制和成效评估是发达国家最为重视的。

（3）汞问题政府间谈判委员会第二次会议（INC2）。INC2 于 2011 年 1 月在日本千叶召开。来自 141 个国家、政府间组织、非政府组织的 700 多名代表出席了本次会议。各方围绕要素文件深入交流了意见，会议谈判进入实质性条款的讨论阶段。文书目标、汞供应、添汞产品、国际贸易、含汞废物、用汞工艺、大气汞排放、豁免用途、资金机制、技术援助、实施计划及履约委员会等是主要的讨论议题，其中关键议题是减少汞的供应及减少含汞产品和工艺的汞需求两个领域。另外，会议还就含汞废物和污染场地、大气汞排放、手工和小规模汞法采金、法律事务等四个议题成立了接触小组。随着谈判进程的逐渐深入，发展中国家和发达国家在资金机制、技术转让和遵约成效等触及国家利益问题上分歧严重，部分议题留待 INC3 会议继续讨论。

（4）汞问题政府间谈判委员会第三次会议（INC3）。INC3 于 2011 年 10 月在肯尼亚内罗毕召开。来自 122 个国家和 30 多个政府间组织、非政府组织共

600 多名代表出席会议。会议就汞文书草案中的各个议题进行了讨论，并就产品与工艺、大气排放、手工和小规模采金，储存与废物利用及污染场地、信息及意识提高、资金机制等议题分别成立了接触小组进行磋商，委员会还召开了法律组会议。与前两次 INC 相比，主要谈判方的立场均未发生显著变化，"以攻为守"的态势依旧。在汞控制目标和措施上，欧盟、美国、加拿大、挪威、瑞士等发达国家与用汞量少、受汞危害大的非洲集团及小岛屿国家立场保持一致，坚决要求控制严格的、具有法律约束力的削减措施；而包括中国在内的大部分亚太区域国家、巴西等南美国家则坚持控制措施应考虑发展阶段和国情差异，充分体现必要的灵活性；在资金机制、能力建设和技术转让议题中，发达国家依旧缺乏诚意，发展中国家则继续保持一致，要求加强资金和能力援助。总体来看，除了小手工炼金议题外，文书其他核心议题谈判未取得较大进展。

（5）汞问题政府间谈判委员会第四次会议（INC4）。INC4 于 2012 年 6 月在乌拉圭埃斯特角城召开。来自 146 个国家和 10 多个政府间组织、非政府组织共600 多名代表出席了本次会议。会议就文书草案中的各个议题进行了讨论，并就产品与工艺、大气排放、供应与贸易、储存与废物利用及污染场地、信息及意识提高、资金机制、遵约机制等议题分别成立了接触小组进行磋商，会议继续召开法律组会议审议接触小组达成共识的文件。会议总体气氛平和，在核心控制条款和资金技术议题上，不同利益方意见分歧依旧，但求共识、谋成果的意识高涨，各方均展示出愿意妥协的灵活意愿，虽然本次会议成果有限，但主要控制条款走向逐渐明朗，有助于最后一次会议达成共识。

（6）汞问题政府间谈判委员会第五次会议（INC5）。INC5 于 2013 年 1 月在瑞士日内瓦召开。来自 147 个国家及地区的政府代表和非政府组织人士约 900 人出席了本次会议。经过艰难磋商，会议上各方达成一致，拟定了一项具有法律约束力的全球国际公约，并命名为《关于汞的水俣公约》，旨在让全世界牢记 20世纪 50 年代日本因汞污染引发的水俣病给人们带来的灾难，激励全球各方积极采取行动，通过履行国际公约在全球范围内减少和控制汞的人为排放，减少汞污染对环境和人体健康的危害。

《关于汞的水俣公约》的总体目标是保护人类健康和环境免受汞及其化合物人为排放的影响，其涉及的主要技术领域包括汞供应与贸易、添汞产品、用汞工艺、汞排放与释放、汞的无害化储存、含汞废物以及污染场地等，公约条款既包含了强制性措施，也包含了自愿性措施，在履约和实施安排上具有一定的灵活性。公约主要条款内容介绍如下：

汞供应与贸易领域。公约禁止新建原生汞矿，现有原生汞矿的关闭期限定为公约对缔约方生效后 15 年，即大约在 2030 年后。同时还禁止了原生汞的出口并限制了原生汞的用途，即原生汞只能用于公约允许的添汞产品和用汞工艺。对于汞及其化合物的国际贸易，公约允许以环境无害化储存为目的或公约允许用途下的进出口，但要求采取事先知情同意程序。

添汞产品领域。公约规定2020年后禁止生产和进出口下列添汞产品：电池，汞含量低于2%的锌－氧化银扣式电池和锌－空气扣式电池除外；开关和继电器，含汞量不超过20mg的特殊用途的开关和继电器除外；含汞量超过5mg普通照明用紧凑型荧光灯（功率≤30W）和三基色直管荧光灯（功率＜60W）、含汞量超过10mg普通照明用卤粉直管荧光灯（功率≤40W）、高压汞灯以及含汞量超过限定标准的电子显示器用冷阴极荧光灯和无极荧光灯；包括肥皂和面霜在内的化妆品，眼部化妆品除外；杀虫剂和外用消毒剂；非电子测量仪器，如气压计、湿度计、压力计、体温计和血压计等。但公约允许各缔约方进行为期5年的豁免登记和再申请5年的豁免。

汞排放和释放领域。公约针对燃煤电厂、燃煤工业锅炉、有色金属铅、锌、铜和工业黄金冶炼、废物焚烧以及水泥生产等五类大气汞排放源，规定各国制订国家行动计划，新排放源采用最佳可行技术和最佳环境实践（BAT/BEP），现有排放源采取一项或多项控制措施，例如确定减排量化目标、排放限值、BAT/BEP、多污染物控制战略以及其他措施。

汞的无害化储存、含汞废物以及污染场地领域。公约要求加强汞及其化合物的无害化储存与含汞废物的环境无害化管理，可借助巴塞尔公约在该领域的规定要求为基础进行管控。采取灵活方式管理污染场地，各国可制订计划进行场地识别与评估、健康与环境风险评级等。

4.1.4 涉汞国际公约和区域协议

汞污染具有持久性、生物蓄积性和生物放大性，来源种类众多，在环境中通过大气和河流/洋流两种介质长距离传输，并且具有远距离沉降特征，使汞的局部地区排放可能造成跨界污染，成为区域性问题，甚至对全球环境和人体健康造成影响。国际上，特别是发达国家早已将汞污染控制纳入国际协议中，日本和欧盟力推建立全球性的汞污染防治公约。目前已有很多国家加入了涉及汞污染防治的国际公约和地区的行动，并从国际合作中受益，逐渐形成了局地—区域—全球三个层面共同协作的格局。以下是主要的涉汞国际公约及区域协议。

（1）远程跨国界空气污染公约（LRTAP公约）和奥尔胡斯重金属协议。远程跨国界空气污染公约是欧洲国家为控制、削减和防止远距离跨国界的空气污染而订立的区域性公约。1979年11月13日在日内瓦通过，1983年3月6日生效，有25个欧洲国家、欧洲经济共同体和美国参加缔约。公约规定：应通过资料交换、协商、研究和监测等手段，及时制定防治空气污染物的政策和策略；各缔约国就硫化物等主要空气污染物的控制技术、监测技术、对健康和环境的影响，社会经济评价以及传输机制的模型方面进行合作研究；在欧洲经济委员会环境高级顾问团内设立执行机构，以审查公约的执行情况。

奥尔胡斯重金属协议是在远程跨国界空气污染公约下派生出的八项协议之一，于 1998 年制定并生效，协议成员国包括东欧、中欧、加拿大和美国。协议针对三种有害重金属镉、铅和汞要求成员国降低对三种重金属的使用，对固定点源进行汞释放定量评估，并积极推行采用最佳可行技术减少汞释放。

（2）东北大西洋地区海洋环境保护协议（OSPAR 协议）。东北大西洋地区海洋环境保护协议于 1998 年生效，当时接纳了 16 个成员国，汞及有机汞化合物被列入该协议的优先管理化学品名单，要求各成员国针对氯碱生产、补牙、电池、实验室和医用设备、电气设备等产品和工艺采用减少汞使用和排放的措施。

（3）波罗的海域海洋环境保护协议（赫尔辛基协议）。波罗的海域海洋环境保护协议于 1992 年生效，当时包括 10 个成员国，汞及汞化合物被列入 42 种优先控制有毒化学品名单中，要求各成员国对波罗的海（包括入海口和泄洪区）的汞释放进行监控，并采取措施减少补牙、钢铁制造、电池生产、垃圾焚烧、电光源和电气设备、氯碱等产品和工艺产生的汞释放。

（4）巴塞尔公约。巴塞尔公约是关于控制跨国界危险废物运输和处理的全球性公约，于 1995 年生效，截至 2013 年 3 月，共接纳 180 个缔约方。公约中提及的危险废物包括了含汞废物以及废弃的汞电池、汞开关等含汞产品。公约要求成员国对跨国界危险废物的运输应当通过合理而环保的措施控制在最低水平；减少和控制危险废物的产生；危险废物应尽可能密封，并与其产生源相隔离；应努力援助发展中国家和经济转型国家对过期的危险废物进行合理化处理处置。

（5）鹿特丹公约。鹿特丹公约是关于对国际贸易中的特定危险化学品和杀虫剂执行事先知情同意程序的全球性公约，于 1998 年生效，截至 2013 年 3 月已接纳缔约方 152 个。作为杀虫剂使用的无机汞化合物、烷基汞化合物、烷氧基链汞化合物和芳基汞化合物被列入公约名单中，但不适用于工业用途。公约确保对进口国禁止使用此类化合物杀虫剂，不得进行有关此类产品的国际贸易。

此外，还有很多区域间的合作协议，如北极委员会行动计划、加拿大 – 美国大湖地区双边有毒物质战略、新英格兰首脑/东加拿大首相汞行动计划、北美地区行动计划以及北欧环境行动项目和北海联合会六个文件，虽未对参与国家或区域设定约束性的法律义务，但致力于讨论通过合作所要达到的具体目标及形成一致意见，为达到目标制定策略和工作计划，促进在目标区域内减少汞的使用和排放。

4.2 汞削减和污染控制技术

4.2.1 减少汞的生产和供应

从全球汞的供应情况来看，汞供应的源头应是汞矿开采和副产品汞。

副产品汞的生产依赖于燃煤、有色金属冶炼、天然气生产等领域的发展，其产量不仅不可能减少，而且还会随着汞污染防治技术的进步和防治力度的加大而逐渐增加，是一个产量呈上升趋势的汞供应源，基本不受汞需求的影响。

汞矿开采则是一个与满足汞需求直接相关的汞供应源，其能否淘汰取决于汞需求的削减进程。表4-2汇总了2005年全球汞的供需情况，尽管在估算汞的供应和需求量时存在很大的不确定性，但从中可以分析出各供应源的基本比例和全球汞的平衡情况。

表4-2　2005年全球汞供应量和需求量汇总　　　　(t)

汞供应量	汞矿开采	1150~1500	2560~3380
	从氯碱电解池（停用后）中回收的汞	700~900	
	副产品汞，包括天然气净化	410~580	
	储存和库存汞	300~400	
从含汞产品和工艺回收的汞量		150~250	
汞需求量（消费量）		3165~4365	

根据表4-2估算的2005年全球汞的供需量，汞矿开采的汞量约占全球汞消费量的17.5%（平均值），如果要彻底淘汰汞矿开采，则全球汞的需求量必须要削减20%以上，何时能实现这一目标，关键取决于替代产品和替代工艺的可应用程度，同时也与各国的管理和控制政策密切相关。

4.2.2 推广无汞/低汞替代产品

含汞产品的汞污染控制措施主要通过无汞替代产品的推广应用来削减汞使用量。联合国环境规划署（UNEP）曾在收集与汞有关的数据信息时，向相关国家散发了《索取资料书》。其中涉及的数据信息包括预计的汞需求量、替代等级、六类产品（测量和控制设备、电池、齿科汞合金、电气和电子设备、电光源以及其他用途的产品）和三类工艺（氯乙烯单体生产、氯碱生产以及小规模手工金矿开采）使用无汞替代材料的经验。2008年，UNEP依据已收集的33个国家的基本信息对全球汞替代产品进行了总结，详见表4-3。

表4-3 用汞产品及其替代情况一览表

用汞产品			无汞替代产品
温度计			液体温度计、刻度盘温度计和数字式温度计
血压计			无液体测量计和电子测量计
自动调温器			机械式自动调温器和电子自动调温器
电池	非微型电池	糊式圆柱型锌锰电池	无汞碱锰电池和无汞锌锰电池
		纸板式圆柱型锌锰电池	
		碱性圆柱型锌锰电池	
		氧化汞电池	
	微型电池	氧化银、锌-空气、碱性和氧化汞微型（纽扣）电池	无汞微型（纽扣）电池
电光源	直管荧光灯和紧凑型荧光灯		LED灯
	液晶显示器（LCD）背光灯		LED灯
	氙气大灯（非汽车用）		无汞金属卤化物灯、使用碘化锌取代汞的氙气大灯和LED灯
	汽车用高强度放电灯		无汞金属卤化物灯、使用碘化锌取代汞的氙气大灯和发光二极管（LED）
开关和继电器			多种无汞开关和继电器
齿科用汞合金			复合树脂和玻璃离子材料

（1）温度计。已确定的无汞替代产品包括：液体温度计、刻度盘温度计和数字式温度计。

替代品1：液体温度计。液体温度计是最常见的含汞温度计替代品。它是由一根装有液体的圆柱管组成的，该液体可随温度的上升或下降而膨胀或收缩。液体温度计主要使用的有机液体是被染成蓝色、红色或绿色的溶剂，如酒精、煤油、柑橘汁等。

目前最常见的液体温度计是"Galinstan"型液体温度计，它由一根玻璃管和镓、铟、锡三种金属混合的银色液体组成，因该液体在圆柱管内的液面会随温度的升高而上升，所以"Galinstan"型液体温度计在功能上可与汞温度计媲美。

替代品2：刻度盘温度计。刻度盘温度计由一个卷曲的双金属片制成。双金属片一端固定，另一端连接指针。在不同温度下，两金属片因膨胀程度不同而使双金属片卷曲程度不同，与金属片连接的指针则随之指在刻度盘上的不同位置，从刻度盘上的读数，便可知测量温度。刻度盘温度计可在工业环境下使用，可测温度范围更大。例如 Ashcroft CI 型刻度盘温度计可在 -50～500℃的范围内使用。

替代品 3：数字式温度计。数字式温度计采用温度敏感元件即温度传感器（如铂电阻、热电偶、半导体、热敏电阻等），将温度的变化转换成电信号的变化（如电压和电流的变化）。温度变化和电信号的变化呈线性关系或一定的曲线关系，该电信号可以使用模数转换的电路即 AD 转换电路将模拟信号转换为数字信号，数字信号再送给处理单元，如单片机或者 PC 机等，处理单元经过内部软件计算将数字信号和温度相联系起来，成为可显示的温度数值，通过显示单元，如 LED、LCD 或者电脑屏幕等呈现出来。数字式温度计的优点很多，例如当达到最高温度时，数字式温度计会发出"嘟嘟"信号，从而可缩短获得温度读数的时间。数字式温度计的缺点在于，它一般需要使用含汞的微型扣式电池。

（2）血压计。无汞替代产品包括无液体血压计和电子血压计。

替代品 1：无液体血压计。无液体血压计使用听诊法测量血流量。该血压计随着袖带压力的增加，通过金属充气装置的机械系统记录血压，在环状表盘上显示。无液体血压计比汞柱测量精确度差，但研究表明，只要按照维护协议进行维护保养，该血压计可给出准确的压力测量值。

替代品 2：电子血压计。电子血压计使用示波测量法。电子血压计主要是由一个压力传感器和一台微处理器组成的。在充气套囊放气时，压力传感器会将电信号传输至微处理器，由微处理器将该信号转化成心脏收缩和心脏舒张时的血压。除心脏收缩和心脏舒张时的血压外，这类仪器还可显示有关血压模型的综合信息。

（3）自动调温器。已确定的无汞替代产品包括机械式自动调温器和电子自动调温器。

替代品 1：机械式自动调温器。机械式自动调温器一般是用双金属材料感应温度的变化而工作的。双金属传感器会触动一个机械式快动开关，该开关可连接或切断电流，从而控制加热和（或）冷却设备。配机械式开关的自动调温器与配汞开关的自动调温器相比，除开闭的机构不同外，其他规格基本相似。

替代品 2：电子自动调温器。电子自动调温器一般使用电热调节器或其他集成电路传感器来感应温度的变化。电子自动调温器有可编程产品和非可编程产品两类。两类产品一般都能配有一个发光二极管（LED）显示装置，以增强可读性。但可编程电子自动调温器可由用户根据需要改变加热/冷却程序，如用户可自行设计调温器的程序，以确保该装置自动调回预定日期和时间点的温度，从而减少能量消耗。

（4）电池。含汞电池可分为微型电池（即扣式电池）和非微型电池两大类。一般而言，微型电池中都含有少量汞（氧化汞微型电池除外），而且可用的无汞替代品非常有限。非微型电池中含有大量的汞，并且已有无汞产品进行替代。

微型电池的无汞替代品：无汞微型电池。目前已有多种含汞微型电池的替代品。无汞型氧化银微型电池、锌－空气微型电池、碱性微型电池都可在市场上买到。然而，这些替代品的效用有一定的局限性，无法满足多种微型电池的应用需求。

非微型含汞电池替代品：无汞碱锰电池和无汞锌锰电池。目前主要有糊式圆柱型锌锰电池、纸板圆柱型锌锰电池、碱性圆柱型锌锰电池和氧化汞电池四种非微型含汞电池。无汞碱锰电池和无汞锌锰电池可通过使用无汞材料来代替有汞材料，该类无汞材料可满足不同圆柱型电池应用条件下的尺寸和电源要求。

（5）电光源。含汞电光源种类较多，不同产品的无汞替代产品不同，具体如下：

1）目前直管荧光灯和紧凑型荧光灯的无汞替代产品主要是发光二极管（LED）灯。LED 灯是相对较新的电光源产品，LED 是固态半导体元件，电流通过时会发光。直管 LED 灯灯管中排列有多个发光二极管，灯管的尺寸与等效的直管荧光灯相同。

相比直管荧光灯，LED 灯有若干优点。该类产品不含汞，使用寿命终结后不需要特殊处理，且结实耐用，不像荧光灯一样含有易碎的玻璃。在低温环境中使用时，其光输出不会衰减。LED 灯发出的光不会闪烁，而且灯光也有从暖白到日光色的各种色温。LED 灯具有节能或方便使用的特性，包括内置移动感测功能，远程遥控、色温调节以及当环境自然光照水平增加时自动降低光输出等功能。此外，因发光二极管寿命较长，LED 灯的使用寿命可达 50000h 甚至更长，而且频繁开关也不会缩短寿命。但由于 LED 灯发光效率较低而成本较高，目前仅适于少数几种应用环境。然而，LED 灯使用寿命长、能效高的特点，使之可能成为荧光灯的有效替代品。

2）液晶显示器（LCD）背光灯（冷阴极荧光背景灯）。目前的无汞替代产品 LED 液晶显示器。使用无汞 LED 的液晶显示器目前已可应用于小型计算机和电视机中，且 LED 背光灯技术在性能上具有使用寿命更长、对比度更高、降低能耗的潜力更大等优势，但 LED 背光灯成本高，实现向这一技术的成功过渡尚需时间。

3）氙气大灯（非汽车用）。氙气大灯的无汞替代品目前仅在少数特殊情况可以应用。然而，现已确定的 LED 灯、使用氧化锌代替汞的金属卤化物灯以及无汞高压钠灯有可能取代含汞氙气大灯。

4）汽车用高强度放电灯。目前的无汞替代产品有无汞高强度放电灯、无汞金属卤化物灯和 LED 灯。

替代品 1：无汞高强度放电灯。无汞高强度放电灯使用碘化锌替代汞，并增加了氙气含量，改善了色彩稳定性。替代汞后气体放电灯的气体成分和形状尺寸有所改变，但光输出和色温保持不变。

替代品 2：无汞金属卤化物灯。无汞金属卤化物灯是在石英或高硅灯泡中使用钨丝，灯泡内含有惰性气体和微量卤素蒸气。钨丝灯中使用卤素使每瓦电产生更多光通量，该类灯被广泛用作汽车头灯。

替代品 3：LED 灯。LED 是固态半导体元件，电流通过时会发光。LED 灯厚度可以比气体放电或卤素灯小 55%，并且可以分成多个小段安装，给汽车设计师提供了更大的设计灵活性。LED 灯的优点有照明效果好、发光效率高、能耗低、寿命长等。

（6）开关和继电器。开关和继电器种类较多，不同产品的无汞替代产品不同，具体如下：

1）倾斜开关。目前的替代产品有电位计倾斜开关、金属球式倾斜开关、电解式倾斜开关、机械式倾斜开关、固态倾斜开关、电容式倾斜开关等。

替代品 1：电位计倾斜开关。电位计由一条弯曲的导电轨组成，导电轨的末端都有一支接线端子。电位计的轴旋转时，电气轨道的长度和电阻将按一定比例变化。电位计可用来检测线性运动、单圈旋转或多圈旋转。电位计价格便宜、性能稳定可靠。为达到节约空间的设计要求，也可提供尺寸较小的微型电位计。

替代品 2：金属球式倾斜开关。金属球式倾斜开关是由一个滚动的金属球（一般是钢制的）来完成电气连接的。金属球与倾斜开关外套一起运动或在促动器磁体的作用下滚动。金属球式倾斜开关适合于易受电磁干扰的应用环境或需要坚固开关的高应力应用环境。金属球式倾斜开关如果只在额定负荷比较小的环境中使用，则其使用寿命会更长。由于金属球式倾斜开关会因回弹而出现虚接情况，一般不适用于可能会受到强烈冲击或震动的环境。

替代品 3：电解式倾斜开关。电解式倾斜开关中包含电极，并注满导电液。开关发生倾斜时，液体表面在重力的作用下依然保持水平。电极之间的传导率与浸没在导电液中的电极长度成比例。使用不同材质的电解液可改变传导率和黏度，以满足不同的设计参数要求。电解式倾斜开关具有极佳的可重复性、稳定性和精确性，一般为小角度范围的高精度倾斜角测量而设计。可在极端恶劣的环境条件下使用，比如在极端温度、极端湿度和震动环境中使用。

替代品 4：机械式倾斜开关。机械式倾斜开关是一种微型快动开关，可采用多种方法驱动。常见的驱动方法是使用金属滚球驱动杠杆臂，而金属滚球会在重力的作用下改变位置（与开关外罩的位置变化一致）。倾斜开关性能可靠、使用寿命长，可负荷较高电感负荷，额定使用寿命一般都在 100 万个运行周期以上。

替代品 5：固态倾斜开关。固态倾斜开关一般称为倾角计或加速计（取决于应用条件）。固态倾斜开关可使用霍尔效应式集成电路传感器和力平衡式加速计技术等。此类开关具有较高的分辨率、精确率和快速反应能力，可在较大的温度范围内保持一定的精确度。且其使用寿命一般在 1000 万个运行周期以上，能够在较强的震动和冲击环境中使用。

替代品 6：电容式倾斜开关。电容式倾斜开关主要采用电容式传感器，一般是由两只密封的电容圆顶组成的，圆顶之间注有电容率较高的液体，输出值与相对倾斜量成比例。电容式倾斜开关的精确度较高，具有较好的长期稳定性，而且功率要求低，适用于测量精度要求比较高的应用环境。

2）浮控开关。目前的替代产品有机械式浮控开关、干磁簧浮控开关、光学浮控开关、电导浮控开关、音速/超音速浮控开关等。

替代品 1：机械式浮控开关。机械式浮控开关一般位于有浮力的浮子外套内，由液位的升降驱动。机械式浮控开关分为快动开关和微动开关，可采用多种方法驱动。常见的方法是使用金属滚球驱动杠杆臂，而金属滚球会在重力的作用下改变位置（与浮子外罩的位置变化一致）。机械式浮控开关性能可靠、使用寿命长，可负载较高的电感负荷。机械式浮控开关使用一只浮子即可完成开和关两大功能，一般需要能够确保开关正常摆动的空间，但在垂直柱内使用磁铁激活微动开关的机械式浮控开关不需要摆动空间。

替代品 2：干磁簧浮控开关。磁簧开关内置于浮控开关装置的垂直柱内。永久磁铁则安装在沿管子或垂直柱垂直移动的浮子外套内，在预先设定的液位上驱动舌簧开关，完成控制或报警功能。干磁簧开关具有较长的使用寿命，是在狭小空间内使用的理想产品。但主要缺点在于它无法处理高电感负荷，触点容量较低。此外，由于垂直柱内沉积的碎片会妨碍开关的正常使用，因此干磁簧开关必须应用于清洁环境中。

替代品 3：光学浮控开关。光学浮控开关利用光学原理，与气体（如空气）进行比较，检测液体是否存在。光学浮控开关中的传感器中包括一个小型红外线 LED 和光电晶体管。光学浮控开关具有磁滞现象微弱、再现率较高且耐化学品腐蚀能力极强的优点。

替代品 4：电导浮控开关。电导浮控开关使用电极测量液体内的导电率，从而感应到液体是否存在。电导浮控开关根据液体的导电性，在电极之间或电极与金属罐体之间形成闭合电路。由于其内部没有任何可移动的零部件，所以可在安装有移动设备的容器内使用。电导浮控开关可感应到不同类型液体的存在，如可在船底有污水的应用环境中检测气体、油、柴油机燃料。该开关的缺点在于它必须在传导液中才能正常运行。

替代品 5：音速/超音速浮控开关。音速/超音速浮控开关主要采用压电传感器，通过压电晶体的振荡频率测量液位。音速/超音速浮控开关的精确度非常高，可用于非导电的高黏度液体。此外，其传感器可快速拆除，便于完成食品、饮料和制药行业要求的清洗处理。该开关的主要缺点在于需要牢固安装才能确保正常运行。

3）温度开关。目前的替代产品有机械式温度开关和固态温度开关。

替代品1：机械式温度开关。机械式温度开关主要使用温度传感器驱动机械式开关。温度传感器一般为热电偶、球管与毛细管、电阻式温度传感器、熔焊合金或波顿管。机械式温度开关性能可靠，使用寿命长，能够负载较高的电感负荷。该开关的可靠性和精确度在很大程度上取决于所用传感器的类型，功能与汞温度开关相似。

替代品2：固态温度开关。固态温度开关主要使用温度系数热敏电阻器、电阻式温度传感器或集成电路感应温度，使用半导体作为开关输出端。固态温度开关与机械式温度开关或汞温度开关相比，精确度、可重复性、可靠性都有所提高，工作时的功率消耗较低，但其初始成本一般高于机械式温度开关或汞温度开关。

4）压力开关。替代产品有机械式压力开关和固态压力开关。

替代品1：机械式压力开关。机械式压力开关主要使用活塞、隔膜或波纹管作为压敏传感器，可直接驱动，也可使用推杆、杠杆或压缩弹簧驱动按键式微动开关。机械式压力开关性能可靠，使用寿命长，与隔膜式压力传感器共同使用，可实现较高的精确度。

替代品2：固态压力开关。固态压力开关中含有一个或多个表压传感器、一个变送器、一个或多个开关。压力传感器一般是扩散硅压阻式传感器或薄膜应变仪，微处理器用于处理应变式传感器信息和驱动开关组件（一般是电子晶体管）。固态压力开关的精确度高于机械式开关，在额定负载条件下，使用寿命较长，一般至少是 1000 万个运行周期。

5）继电器。继电器是一种电控制装置，用于开启或关闭电触点，使同一电路或不同电路中的其他设备运行。目前的无汞替代品有干磁簧继电器、其他电动机械式继电器、固态继电器、混合式继电器。

替代品1：干磁簧继电器。干磁簧继电器由一对扁平簧片组成，用于印制电路板的典型小电路控制装置。干磁簧继电器主要应用于试验、校准和测量设备，其使用寿命长，可安装在任何位置。其抗电磁干扰能力与汞湿簧继电器类似，在高电压作用下，触点容易焊接到一起，使用寿命比汞湿簧继电器短。

替代品2：其他电动机械式继电器。其他电动机械式继电器包括通用电动机械式继电器、专用电动机械式继电器、重载电动机械式继电器、印制电路板用电动机械式继电器，该类电动机械式继电器是一种电磁驱动的继电器，它允许电流通过线圈生成磁通量，磁通量使电枢移动，开启并关闭电触点。

其他电动机械式继电器由于初始成本低，通常在可能存在电干扰或热散逸要求较低的情况下选用，使用寿命比汞或固态继电器短，而且循环速度慢，对设备的控制非常有限。

替代品3：固态继电器。固态继电器是一种基于半导体的电子开关装置，可在不使用物理机械触点的情况下运行负载电路。固态继电器中含有一个输入电路、一块光耦合器芯片和一个输出电路。其使用寿命长，抗电磁干扰能力强，功耗低，运行速度快，包装尺寸小，抗震、抗损坏能力强。

还有一些固态继电器使用可控硅整流器作为开关，可在多种应用条件下快速接通或切断电源。可控硅整流器是一种运行速度非常快的开关装置，循环周期用毫秒计，响应时间更短，过程控制更严，受控设备的使用寿命更长。

替代品4：混合式继电器。混合式继电器是电动机械式继电器和固态继电器的完美结合，其开关功能受一台微处理器的控制，使用固态元件和电动机械式继电器触点，专门为加热、通风、空气调节和照明等应用设施的启闭循环而设计的。

混合式继电器可消除因电流流经电子元件而产生的内热，因此无需使用散热装置，也可缩小继电器的尺寸。其使用寿命长，循环周期一般在500万次以上，可以实现真正意义上的无噪声运行，使其能够在噪声敏感的环境中使用。

（7）齿科汞合金。无汞替代品包括复合树脂和玻璃离子材料。这些替代品不需要专门处理废弃物，但成本较高，且需较长时间放置才能使用，而且抗断裂、磨损的能力较差。

替代品1：复合树脂。复合树脂是由丙烯酸树脂和粉状玻璃或二氧化硅填料的混合物质组成的牙齿色填料。复合树脂可散装在注射器内，也可制成一定剂量的胶囊，可自聚也可光聚。

复合树脂成本高、修补时间长，导致其填补成本高于汞合金填料。此外，影响填料成本的其他因素还包括保险责任范围、就医地点、填料规格及型号等。美国多家齿科网站的数据表明，复合树脂的成本一般是汞合金填料成本的1.2～2倍，但其寿命较短，一般可持续使用5～7年。

与汞合金填料相比，复合树脂的明显优点是其与牙齿的颜色非常匹配，是前牙补牙材料的最佳选择。此外，复合树脂可采用化学方法将其直接粘到牙齿上，去除的健康牙齿材料较少，牙齿结构更加坚固。

替代品2：玻璃离子材料。玻璃离子材料是由丙烯酸和用于填补牙洞的细玻璃粉混合物制成的天然形状的牙齿色物质，其抗断裂能力相对较低，主要用于非承重填充，如用在牙根表面的填料。玻璃离子的产品包括胶囊、粉末/液体等，具备与复合树脂同样的优点，而且因玻璃离子材料含的氟化物会随着时间的推移缓慢释放，可有效防止牙齿腐烂。玻璃离子材料的缺点是成本高，抗断裂性差，易磨损。

4.2.3 采用无汞替代工艺

有意用汞工艺主要包括氯碱生产、小规模手工金矿开采和氯乙烯单体

（VCM）生产。推广应用无汞替代工艺可有效减少用汞量。

（1）氯碱生产。已确定的无汞替代技术：隔膜槽法、离子膜法以及单独生产氯气和氢氧化钠。世界上许多存在汞法氯碱生产厂的国家都在通过关闭汞电解池设施来大幅降低汞的使用量，或通过改变工艺减少汞的排放。虽然从汞电极工艺转变为隔膜槽工艺在技术上可行，但转变的成本会因各地情况的不同而有所变化。据报道，与汞电极工艺对比，隔膜槽工艺更有利于减少能量消耗、减少维修保养、减少治理汞的成本。

（2）小规模手工金矿开采。目前可采用的无汞技术有重选法、氰化法和氯化法。然而，要全面过渡到无汞化，尚需开展大规模的教育培训，解决矿工的生活保障，克服经济障碍，减少低价汞的供应等。

（3）氯乙烯单体（VCM）生产。因原料成本和能耗较高，使用乙炔法生产氯乙烯单体技术除在中国、俄罗斯等少数几个国家使用外，其他国家的 VCM 制造商均已转向无汞乙烯工艺。中国之所以仍在采用该项技术，是因为中国的乙炔资源丰富，国内原材料供应充足，而且中国的煤炭资源丰富，能源价格较低，总体成本远低于其他工艺。另外，乙烯法替代工艺因中国的石油资源短缺而使乙烯原料供应受限，行业发展受阻。因此，采用乙烯法和乙烷法生产工艺来全面替代乙炔法工艺短期内尚无法在中国实现。

4.2.4   减少汞的大气排放

汞的无意排放（主要是燃煤）以及有意用汞工艺如手工和小规模金矿生产、烧碱生产等产生的汞排放是大气汞排放的主要来源，通过对燃煤、手工和小规模金矿、烧碱生产工艺等过程中增加处理设施、改变处理技术逐渐减少汞向大气的排放。

（1）燃煤过程汞的排放。燃煤是最大的人为汞排放源，煤中的汞含量、排放控制设备的类型、除汞效率等都是影响汞排放的重要因素。

1）燃煤汞排放控制预处理方法。燃料清洗与燃料替代是减少燃煤过程中各种污染排放的主要预处理措施。

在美国，商业洗煤企业均采用物理洁净技术来减少矿物质和黄铁矿的硫成分，这样可使产品煤的能量密度更高，变异性更低，发电厂的效率和可靠性均得到了改善。洗煤技术还可降低二氧化硫以及包括汞在内的其他污染物的排放量。污染物的去除效率取决于所采用的洁净处理设施、煤的类型以及煤中的污染成分。商业领域采用基础物理洗煤技术已有 50 多年的历史。洗煤可在水中、重介质或干介质中进行。淘汰机、淘汰盘、渣滓浮选室、水介质旋流器均为目前常见的物理洗煤设备。Akers 等人对美国多个地区原煤和洁净煤的汞浓度以及通过洗煤技术实现的汞减排进行了研究，最终得到通过洗煤技术煤中汞去除效率由 0 至

60%不等，平均去除率为21%。Kraus等（2006年）指出，通常煤中10%～50%的汞仅通过洗煤技术即可去除，其去除效率主要取决于煤的类型。

目前的燃料替代主要包括将高硫煤转为低硫煤、增加天然气或石油的使用、增加替代燃料（如以煤层气代替煤来生产热能与电能）或进口电能，后面两种方法有利于汞减排。

2）减少燃煤汞排放的主要技术。目前主要的减排技术有流化床燃烧（FBC）技术。循环流化床燃烧技术指小颗粒的煤与空气在炉膛内处于沸腾状态下，即高速气流与所携带的稠密悬浮煤颗粒充分接触燃烧的技术。该技术的主要目的在于脱硫，以石灰石为脱硫吸收剂，燃煤和石灰石自锅炉燃烧室下部送入，一次风从布风板下部送入，二次风从燃烧室中部送入。石灰石受热分解为氧化钙和二氧化碳。气流使燃煤、石灰颗粒在燃烧室内强烈扰动形成流化床，燃煤烟气中的二氧化硫与氧化钙接触发生化学反应被脱除。该技术的脱硫率可达90%以上，在脱硫的同时，也将煤中的部分汞去除。研究表明，FBC法可使煤中汞和其他微量元素的排放量略低于常规发电厂。

3）燃煤汞减排二级措施。二级措施包括各种污染物减排技术，旨在降低已离开燃烧区域烟气的汞浓度。

汞以气体形式随烟气进入大气，若烟气通过除尘装置，如静电除尘器（ESP）和织物过滤器（FF）则可去除烟气中的汞。目前静电除尘器已成为全球主要发电厂和供暖总站普遍采用的减排设施。湿式除尘器系统中温度相对较低，可使汞蒸气凝固，从而从烟气中去除，该技术的汞去除效率介于30%～50%之间。不同干式喷淋系统中汞的去除率分别为35%～90%不等。因此实现最高去除率的为装有下游织物过滤器的干式喷淋系统。烟气脱硫技术（FGD）的应用对二氧化硫和汞的去除有很大的作用。吸收剂喷射一般指的是向烟气喷射粉末活性炭（PAC）或其他非碳吸收剂以控制汞。烟气脱硫技术与静电除尘器以及其他附加设备（包括吸收剂喷射）相结合可实现95%以上的汞去除率。

硒除尘器是一种湿式媒介工艺，用于去除烟气中大量的汞。气态汞与活性非晶态硒发生反应，并在装有浓度20%～40%硫酸的除尘器中循环，汞去除效率为90.0%～95.0%。碳过滤层则是一种干式媒介工艺，USEPA研究表明，碳过滤层技术可将烟气中80%～90%的汞去除。

（2）减少手工作业的小规模金矿的汞排放。手工和小规模金矿开采者常用混汞法从矿石中提取金，其工艺过程是将一定比例的金属汞混入原矿或精矿中，使汞与金混合形成汞合金，分离后得到的汞合金一般含金60%，含汞40%，再经加热使大部分汞挥发出来，从而得到海绵金。减少汞排放的措施主要有：通过引进工艺并培训矿工在汞齐化之前使用无汞选矿法，从而淘汰整矿汞齐化；通过采用更好的汞捕获和回收工艺在精矿汞齐化过程中和从汞合金中提炼金时减少汞损失；支持特定城市建立私营汞齐化中心；培训并提高矿工、地方金店店主和作业人员的意识，让他们了解使用汞的危险及可用的无汞替代方法；采用小额贷款项目来提高贫困采矿者购买更清洁技术的能力；提高黄金消费者对小规模金矿环境危害的认识；研究寻找可持续开采金矿的方法。

（3）减少工业流程的汞排放。工业流程的汞排放主要包括汞催化剂使用、汞副产品生产、热力生产等过程中产生的汞排放，可采取的措施有：逐步淘汰应用汞催化剂的工业流程（氯碱和氯乙烯单体生产）；使用低汞含量的燃料；使用低汞含量的煤替代品如天然气和石油；采用现有的汞控制技术和设备来减少生产过程中的汞排放，如气流冷却、活性炭吸收器、洗涤器和消雾器；采用最佳可行技术减少生产过程的汞排放；回收含汞废物（包括污泥）中的汞，并将其转移到无害环境的最后储存库；选择汞含量最低的生物燃料。

4.2.5 无害化处理含汞废物及修复污染场地

4.2.5.1 含汞废物的汞回收技术

从产品和废物中回收汞的初级方法主要有热处理工艺、湿法冶金工艺、电镀冶金工艺三种。含汞废灯管和电池有专门的回收工艺。

热处理工艺。大多数的含汞废弃物都是用热处理工艺来进行处理，将汞变成汞蒸气后用浓缩器来进行收集。首先，含汞的废弃物经过分类和机械处理，分类后用真空热处理工艺将废物充满到附加室中。含汞废物在温度为 340～650℃ 环境中通过，经过脱水浓缩后，再在低温环境下回收金属。有机组分在富氧、温度为 800～1000℃ 的环境中氧化燃烧去除。在真空热处理工艺后残留下的物质基本上是不含汞的，根据它的组成可直接回收和处理。金属汞通过多级分级和蒸馏精炼得到，最后可投入到市场。

湿法冶金工艺。湿法冶金工艺的原理是将废弃物中的汞溶解在强酸溶液中，一些反应产物或添加的催化剂等可从含汞的废弃溶液和固体废弃物中分离出汞，然后通过沉淀或离子交换反应从其他残渣中分离各种金属和化合物，该工艺采用的主要设备一般是批式反应器。

电镀冶金工艺。此方法适合用于去除各种液体废弃混合物和溶液中的汞。此工艺中设计了回收流程，已保证回收流程中汞蒸气全部被汞回收空气过滤器收集，使得汞蒸气向周围环境释放量最小。空气过滤器中有几层活性炭过滤层，用来去除空气流中的汞。整个过程中采用鼓风机制造一个小负压来保证所有的汞都能被碳层吸附。

荧光灯管回收。从荧光灯中回收汞主要有两种方法。一种方法是截断灯上的玻璃管底部，从中取出汞和磷粉，荧光管被粉碎、过滤、分离后可用来生产荧光粉、玻璃和金属。汞和磷粉混合粉末在真空中加热，同时向燃烧室填充氧气，通过变化真空压力,汞就会从粉末中分离出来并收集到冷凝管中。这种方式可以回收 99% 的汞。另一种方法是将灯管打碎然后再将汞从碎片中机械分离出来。同样,当荧光管被粉碎后,过滤器可以将汞以气体的形式进行处理或回收,玻璃碎片可用来制备其他的玻璃制品,最后剩余的小碎片(通常含有黄铜和铝)卖到废弃金属处理厂进行处理。

电池回收。含有大量汞和银的电池,例如氧化银、氧化汞电池一般是用上述的热处理工艺来进行处理。含有少量或不含汞的电池,例如锌 - 空气、锌碳棒、碱锰电池一般选择湿法冶金流程来处理。

4.2.5.2 污染场地修复技术

要解决土壤污染的问题,最直接的方法是场地修复,常见的修复处理技术包括以下几种:

(1)异位处理。该技术是处理汞污染泥土最常用的汞回收措施。如果污染已扩散至地下水位以下,将会很难挖掘;如果污染分布范围很广,成本将会很高。尽管如此,该法仍是人们最常用的处理方式。

(2)热处理。由于汞及其化合物的挥发性会随温度的升高而增加,因此加热处理挖掘的泥土是从污染泥土中回收汞的一种有效方法。

(3)湿法冶金工艺处理。用湿法冶金方法从污染泥土中提取汞主要有四种方法,即解吸所吸收的汞、氧化金属汞、使用强复合剂进行复合反应和分解沉淀汞。无论采用上述哪种方法,由于要重新复合、重新吸附或在前期去除最易溶解的化合物,其提取效率可能会随时间而逐渐降低。

(4)现场回收。现场回收汞的方法远不如移地回收技术成熟,且由于地表下物质多种多样,其汞回收效率普遍存在诸多不确定性,清理时间也往往比移地处理时间长。尽管存在以上不利因素,但现场回收法不会扰动受污染的泥土和地下水,因此对许多受汞污染的场所,现场回收法的前景还是十分广阔的。

(5)现场过滤和提取。该方法需要向土壤中注入化学物质,以增加汞在地下水中的溶解度,从而降低清理时间,改善回收率。

(6)动电分离。此方法利用低压直流电流在土壤基质中产生电场,汞等重金属将会朝着埋于土壤中的电极积聚,最后再将积聚的汞清除。

(7)拦截系统。沟渠和排水沟等直接拦截将汞(主要是金属汞)回收极其简单有效。但这种处理方法受地形和地层中岩石构成的影响,并且不能拦截溶于废水中的汞。

(8)植物修复。植物修复是一种虽尚存质疑但很有前景的技术,该技术是利用植物来吸收和浓缩土壤中的重金属。这一技术在处理浅层且范围大的受污染区域时具有较高的成本效益。

4.3 主要国家对汞的管控

在参与全球性的汞公约和区域协议的同时，许多国家的环保部门已将汞列入优先管理的有毒化学品名单，虽未专门针对汞进行综合立法，但针对包括汞在内的优先管理的有毒化学品进行了立法管理，与环境污染控制法、职业安全法、环境质量标准、产品控制标准等联合形成了针对汞的综合管理体系，以采取措施防止或限制汞的使用和排放。表4-4列出了各国对汞全生命周期不同阶段实施管控的情况，表4-5中列出了汞使用的禁止或限制情况。

表4-4 各国关于汞的立法管理情况

措施的种类和目标		应用国家范围
生命周期的生产和使用阶段		
点 源	防止或限制汞在生产过程中的有意使用	很多国家的一般性禁令
	在工业生产中（如氯碱和冶炼工业），防止或限制汞直接排入环境	在许多国家实施，特别是经济合作发展组织（OECD）成员国
	在矿物燃料燃烧和矿物加工过程中，应用排放控制工艺减少汞的释放	在一些OECD成员国实施
	防止和限制汞从生产过程排放到污水处理系统	在一些OECD成员国实施
	防止和限制落后工艺的使用或/和要求使用最佳可行技术来减少和防止汞的排放	在一些国家实施，特别是OECD成员国
产 品	防止和限制含汞产品在国内市场的销售	仅在少数国家实施的一般性禁令。对特定产品的禁止和限制非常广泛，包括：电池、照明设备、体温计
	防止含汞产品出口	仅在少数国家实施
	防止或限制使用已经购买的汞及含汞产品	仅在少数国家实施
	限制汞在原料中作为杂质的最高允许浓度	仅在少数国家实施
	限制汞在食品，特别是鱼中的允许浓度，并且提供根据同一或其他限值消费受污染鱼类的指导	在一些国家实施，特别是OECD成员国。一些国家采用世界卫生组织（WHO）指南
生命周期的处置阶段		
通过有效的废物收集，防止汞从产品和生产过程中直接排放到环境中		在许多国家实施，特别是OECD成员国
通过分类收集和处置，防止产品和工业废物中的汞同其他危害较低物质在废物流中混合		在许多国家实施，特别是OECD成员国
通过排放控制工艺，限制汞从生活垃圾、危险废物、医疗废物的焚烧和其他处置中排放		在一些国家，特别是OECD成员国，已经实施或正在实施
设立农田污灌中汞的允许浓度限值		在许多国家实施
限制焚烧残渣在筑路、建设和其他方面的应用		在一些OECD成员国实施
防止回收的汞再次进入市场销售		在一些国家实施

表 4 - 5 各国对汞使用的限制或禁止情况

应用领域	禁止或严格限制进口、销售或使用
氯碱生产	日本
黄金冶炼	巴西、中国、菲律宾
含汞产品（某些产品例外）	丹麦、瑞典、瑞士
齿科材料	丹麦、法国、新西兰、挪威、瑞典、瑞士
含汞电池	加拿大、中国、爱沙尼亚、欧盟 15 国、匈牙利、毛里求斯、挪威、斯洛伐克共和国、瑞士、土耳其、美国
干汞电池	欧盟 15 国、日本
碱性电池	加拿大、欧盟 15 国
其他电池（氧化锌、氧化银、扣式电池）	加拿大、欧盟 15 国
测量、控制仪器	瑞典（普遍）
医用体温计	加拿大、丹麦、法国、挪威、瑞典
其他体温计（船用发动机控制、实验室）	丹麦、瑞典
血压计	不确定
工业、气象压力计	丹麦
压力阀	丹麦
回转仪	丹麦
电动、电子开关	丹麦、瑞典、瑞士
电平开关（污水泵、门铃、铁路信号、汽车行李箱盖、冰箱、冷冻器、警报器等）	不确定
多向电极开关（如挖掘机上的开关）	丹麦
水银接点微电子开关	不确定
热开关	丹麦
运动鞋鞋底灯开关	丹麦
放电灯	不确定
荧光灯	加拿大、瑞典、欧盟 15 国
其他含汞照明灯	丹麦、瑞典
实验室化学品、电极、仪器测试用	丹麦、瑞典
杀虫剂	不确定
拌种或其他农业使用	亚美尼亚、布隆迪、加拿大、中国、哥伦比亚、古巴、捷克共和国、欧盟 15 国、匈牙利、日本、拉脱维亚、莱索托、立陶宛、毛里求斯、挪威、萨摩亚群岛、瑞士、坦桑尼亚、美国

应用领域	禁止或严格限制进口、销售或使用
不同产品或生产过程中使用的生物杀虫剂	丹麦、日本、瑞典、瑞士
颜料（橡胶颜料或其他颜料）	喀麦隆、哥斯达黎加、欧盟 15 国、日本、挪威、瑞士、美国
木材防腐	欧盟 15 国
医药品	奥地利、加拿大、哥斯达黎加、丹麦、日本、毛里求斯、瑞典、瑞士、美国
疫苗中的防腐剂	不确定
滴眼液中的防腐剂	不确定
消毒剂，例如医院的消毒	丹麦
草药，民间药品，街道制药	丹麦
聚亚氨酯/其他聚合物生产过程中的催化剂	不确定
化妆品（霜剂、肥皂）	中国、欧盟 15 国、挪威
润肤霜、肥皂	喀麦隆、丹麦、美国、津巴布韦
宗教仪式活动	不确定
颜料	丹麦
炸药、鞭炮	丹麦
汽车中的气囊、防锁刹车系统（ABS）	欧盟 15 国
个体钻石生产	不确定
包装物、包装废弃物	欧盟 15 国、挪威

注：欧盟 15 国包括奥地利、比利时、丹麦、芬兰、法国、德国、希腊、爱尔兰、意大利、卢森堡、荷兰、葡萄牙、西班牙、瑞典和英国。

4.3.1 欧盟

随着工业化进程的加快，汞排放日益严重，从 1999 年到 2000 年全球大气汞排放量增加了约 20%。近年来，欧洲的排放量虽减少了 60% 左右，但依然是汞的主要储存国家。汞排放的主要源头是燃煤，综合污染防治与控制委员会（IPPC）指令 96/61/EC 指出，设备的额定输入功率超过 50MW 的燃煤电厂所产生的汞为主要排放源之一，其他来源包括金属冶炼、水泥厂和化工厂等。

减少汞排放根源在于控制市场需求量和供应量。如今全球的汞供应量是每年3600t，欧洲作为主要的出口商，年出口量在1000t左右。自20世纪60年代出现最高值后，汞的价格有了显著的回落，过去几十年内基本保持在每千克5欧元左右。2003年欧盟15个成员国的总需求量在200t左右。低廉的价格和稳定的供应同时刺激了除欧洲外的其他国家对汞的需求。全球用汞行业主要集中在金矿开采、电池生产和氯碱行业，其用汞量占汞总使用量的75%。目前欧盟只有氯碱行业依旧大规模用汞。

面对逐渐减少甚至禁止汞出口的国际环境，欧盟一些成员国已经制定了相关政策法规。从环境的角度来讲，将汞永久储存处置是最理想的方法，但是处置费用高昂，技术水平也未达到要求，因此寻求经济可行的储存方式是未来发展的重要方向之一。

2005年欧盟发布了汞管控战略（Mercury Strategy），在全球汞问题上取得了显著的进展，内容包括限制含汞测量仪器的销售，2011年禁止欧盟国家出口汞，汞的安全储存规定等。无论对其成员国还是全球其他国家来讲，欧盟的汞管控战略是针对汞污染的全面计划，分别从减少汞排放、减少供应和需求量、减少暴露等目的出发，制定了20条措施，并且先后颁布了一系列指令用以控制和减少汞对人体健康及环境的危害。针对不同的管控对象，指令明确限定了汞的最大浓度。

4.3.1.1 单质汞的管理

欧盟委员会2005年发布公告，提出全面控制汞污染的长期计划，包括2011年禁止汞出口以及禁用后汞的处理和安全储存问题。2008年9月，欧盟颁布汞出口禁令，旨在切断汞的全球供应。该禁令已于2011年3月31日生效，主要禁止所有氯碱产业中的"过剩"汞、升汞及甘汞（氯化汞或氯化亚汞，一般来自冶炼过程产生的汞废物）和其他作为汞废物副产品的出口。

4.3.1.2 氯碱工业

欧盟的氯碱工业相对比较发达，据统计，2007年欧洲氯碱产业生产的氯、苛性钠和氢总计超过2000万吨，其中43%使用汞电解槽工艺，40%使用离子膜槽，14%使用隔膜槽，3%使用其他技术。尽管欧盟目前尚未对汞电解槽工艺实施限令，但该工艺与IPPC指令中的最佳可行技术要求不符，所有欧盟氯碱厂商都已承诺，将尽快关闭或改装各自的汞电解槽工厂，最迟不晚于2020年将全部弃用汞电解槽工艺。基于逐步淘汰汞使用的设想，欧盟大多数氯碱厂家将不再使用汞，淘汰的汞将面临着转移或长期储存的选择。2011年欧盟出口禁令生效前，西班牙的阿尔马登是欧盟汞的集散地，而禁令生效后，欧盟氯碱工业将必须采取措施永久储存金属汞。

4.3.1.3　电子产品（照明电器、开关）

2003 年 2 月 13 日，欧盟议会及欧盟委员会在其《官方公报》上发布了《电子电气设备中限制使用某些有害物质指令》（2002/95/EC，以下简称《RoHS 指令》）和《废旧电子电气设备指令》（2002/96/EC，以下简称《WEEE 指令》）。两指令还涉及其他相关法规，如包装和包装废弃物指令（94/62/EC：Packaging and Packaging Waste），电池和蓄电池指令（91/157/EEC：Batteries and Accumulators），REACH 法规，废旧车辆回收指令（2000/53/EC：End - of - life Vehicles，ELV）等。

RoHS 指令要求，自 2006 年 7 月 1 日起在欧盟市场上销售的电子电气设备中的铅、汞等 6 种有害物质含量应低于规定的限值。WEEE 指令除对报废电子电气设备的回收和处理做出特殊规定外，还规定回收费用由生产者承担。两个指令规定纳入有害物质限制管理和报废回收管理的有十大类 102 种产品，包括家电、通信等电子电气产品，具体管理的产品清单参见表 4 - 6。RoHS 指令中限制的含汞产品种类见表 4 - 7。

表 4 - 6　RoHS 和 WEEE 管理的产品清单

序号	产品类别	产品名称
1	大型家用电器	大型制冷器具，冰箱，冷冻箱，其他用于食品制冷，保鲜和储存的大型器具，洗衣机，干衣机，洗碗机，电饭锅，电炉灶，电热板，微波炉，其他用于食品烹饪和加工的大型器具，电加热器，电暖气，其他用于加热房间、床和座椅的大型器具，电风扇，空调器具，其他吹风，换气通风和空调设备
2	小型家用电器	真空吸尘器，地毯清扫机，其他清洁器具，用于缝纫，编织及其他织物加工的器具，熨斗和衣服熨烫，压平和其他衣物护理器具，烤面包机，电煎锅，研磨机，咖啡机和开启或密封容器或包装的设备，电刀，剪发，吹发，刷牙，剃须，按摩和其他身体护理器具，电钟，电子表和其他测量，显示或记录时间的设备，电子秤
3	信息和通讯设备	中央数据处理器，个人计算机，打印机，复印设备，电气电子打字机，台式和袖珍计算器，利用电子方式对信息进行采集、储存、处理、显示或传输的其他产品和设备，用户终端和系统，传真机，电报机，电话，收费电话，无绳电话，移动电话，应答系统，通过电信息传输声音、图像或其他信息的产品或设备

序号	产品类别	产 品 名 称
4	消费类产品	收音机、电视机、录像机，录音机，高保真录音机，功放机，音乐仪器，其他记录或复制声音或图像的产品或设备
5	照明设备	荧光灯具（家用的照明设备除外），直型荧光灯，紧凑型荧光灯，高亮度放电灯（包括高压钠灯和金属卤素灯），低压钠灯，其他用于传播或控制光的照明设备（细丝灯泡除外）
6	电气电子工具	电钻，电锯，缝纫机，对木材、金属或其他材料进行车削、铣、砂磨、研磨、锯削、切割、剪切、钻孔、冲孔、折叠、弯曲或类似加工的设备，用于打铆钉、钉子或螺钉或用于去除铆钉、钉子或螺钉的工具，用于焊接或类似用途的工具，对于液体或气体进行喷射、传播、分散或其他处理的设备，用于割草或其他园艺操作的工具
7	玩具、休闲和运动设备	电动火车或赛车，手持电子游戏机，电子游戏机，用于骑自行车、潜水、跑步、划船等的测算装置，带有电子或电气元件的运动设备，投币机
8	医用设备（被植入或被感染的产品除外）	放射治疗设备，心脏用设备，透视装置，肺呼吸机，核医疗设备，玻璃容器内诊断用实验室设备，分析仪，冷冻机，生殖试验设备，其他用于探察、预防、监控、处理、缓解疾病、伤痛的设备
9	监测和控制仪器	烟雾探测器，发热调节器，温控器，家用或实验室设备用测量、称重或调节器具，工业安装（如在控制板上）中所用的其他监控仪器
10	自动售卖机	热饮料自动售卖机，瓶装或罐装热或冷饮料自动售卖机，固体产品自动售卖机，钱票自动售卖机，所有自动送出各类产品的器具

注：8 和 9 暂不受 RoHS 指令限制。

表 4 - 7　RoHS 指令对涉汞产品的限制

指令限制的物质	使用该物质的例子	指令规定的免除
水银（汞）	温控器、传感器、开关和继电器、灯泡	含汞量不超过规定值（5mg、8mg 或 10mg）的紧凑型和通用直型荧光灯、特殊用途直型荧光灯等

《WEEE 指令》要求在 2006 年 12 月 31 日前生产制造商应实现下列目标：

对第 1 类和第 10 类的产品：回收率为每件器具平均质量的 80%。元件、材料和物质再利用率和再循环率为每件器具平均质量的 75%。

对第 3 类和第 4 类的产品：回收率为每件器具平均质量的 75%。元件、材料和物质再利用率和再循环率为每件器具平均质量的 65%。

对第 2、5、6、7、9 类的产品：回收率为每件器具平均质量的 70%。元件、材料和物质再利用率和再循环率为每件器具平均质量的 50%。

对于气体放电灯、元件、材料和物质的利用率和再循环率为每件器具平均质量的 80%。

　　WEEE 管理的对象，不仅包括废旧设备整机，也包括整机电器的所有元件、部件和消耗材料。2004 年 8 月 13 日前，要求欧盟各成员国建立监控 WEEE 指令目标的程序细则，并将必要的法律、规则和行政规定生效立即通知欧盟委员会。2005 年 8 月 13 日前，确保生产者提供为回收各环节所需的资金。2005 年 8 月 13 日后，投放市场的产品生产者有责任为自己产品的回收处理提供资金。

　　此外，随着 ELV 指令（废弃车辆指令）的推行，过去广泛应用于汽车中的汞开关和 G-传感器已禁止在汽车中使用，但汞在放电灯和仪表显示器中的应用被获准。

　　2010 年 9 月 25 日，欧盟委员会在其官方公报中发布了修订 RoHS 指令有关豁免内容的决议 2010/571/EU，本着促进科学和技术进步，鼓励企业采用环保、先进的技术投入产品制造的原则，对原有豁免协议的具体内容进行细化并约定了相关的有效期。

　　指令中对单端（紧凑型）荧光灯、通用照明双端线型荧光灯、特殊用途的冷阴极荧光灯及外部电极荧光灯（CCFL 和 EEFL）、普通照明用高压钠（蒸气）灯的具体规定分别见表 4-8、表 4-9、表 4-10 和表 4-11。对其他低压放电灯的规定为在 2011 年 12 月 31 日前无使用限制，2011 年 12 月 31 日后执行 15mg 标准。高压汞灯的豁免期至 2015 年 4 月 13 日。

表 4-8　单端（紧凑型）荧光灯含汞量限值

通用照明灯规格	执 行 期 限		
	至 2011. 12. 31	2011. 12. 31~2012. 12. 31	2012. 12. 31 后
功率<30W	≤5mg	≤3. 5mg	≤2. 5mg
30W≤功率<50W	≤5mg	≤3. 5mg	
50W≤功率<150W	≤5mg		
功率≥150W	≤15mg		
环型或方型，管径≤17mm	无限制	≤7mg	
特殊用途灯	≤5mg		

表 4-9　通用照明双端线型荧光灯含汞量限值

产品种类	规　格	执 行 期 限		
		至 2011. 12. 31	2011. 12. 31~2012. 12. 31	2012. 12. 31 后
三基色荧光粉灯	普通寿命，管径<9mm	≤5mg	≤4mg	
	普通寿命，9mm≤管径≤17mm	≤5mg	≤3mg	
	普通寿命，17mm<管径≤28mm	≤5mg	≤3. 5mg	
	普通寿命，管径>28mm	≤5mg		≤3. 5mg
	长寿命荧光粉灯（寿命≥25000h）	≤8mg	≤5mg	

产品种类	规　格	执行期限		
		至2011.12.31	2011.12.31~2012.12.31	2012.12.31后
其他荧光灯	线型卤粉灯，管径＞28mm	≤10mg，2012.4.13到期		
	非线型卤粉灯（所有直径）	≤15mg，2016.4.13到期		
	非线型三基色荧光粉灯，管径＞17mm	无限制	≤15mg	
	其他通用照明和特殊用途灯（如感应灯）	无限制	≤15mg	

表4-10　特殊用途的冷阴极荧光灯及外部电极荧光灯含汞量限值

规　格	执行期限	
	至2011.12.31	2011.12.31~2012.12.31
长度≤500mm	无限制	≤3.5mg
500mm＜长度≤1500mm	无限制	≤5mg
1500mm＜长度	无限制	≤13mg

表4-11　普通照明用高压钠（蒸气）灯含汞量限值

产品种类	规　格	执行期限	
		2011.12.31前	2011.12.31后
显色指数大于60	功率≤155W	无限制	≤30mg
	155W＜功率≤405W	无限制	≤40mg
	功率＞405W	无限制	≤40mg
其他通用照明	功率≤155W	无限制	≤25mg
	155W＜功率≤405W	无限制	≤30mg
	功率＞405W	无限制	≤40mg

4.3.1.4　电池

欧盟关于含有某些危险物质的电池和蓄电池指令91/157/EC于1991年3月发布。为了适应电池技术的发展，1999年1月欧盟委员会公布了指令98/101/EC。2008年9月26日，委员会针对电池、蓄电池以及废弃的电池和蓄电池，开始执行新《电池指令》（指令2006/66/EC），同时废止指令91/157/EC。旧指令只适用于含汞、铅或镉的电池，对扣式电池未加管制，而新指令就欧盟地区内电池及蓄电池的设计和处置进行了更严格的规定，监管所有电池及蓄电池的销售情况，用于安全或军事设备或太空设备的电池及蓄电池除外。新指令扩大了旧指令管理范畴，规定所有按质量计汞含量超过 0.0005% 的电池及蓄电池，不论是否与设备配套使用，均不能投放于市场，但汞含量按质量计不超过 2% 的扣式电池不在禁令范围。

《电池指令》对欧盟国家的电池回收及循环利用计划做出了规定，其中包括生产商对该计划的出资情况。生产商（小型生产商有豁免）须承担回收、处理及循环利用工业、汽车用便携电池与蓄电池的成本，须向公众说明出资安排及费用情况，各欧盟成员国应确保不会对生产商双重收费，因为部分生产商还须按照欧盟的 WEEE 及 ELV 指令负责出资。

新指令对产品标签作出规定。所有电池、蓄电池及电池组均须附有打上交叉的带轮垃圾桶标志（不论装有电池的电器是否也附有该标志）。若电池、蓄电池及电池组小于某尺寸，可把标志印于包装上；2009 年 9 月 26 日后，各类便携及汽车电池和蓄电池均须注明电容量；所有汞含量超过 0.0005%、镉含量超过 0.002%、铅含量超过 0.004% 的电池、蓄电池或扣式电池，须附注化学符号 Hg、Cd 及 Pb。

此外，新指令还规定成员国必须采取一切必要措施，促进并加强废物分类收集，防止电池和蓄电池混在未分类的城市垃圾中。指令规定废弃电池回收率在 2012 年 9 月 26 日要达到 25%，2016 年 9 月 26 日要达到 45%，在 2009 年 9 月 26 日之前，各成员国必须对所有收集上来的可识别的电池和蓄电池进行处理和再利用。然而，各成员国只能对收集的含镉电池和蓄电池进行处置，由于汞、铅重金属暂无回收技术，而将含汞和铅的电池进行填埋或地下囤积。

4.3.1.5　测量设备

欧洲议会及理事会于 2007 年 9 月 25 日通过了 2007/51/EC 指令，禁止在新生产的体温计和血压计等测量和控制设备中使用汞，并对关于市场上特殊含汞测量设备指令（76/769/EC）进行了修订。

2012 年 9 月 19 日，欧盟发布欧委会第 847/2012 号条例，该条例对 REACH 法规（1907/2006 号条例）附录XVII中现有的 18a（即汞限令）条进行修订。现行汞限令只禁止体温计和向公众销售的其他测量仪器使用汞，新条例要求 2014 年 4 月 10 日后禁止用于工业和专业（包括卫生保健）的含汞测量仪器在欧盟上市。条例限制的测量仪器包括气压计、湿度计、压力计、血压计、与体积计一起使用的应变仪、张力计、体温计和其他非电子温度计，但豁免了部分用途的产品。847/2012 号条例将 1907/2006 号条例附录XVII的第 4 条删除，并加入了下述 5~8 条：

第 5 条　2014 年 4 月 10 日后不得在市场上销售用于工业和专业用途的含汞测量设备。此类设备包括气压计、湿度计、压力计、血压计、与体积计一起使用的应变仪、张力计、体温计和其他非电子温度计。上述尚未加入但预计加入汞的测量设备也禁止在市场上销售。

第 6 条　第 5 条中的限制不适用于：

（a）用于以下场合的血压计：

（ⅰ）进行流行病学研究可继续使用到 2012 年 10 月 10 日；

（ⅱ）在无汞血压计临床验证研究中作为参考标准使用的；

（b）截止到 2017 年 10 月 10 日，根据标准要求进行测试的专用温度计；

（c）可用于校准铂电阻温度计的三相点汞电极。

第 7 条　2014 年 4 月 10 日后用于专业和工业用途的使用汞的测量设备不得在市场上销售：

（a）汞比重瓶；

（b）测定物质软化点的汞计量装置。

第 8 条　以上第 5 条和第 7 条的限制不适用于：

（a）截止到 2007 年 10 月 3 日，使用超过 50 年的测量设备；

（b）文化和历史的公众展览中的测量设备。

4.3.1.6　齿科汞合金

欧盟立法中并未明确规定齿科诊所的排水沟必须配置银汞合金分离器，但废弃物指令（75/442/EC）要求废物排放不得对人体健康和环境有害。关于齿科银汞合金废物的实际解释及办法在各成员国之间各不相同。目前，仅 3 个国家（挪威、瑞典、丹麦）禁止将汞合金用作牙齿填料，禁令已于 2008 年生效。

4.3.1.7　含汞废物的管理

有关含汞产品收集和处理处置的明确规定适用于含汞灯（WEEE 指令）、电池（电池指令）、汽车上的开关和灯（ELV 指令）以及电器和电子设备上的转换器、继电器和其他含汞部件（WEEE 指令）。每一种废物组分在欧洲废物目录中都有明确的条目。原则上，欧盟对这些废物的管理都能在详细条目中得到体现，见表 4 - 12。

表 4 - 12　废物组分及相关的社会立法和欧洲废物种类目录

废物组分	相关的社会立法		欧洲废物种类条目
	回收	处理	
产品废物			
含汞灯（包括电子电器设备中的灯）	WEEE 指令	危险废物指令	20 01 21 日光灯和其他含汞废物
含汞电池	电池指令	危险废物指令	16 06 03 含汞电池
碱电池中的汞	电池指令	危险废物指令	16 06 04 碱性电池（M）
银汞合金		危险废物指令	18 01 10 齿科保健的汞合金废物

废物组分	相关的社会立法		欧洲废物种类条目
	回收	处理	
产品废物			
测量和控制设备（不包括电子电器设备）		危险废物指令	20 01 21 日光灯管和其他含汞废物
车开关和灯中的汞	ELV 指令	危险废物指令	16 01 08 不同运输方式的报废车辆中含汞成分（M）
汞转换器、继电器、恒温器等	WEEE 指令	危险废物指令	20 01 21 日光灯管和其他含汞废物
实验室化学物质		危险废物指令	16 05 06 组成或含有危险物质的化学物品，包括化学物品混合物（M）
其他用途		危险废物指令	20 01 21 日光灯管和其他含汞废物 16 02 13 含有害物质的废旧设备
废物管理/焚烧厂			
焚烧（汞合金）	大气排放	危险废物指令	10 14 01 含汞焚烧厂气体净化的废物
垃圾焚烧（电池、温度计、灯等）	废弃物框架指令	危险废物指令	19 01 05 废物管理设施中气体处理后的滤渣 19 01 10 烟气处理后的失效活性炭
工艺废料			
氯碱厂的汞废物		危险废物指令	06 07 02 氯制备过程中的活性炭（M） 06 07 99 氯制备过程中的其他废物（M）
碱性工业废水中的汞		废水指令	06 05 02 无机化处理现场污水所产生的淤泥（M）
制药工业废水中汞		废水指令	07 05 11 制药废水处理时产生的淤泥（M）
精细化工品生产废水中的汞		废水指令	07 07 11 精细化工废水处理时产生的淤泥（M）
聚氨酯弹性体生产废料中的汞		危险废物指令	07 02 08 聚合物和橡胶工业在反应和蒸馏过程中的无卤素残渣（M）
化学合成物生产中的汞废料		危险废物指令	06 04 04 无机化学品生产中含汞废料（M）
金属处理过程中的汞废料		危险废物指令	11 01 16 饱和或失效离子交换树脂-金属处理（M）
处理废气过程中排出的汞		危险废物指令	19 01 05 气体处理后的滤渣（M）
处理排气装置和废气过程中产生的汞		危险废物指令	19 01 10 废/烟气处理中的活性炭（M）

废物组分	相关的社会立法		欧洲废物种类条目
	回收	处理	
副产品和其他废料			
气体中的自然污染物汞		危险废物指令	05 07 01 天然气净化和传输中的含汞废料（M）
吸附在天然气纯净催化剂上的汞		危险废物指令	16 08 07 使用天然气净化催化剂（M）
冶金反应过程中产生的含汞废弃物，包括生产锌的过程中产生的汞 – 硒废弃物（1）		危险废物指令	06 04 04 含汞废物除了在盐及盐溶液和金属氧化物的生产、配方、供给和使用（简称 MFSU）过程中产生，还包括含金属的废弃物（M）
生产锌的过程中产生的汞 – 硒废弃物（2）		危险废物指令	06 03 13 含有重金属的固盐及盐溶液的 MFSU（M）
炼锌过程中产生的氯化亚汞		危险废物指令	10.05 99 熔炼废弃物——锌（氯化亚汞）
炼铅过程中产生的汞废弃物		危险废物指令	10 04 99 熔炼废弃物——铅（M）
炼铜过程中产生的汞废弃物		危险废物指令	10 06 99 熔炼废弃物——铜（M）
被汞污染的建筑原料		危险废物指令	17 09 01 建筑和拆毁产生的含汞废弃物（M）

注：（M）指有害物质超出临界浓度的危险废物。

4.3.1.8 饮用水和食品

指令 98/83/EEC 号规定了饮用水中最大允许汞浓度限值为 $1\mu g/L$。欧洲食品安全局（EFSA）在对食物中汞的危害调查中发现，人们日常食用的鱼类及水产品，尤其是大型掠食性鱼类，体内汞含量达到甚至超过了安全标准。委员会根据安全局的意见，将重新审查风险管理内容，欧盟法规第 466/2001 条款中规定了水产品中汞含量的最大限值。2001/22/EC 号指令确定了食品中铅、钙、汞以及 3 – MCPD 的采样方法和分析方法。

4.3.1.9 水的点源污染

指令 76/464/EEC 是关于向欧盟水环境中排放某些危险物质引起污染的规定。指令 82/176/EEC 是关于氯碱电解工业中汞排放限值和质量目标的规定。指令 84/156/EEC 是关于除氯碱电解工业之外的其他行业的汞排放限值和质量目标的规定。指令 76/464/EEC 规定成员国应当采取适当的措施减少包括汞及其化合物在内的有害物质对内陆水体、领土以及内海的污染。指令 2000/60/EC 将上述指令整合在一起，建立了一个欧盟的法律框架，提出了包括优先控制污染物名单在内的物质检测，即对水环境有显著风险的物质，并要求通过两种水平的控制手段，即缩减排放和停止排放，在 2015 年前找到合适的手段淘汰。最新确定的优先有害物质名单中包括汞，即欧盟决定在 2015 年前停止向水环境中排放汞。

4.3.1.10　职业安全与健康

指令 98/24/EC 是关于保护从事化学试剂相关工作的工人健康和安全的规定，为防止工人由于接触车间内化学试剂而导致的健康和安全风险升高，指令提出了相关要求。该指令框架包括汞及其化合物在内的有害物质，成员国必须在 2001 年 5 月 1 日前执行该指令。

4.3.2　美国

美国汞污染控制的相关法律、法规体系比较完善，涉及专门立法、相关管理条例和标准、汞的使用、生产和出口管理、含汞产品的回收和替代产品的推广、汞点源排放控制措施和排放标准、水和空气质量中的汞浓度标准等方面。

4.3.2.1　单质汞

出于对环境问题的考虑，美国政府已于 1994 年禁止了单质汞的国内销售，2006 年决定将美国储存的剩余汞集合到内华达州的一个统一地点储存，其中包括美国国防后勤局名下的 4436t 库存汞以及美国能源部（DOE）持有的 1306t 库存汞。2008 年 10 月 14 日，奥巴马总统签署了《禁止汞出口法案》（MEBA）。法案针对汞出口和长期管理和储存等方面做出了规定。由于美国被列入世界汞出口大国之一，此法案的修订将使全球市场上的汞数量有明显的减少。伴随着汞的使用，工人的职业安全和向环境的排放等问题日趋严重。基于以上考虑，美国环保署（USEPA）向联合国工业发展组织（UNIDO）的全球汞项目中的小规模采矿业提供专家意见，通过最佳管理实践减少职业暴露/排放以及汞的使用。禁令法案的主要规定如下：

（1）美国联邦部门禁止在管控地区运输、出售或分销元素汞，元素汞需由能源部和国防部所储存。

（2）美国 2013 年 1 月 1 日禁止出口元素汞。

（3）美国能源部应当设定一项或多项设施对美国生产的元素汞进行长期管理和储存。实施期限不晚于 2010 年 1 月 1 日。

任何美国公民均可向环保局提出元素汞出口禁令的豁免。通过公告与意见征求，在经认定的国外工厂有特殊用途的出口豁免满足下面条件时，环保局按照规定予以批准：

（1）工厂所在的国家未指定使用无汞替代品。

（2）元素汞的使用国家当地供应不存在其他元素汞的来源（新汞矿除外）。

（3）元素汞的使用国家确保支持此豁免。

（4）所进行的出口必须以某种方式进行操作，确保元素汞在指定工厂使用，而并非因任何其他原因挪用。

（5）元素汞的使用方式应保护人类健康与环境，同时考虑当地、区域和全球的人类健康与环境影响。

（6）特殊用途的单质汞的出口，要与美国的国际责任相一致，旨在减少全球汞供应、使用和污染。

4.3.2.2 氯碱工业

20世纪90年代中期，美国约有14家工厂采用汞电解槽工艺，至2008年，仅有5家在运营。针对现有工厂，美国颁布实施了排放标准（MACT规定），要求对通风口进行控制并对排放设限，并要求制定相对严格的工作操作标准或车间监管计划，达到车间汞排放最小化。

1995~2005年，氯碱行业的汞使用量已由约160t降为10t，降幅为94%。1990~2002年的汞排放则由10t左右减至约5t。2008年5月，USEPA完成氯碱生产使用汞电解槽技术的汞排放研究，研究结果表明，平均每个设备每年约排放0.2t汞。USEPA建议采用汞电解槽技术的生产商，进一步采取处置措施减少汞的排放。

4.3.2.3 电器（照明电器、开关）

鼓励使用无汞替代品。2008年11月USEPA根据化学品评估和管理计划（ChAMP），发布含汞产品初步评估报告，并认为开关、继电器、扣式电池、非热温度计和测量设备产品中并非必须含汞。基于这一评估，USEPA决定"高度重视，特别关注"这些产品中的汞，并计划迅速采取管制和自愿行动，以鼓励使用无汞替代品，减少产品中汞的使用。

2007年10月，USEPA发布了显著新用途通报规则（SNUR），使用单质汞生产方便电源开关、防抱死制动系统（ABS）开关等的生产商、进口商或加工商，需要提前90d向有关部门通报。

4.3.2.4 电池

1996年，美国国会通过了《含汞及可充电池管理法案》，规定了制造电池的汞含量限值，将逐步淘汰电池中汞的使用，并鼓励收集、回收和处置废弃的可充电池，并对以下类型的电池进行有效且具有成本效益的处置：废旧镍镉（Ni-

Cd）电池、废旧小型密封铅酸电池（SSLA）和其他管制电池。同时禁止或限制特定类型的含汞电池在美国销售，具体内容包括：禁止销售除含汞量不足 25mg 的微型扣式电池以外的所有含汞碱锰电池；禁止销售专门添加汞的锌–碳电池；禁止销售含氧化汞的微型扣式电池；禁止销售其他氧化汞电池（除非制造商遵守最严格规定向采购商提供关于该电池循环利用和适当处置的信息）。

该法案适用于电池产品制造商、电池废物处理以及某些电池和产品的进口商和零售商。目前美国广泛使用无汞锌–空气微型扣式电池，主要制造商已能够生产氧化银和碱锰微型扣式电池的无汞替代品。

2006 年 3 月，美国电气制造商协会（NEMA）发表了如下声明："美国电池行业承诺在 2011 年 6 月 30 日之前停止在微型扣式电池中使用汞"。当时的 NEMA 成员包括一些干电池制造商如金霸王公司、伊斯门·柯达公司、劲量控股有限公司、松下（美国）电池公司、美国雷特威公司、Renata SA 公司、SAFT 美国公司、Wilson Greatbatch 有限公司等。另外，为了让制造商有足够的时间开发可用于绝大多数使用环境的无汞微型扣式电池，缅因州和康涅狄格州还通过了一项关于在 2011 年 6 月前禁止销售含汞微型电池的法律。

4.3.2.5 测量设备

美国有些州已禁止销售汞温度计。在"健康环境医院（H2E）计划"的推动下，绝大多数医院开始使用无汞体温计和血压计。一份研究报告称，2002 年自动调温器的无汞替代品占北美市场的 84%。一些州已经禁止销售汞自动调温器，而其他州则建议以立法的形式逐步禁止销售汞自动调温器。USEPA、各州和一些非政府组织正在积极鼓励人们使用无汞的数字式自动调温器替代品。

2010 年 6 月，USEPA 发布了单质汞在流量计、天然气压力计和高温计中显著新用途规则（SNUR），美国使用单质汞生产流量计、天然气压力计和高温计的生产商、进口商或加工商，需提前 90d 向有关机构通报。

4.3.2.6 齿科汞合金

美国目前对使用齿科汞合金产生的直接影响尚有争议。美国牙医学会科学事务委员会认为，齿科汞合金和复合树脂是安全、有效的牙齿修复材料。美国国立卫生研究院（NIH）称，汞合金填料不会对人体健康构成危险，并未指明应更换为非汞齐填料。目前，美国食品药品管理局（FDA）正考虑对齿科汞合金列明要求，并审查有关安全使用的证据，尤其是针对敏感人群的使用。

4.3.2.7 含汞废物

资源保护与回收法（RCRA）要求 USEPA 对危险废物进行管理，包括汞废物的产生、储存、运输直至最终处理处置。USEPA 制定了处置和回收标准，但可以对特定的含汞废物进行豁免，如少量的含汞危险生活垃圾。法案同时规定了含汞危险废物的排放限值。为了减少城市固体垃圾中危险物品的数量，促进或方便一些常规危险物品的回收和安全处理，环保局制定了普通废物垃圾管理办法（UWR），详细作出了有关责任、标识、储存时间、运输、出口、注册、雇员培训、货单管理制度等方面的规定。普通废物垃圾包括含汞灯、电池、自动调温器以及农药等。

美国含汞废物的管理条例主要有危险废物鉴别条例（40 CFR 261）、通用废物规章（40 CFR 273）、土地处置限令（LDR）（40 CFR 268）、固体废物焚烧规则（第 129 节）。其中，危险废物鉴别条例（40 CFR 261）中的危险固体废物的分类依据是危险废物特性和/或 USEPA 制定的危险废物名单；通用废物规章（40 CFR 273）要求收集某些废物，其中包括含汞电池、农药、灯和恒温器；土地处置限令（LDR）（40 CFR 268）要求建立含汞危险废物废弃前处置标准，以尽可能减少危险废物土地处置危害；固体废物焚烧规则（第 129 节）针对以下设施制定了大气排放法规：大型及小型市政废物燃烧炉、医药和传染性废物焚化炉、商业及工厂固体废物焚化炉和其他固废焚化炉（例如小型市政废物燃烧炉、公共废物焚化炉等）。

此外，还制定了市政废物焚烧厂、医疗废物焚烧炉和危险废物焚烧炉的汞排放限值；正在准备危险废物燃烧源的有毒气体减排规定草案，旨在减少包括汞在内的有毒气体的排放，其中的五大危险废物燃烧源分别为焚化炉、水泥窑、轻集料窑、锅炉、盐酸生产炉。

4.3.2.8　食品和饮用水

美国食品药品管理局（FDA）规定了食品、药品以及化妆品中的汞含量以及鱼、贝和其他水生生物体内甲基汞的含量。饮用水中的汞污染物可能来自于自然界的汞沉积，冶炼厂或工厂的排放，或者垃圾填埋场和农田的溢流。1974年 USEPA 颁布了安全饮用水法（SDWA），规定了饮用水、瓶装水和地下水的汞限值标准，目的是为了保证从公共供水系统接收的饮用水水质有利于公众健康，其中，饮用水中无机汞的最大污染物浓度和最大污染物浓度指标值均为 $0.002\,mg/L$。

4.3.2.9　汞排放的点源污染

汞在清洁水法（CWA）中被列入有毒物质清单，该项规定针对河流、湖泊以及湿地制定了水质量标准，在保护人类、鱼、野生生物健康的前提下，确定了包括汞在内的污染物级别。法案覆盖了大量的点污染源，包括氯碱工业、蒸汽发电企业和电池制造企业等。根据规定，各州采纳河流、小溪、湖泊和湿地的水质标准，在无许可证的条件下，任何人不得向水域排放包括汞在内的污染物。USEPA 或各州环保局有权签发符合限制标准的排放许可证，以确保水质符合标准要求。同时有义务警告市民食用鱼类存在摄取甲基汞的风险。

清洁空气法（CAA）中有包括汞在内的 188 种有毒气体，也被称为"危险大气污染物"。该法规定美国环保局应为这些有毒气体的特定排放源建立排放标准。所涉及的排放源应具备清洁空气法规定的运行许可资格，并且遵循所有适用的排放标准。法案包括针对工厂有毒气体排放的特殊条款，明确了 USEPA 制定"性能标准"或"最佳可行性技术（MACT）"的权利。2005 年 3 月 15 日，USEPA 发布了清洁空气汞法规（CAMR），建立了性能标准与汞排放总量上限。USEPA 在此条例中首次对燃煤电厂的汞排放制定了相应的标准。

2010 年 8 月 9 日，USEPA 发布了硅酸盐水泥厂汞及其他有毒物质排放限值的最终规定，2010 年 9 月 9 日在联邦公告上出版。此规定对以下标准做了增改：主要源和区域源的新建和已有窑炉的汞、碳氢化合物总量（THC）和颗粒物（PM）的排放标准，主要源的新建和已有窑炉的氯化氢（HCl）排放标准。同样对 2009 年 5 月 6 日后新建、改建或重建的新窑炉的排放标准做了相关规定。

2007 年 12 月 28 日，USEPA 发布了针对电弧炉炼钢厂的有害气体污染物国家排放标准（NESHAP）。在实施有害气体污染物最佳可行性技术或管理实践的基础上，建立汞排放的控制要求。美国国家环境委员会的汞核心小组会议制定了情况说明书，介绍了针对汞排放控制，以及此法规的应用方法。

2004 年 4 月 22 日，USEPA 发布了钢铁厂排放控制法规，以污染防治为基础，在生产过程中制定排放限值，从而降低炉内装料以及烧结等空气污染物的排放。

2003 年 12 月 19 日，USEPA 出台减少氯碱行业含汞电极的有毒气体污染的最终规定。

关于工业、商业和公共锅炉及生产过程加热炉有毒气体减排的最终规定，旨在从工厂、商业、公共锅炉和生产过程加热炉中减少包括汞在内的有毒气体污染物的排放，针对新建或已有大型固体燃料锅炉的排气烟囱等有毒气体排放源，制定了排放限值。

4.3.2.10　环境质量标准

USEPA 陆续颁布并实施了大气汞暴露标准、海水和淡水的汞急性和慢性暴露标准及水和水生生物摄入标准、五大湖系统的汞水质标准和水生生物暴露标准等。

在 1995 年的五大湖区水质指南最终规定（Final Rule – Water Quality Guidance for the Great Lake Systems, Great Lakes Initiative）中，USEPA 和五大湖所在

州达成协议，制订一个综合计划以恢复湖区水质安全。为制定 29 种污染物的水质标准，美国各州设定了所依据的总体标准，并禁止在交界区域使用这些有毒化学物质等。USEPA 出版了废水、饮用水、沉积物和其他环境样品的成分分析办法，供工厂和商业机构使用，依据清洁水法案和安全饮用水法案的相关要求收集信息及数据。

在大湖流域，州政府为实施大湖系统的指南，基于人类健康制定的汞浓度标准为 3.1ng/L，基于对食鱼野生动物的保护制定的汞浓度标准为 1.3ng/L。此标准是目前世界上最为严格的关于汞的地表水排放标准。

4.3.2.11　其他

联邦杀虫剂法（FIFRA）和联邦食品、药品和化妆品法（FFDCA）禁止在产品中使用汞。对于职业安全与健康的管理，职业安全与健康管理局（OSHA）制定了作业场所汞的环境和暴露标准。

4.3.3　日本

日本由于水俣病的危害对汞的管理比较重视，管理体系也比较完善，与汞相关的标准和法规见表 4 – 13 和表 4 – 14。

表 4 – 13　汞相关的标准和法规

法 规 名 称	限　值
空气污染的环境质量标准	不允许超过 40ng/m³
地表水环境质量标准	总汞：低于 0.0005mg/L；烷基汞：不得检出
水污染控制法（排水）	总汞：低于 0.005 mg/L；烷基汞：不得检出
地下水污染的环境质量标准	总汞：低于 0.0005 mg/L；烷基汞：不得检出
土壤污染的环境质量标准	总汞：低于 0.0005 mg/L（测试液体中）；烷基汞：不得检出

表 4 – 14　其他标准或法规

名　称	限　值
有关淤泥清除的临时调整标准	以水俣湾为例：淤泥汞的总含量超过 25mg/kg（折干计算）则应采取挖掘和填埋的方式清除
食品卫生法	有关鱼和甲壳类的临时调整标准，总汞：0.4mg/kg，甲基汞 0 ~ 3mg/kg
水供应法	总汞：低于 0.0005 mg/L；烷基汞：不得检出
工业安全与健康法（工作场所室内空气标准）	烷基汞：0.01mg/m³ 汞和无机汞（硫化汞除外）：0.05 mg/m³
家用产品中有害物质控制法	有机汞：不得检出

（1）环境质量和污染控制标准。颁布实施了水供应法，其中规定了饮用水的总汞及烷基汞的限值标准以及水环境和地下水环境的限值标准；颁布实施了水污染控制法，规定了总汞及烷基汞的排放标准；制定并实施了土壤环境中总汞及烷基汞和沉积物中总汞的限值标准。

（2）食品标准。通过食品卫生法，规定了鱼和甲壳类动物的总汞限值为0.4mg/kg，总甲基汞限值以汞计为0.3mg/kg。但此规定值不适用于金枪鱼类的金枪鱼、旗鱼及鲣鱼，不包括内河水域江河产的鱼贝类以及湖泊产的鱼贝类、深海鱼贝类、丁斑鱼类、金眼鲷、裸盖鱼、日本雪怪蟹、越中蚬贝及鲨类等。

（3）点源污染。颁布实施了关于控制水、气和土壤不同环境介质的法律法规，制定了汞在污水中的排放标准；规定控制金属开采和生产向水和大气中的排放。此外，禁止氯碱行业使用汞，禁止生产氧化汞电池。

（4）含汞产品。规定涂料中不允许含有有机汞；有害物质控制法规定家用产品中不允许检出有机汞化合物；规定杀虫剂包括种子萌发剂中不得含有汞；禁止在一次电池中使用汞。2001年7月，日本通产省根据"建设循环型社会基本法"和相关的"资源有效利用促进法"，将废荧光灯管正式列入回收利用产品导则的对象，并实施考核再生利用率，以促进各企业积极开发再生利用技术和增加处理能力，并使再生利用率由10%提高到2003年的30%。

（5）职业安全与健康。颁布实施了工业安全卫生法，其中的室内工作车间大气标准规定了烷基汞化合物、汞和无机汞化合物（硫化汞除外）的限值标准。

4.3.4 除欧盟立法外的成员国立法

由于人口密度、区域面积、文化等方面的差异，基于技术和政治方面的考虑，欧盟许多成员国的立法已经超越了目前的欧盟法规。

4.3.4.1 挪威

挪威是世界上在含汞产品立法方面最激进的国家。《No.922号法令－有关限制使用危害健康和环境的化学品及其他产品的修订条例（产品法规）》于2008年1月1日开始生效。该法全面禁止汞和汞化合物的生产、进出口、销售和使用，只有少数产品的豁免期到2010年12月31日。

立法范围：全面禁止质量浓度高于0.001%（10mg/kg）的汞和汞化合物的生产、进出口、销售和使用。禁令不适用于受欧盟指令管制的包装产品、电池、车辆中组件和电器、电子设备，也不适用于含汞的天然煤炭、矿石和精矿。

豁免范围：硫柳汞疫苗；齿科治疗使用的银汞合金，当病人必须在全身麻醉下处理或是对其他齿科填料成分有过敏的情况；电气分解自动记录针等产品焊接设备的连接材料。

4.3.4.2 丹麦

丹麦于2003年7月1日实施了《No. 627号法令 – 关于禁止汞和含汞产品的进口、销售和出口》。

具体立法范围包括：全面禁止进口、出口和销售浓度高于100mg/kg的汞和含汞产品，但不适用于含汞杂质的天然煤以及受其他法规控制的产品（豁免产品列于法规附件中）等情形，包括特殊用途的温度计、特殊光源（气体放电灯、节能灯）、压力表、气压计等13类含汞产品也被允许进口、销售和出口。具体产品种类包括：

（1）补牙用齿科产品；

（2）商业中特定的用途：满足EN119000标准的汞 – 湿法薄膜开关和继电器、数据和电信、过程控制、PLC远程控制的能源供应、电气测试系统；

（3）特殊用途的温度计：用于校准其他温度计和分析仪器；

（4）特殊光源：气体放电灯、节能灯，用于分析和图像操作；

（5）用于铁路线安全设施的闪光元件；

（6）校准用压力表；

（7）校准用气压计；

（8）特殊应用的电极：光谱分析、电位分析、甘汞电极；

（9）特殊用途的含汞化学品：用于分析试剂原料、分析试剂、标准试剂，用于实验室使用的淀粉保存、同位素稀释试验、催化剂；

（10）用于科学研究的产品，包括牙齿科学研究；

（11）用于教学的产品；

（12）用于飞行器的重要用途的产品；

（13）现有含汞的设备产品的维修。

4.3.4.3 荷兰

荷兰于1998年9月9日发布第553号令，其中包括有关含汞产品的法令公告。

立法范围包括：全面禁止生产和进口含汞产品，2000年1月1日起生效。

豁免内容：自动调温器以及专用于加热恒温的汞开关；用于动物行动表的汞开关；含汞气压计豁免到2005年1月1日。

以下产品在2003年1月1日后全面禁止使用，禁止基于贸易或生产用途的持有和使用（2006年1月1日后禁止使用气压计）：

（1）用于测量土壤或其他多孔固体的空气空间体积的比重瓶或孔隙率计；

（2）用于测量液体中颗粒的取样设备；

（3）用于低流速流量计的校准用测量仪表；

（4）用于确定化学需氧量的设备；

（5）McLeod 压缩压力计，用于测量低于 20kPa 的绝对压强；

（6）半导体测试系统及专门用于该系统的各组件最大含汞量不超过 0.15g 的汞继电器；

（7）汞温度计，校准用精确分析测试；

（8）气体放电灯，以下产品除外：含汞量大于 10mg 的用于综合用途的照明荧光灯，含汞量超过 10mg 的单端非环形荧光灯，含汞量大于 20mg 的双端直管荧光灯；

（9）用于航空的产品，其中汞的使用符合民航法规定；与航空用途直接相关的含汞产品，汞的使用必须通过交通和公共工程部的认可。

荷兰的法律还规定，不允许填埋含有汞的测量或控制设备（如温度计）以及单独收集的电池，不允许填埋其他含汞的废物和"副产品"，但允许以深度填埋处理为目的的废物出口。

国家废物管理计划规定了废物处理标准，经许可使用的废物处理设施应实行"最低标准"。含汞废物处理的"最低标准"是将废物中的汞分离，并回收金属、玻璃等组分。不允许混有超过千万分之一的含汞废物用作燃料或以其他方式制造能源。

4.3.4.4 瑞典

瑞典于 1998 年发布了关于禁止在某些情况下处理、进口和出口化工产品等的第 944 条例。其中包括：全面禁止商业出口汞及含汞化合物和制剂；禁止生产、销售和出口下列含汞产品：临床医用体温计、其他温度计、水平开关、压力开关、恒温器、继电器、断路器和电动接触开关、除上述产品外的测量仪器。条例豁免多孔计、特殊应用的应变仪等测量仪器。条例还规定禁止的含汞产品不得从非欧盟成员国进口，但于 1995 年 1 月 1 日前已在瑞典使用的产品还可继续使用。

近年来瑞典拟颁布一项全面禁令，其中包括禁止含汞产品的销售和汞的使用，例如齿科银汞合金和化学试剂，但对于扣式电池、荧光灯以及一些特定应用提出了豁免。2007 年 12 月，瑞典政府通告欧盟委员会，拟在短期内执行这项禁令，但决议尚未被采纳，禁令已推迟实施。

瑞典还在 2001 年发布了关于含汞废物的第 1063 号条例，要求自 2005 年 8 月 1 日起，按质量计算汞含量超过 0.1% 的废物，必须最迟于 2015 年实行永久性地下储存，禁止以任何其他方式来处置这类废物。但由于特殊原因或废物的数量太少，导致该处理方法不合理，因此从 2010 年起瑞典环保局可能会发布一些豁免规定。此外，瑞典对于单质汞的存储要求也在研究和评估中，考虑汞在进行长久贮存前实施硫化等固化处理。

4.3.4.5 其他成员国

在奥地利，垃圾填埋对含汞废物实施限制：汞限值介于 1～20mg/kg 之间（例外：若为汞的硫化物或固化处理，含汞上限值为 3000mg/kg），任何其他含汞废物必须进行无害处置或实施地下储存。对含汞废物的焚烧实行限制，根据奥地利废物焚烧条例，垃圾焚烧电厂的汞排放量限制为 $0.05mg/m^3$（半小时均值和日均值），此限值也适用于其他垃圾焚烧厂、水泥厂和燃烧设备。废弃的含汞产品（温度计、电子设备、电池、日光灯管等）被定为危险废物，需单独收集，对于家庭产生的这类废物，市政当局提供特殊的免费收集体系。奥地利针对齿科汞合金回收制度是强制性的，由专门的公司回收银和汞。

在芬兰，对拟填埋的含汞废物有处置要求。规定废物汞含量小于 40mg/kg，可存放于工业废物存放区；废物汞含量大于 40mg/kg，必须存放在特别的危险废物存放区。所有含汞废物在进入垃圾填埋场前，需中和或处理至可利于控制的硫化物，以尽量减少排放。

在英国，废物装运条例（WSR）禁止出口任何废物用于处置目的（除向欧洲自由贸易联盟）；危险废物管制中废弃的银汞合金被列为危险废物，鼓励分开收集银汞合金，并鼓励牙医使用无汞替代品。

4.3.5 亚洲其他国家

新加坡对中药材的制造、进出口和销售均有限制。在药物法令、毒药法令和药物售卖法令中，要求中药材中汞含量不超过 0.5mg/kg。

印度重视氯碱工业的汞污染防治，据称，印度厂商已与政府达成了自愿协议，同意在 2012 年之前关闭现存的汞电解槽氯碱工厂或转换为无汞工艺。

4.3.6 拉美地区汞问题领域及管理情况

拉美地区汞问题领域及管理情况如下：

（1）电池。巴西自 1999 年开始对电池实施管制。锌锰电池汞含量最大限值为 0.010%，而单只微型扣式电池内允许的最大汞浓度为 25mg。2007 年 1 月，阿根廷出台针对扣式电池和其他电池的禁止和认证要求，禁止进口、生产、组装汞含量在 0.0005% 以上的电池；进口电池必须提供相关证明。

（2）测量设备（温度计和血压计）。2008 年 12 月，阿根廷为减少汞对环境的污染以及对患者的危害，禁止生产和进口含汞体温计。

（3）照明灯具。2008 年 3 月，巴西国家环境委员会（CONAMA）设立了工作组，以探讨旨在减少灯具汞含量的监管办法和管理废弃汞的办法。

（4）其他。2007 年 9 月，秘鲁公布了禁止和处罚生产、进口、批发、经销有毒或危险玩具和文具的处罚条例。其中要求任何玩具中使用的物质中汞含量不超过 60mg/kg，制作模具的黏土内的汞含量不能超过 25mg/kg。

5 我国汞的供需与排放

5.1 汞供应来源

5.1.1 汞矿开采

5.1.1.1 我国汞矿资源特点

我国是世界上汞矿资源比较丰富的国家之一，总保有储量汞约 8.14 万吨，居世界第三位。

从已知汞矿床（点）分布来看，中国多数矿床的成矿时代主要在中生代晚期。据《中国内生金属成矿图说明书》（1987）统计，汞矿成矿期燕山期占91%，滇西、西藏、台湾等地也有喜马拉雅期的矿化存在。按分布空间看，主要有四个成矿区带：

（1）上扬子成矿区。已知汞矿床主要分布在扬子准地台中西部，即黔东北、川东南、湘西和黔中、黔西南地区，这些地区是我国探明汞储量最多的成矿区，占全国汞储量的 75% 以上。

（2）昆仑—秦岭成矿带。已知矿床分布在昆仑—秦岭地槽褶皱区中段南缘，主要在陕西、甘肃、青海三省南部，目前在陕南和青南已探明有特大型和大型汞矿床，是一个很有远景的成矿带。

（3）三江成矿区。已知矿床分布在滇藏地槽褶皱区东南段，主要在川西和滇西。现已探明了几个大中型矿床，是较有远景的成矿区之一。

（4）华南成矿区。华南成矿区是一个以汞、锑、金矿为主的多种金属成矿区，主要分布在华南褶皱系中西部，即广西、广东、湘东地区。目前已发现并勘查的多为中、小型矿床和矿点。

中国汞矿资源有以下主要特点：

（1）矿产地和储量分布高度集中。全国汞矿产地密集于川、黔、湘三省交界的地区，其中贵州省最多，其储量为全国总储量的 40%，约 3.2 万吨，其次是陕西和四川，以上三省占全国总储量的 74%。截至 2009 年底，我国汞矿 115处（矿区数），汞金属基础储量 19879t（其中储量 11369t），资源量 59602t，共计查明汞矿资源储量 79481t，比 2008 年新增 81.3t。汞矿储量分布在 13 个省区，按照省份划分，贵州省、陕西省、重庆市汞资源较集中，汞矿储量占全国的比例分别为 62% 、26% 和 11% 。

（2）单汞矿床为主，伴生矿为辅。中国的汞矿组成主要以单汞矿床为主，与其他矿床共伴生的储量也有一定比例。据统计，共伴生汞储量约占全国保有汞储量的 20% 左右，主要共伴生在铅锌矿床、锑汞矿床中，部分伴生矿中的汞储量已达到大型矿床规模，如广东凡口铅锌矿床的伴生汞矿有 3000t，陕西凤县铅硐山铅锌矿床伴生汞 1069t，旬阳青铜沟汞锑矿床共生汞 7257t，旬阳公馆汞锑矿床（南矿段）共生汞 5895t。虽然共伴生汞矿储量可观，但由于选冶分离技术尚未成熟，因此一些矿床对这部分汞矿资源也未实现充分利用或综合回收。

（3）汞矿石平均品位较高，但品位分布不均衡。我国汞矿床按国家标准，矿石边界品位为 0.04% ，工业品位为 0.08% ~ 0.10% 。现据我国已知 115 处汞矿床资料统计，我国汞矿床矿石平均品位为 0.262% ，其中独立汞矿床的矿石平均品位为 0.274% ，伴生矿床为 0.077% 。我国汞矿床矿石平均品位比较高，一般达到中等以上的富矿，特别是我国汞矿较集中的省，如陕西（0.301%）、湖南（0.305%）、贵州（0.275%）、广西（0.309%）等省，矿床矿石平均品位都在 0.25% 以上，但是汞矿床矿石品位分布十分不均衡，通常产于碳酸盐岩层中的汞矿床其矿石平均品位比产于火山岩或岩浆岩中矿石平均品位高，前者一般为 0.2% ，如浙江王岩山（0.17%），而后者多在 0.1% ~ 0.09% ，如吉林迎风沟（0.099%）。在同一矿床中从顶、底部至中心，或沿走向和倾向矿石品位变化也比较大，但从总体趋向看，越向深部矿石品位也越低。

（4）矿石工业类虽多，但以单汞型为主。我国汞矿石工业类型有单汞、汞锑、汞金、汞硒、汞铀以及汞多金属等类型，其中以单汞型矿石为主。单汞型矿易采易选易炼，工艺流程简单，因此将其作为主要开采对象，且大部分企业为采—选或采—选—冶联合企业。

5.1.1.2　汞矿资源储量

以 1999 年 12 月 1 日为界，中国矿产储量的分类划分为两个阶段。

第一阶段是按照地质矿产部 1977 年颁布的《固体矿产地质勘探规范总则》（1993 年由全国矿产储量委员会进一步修改）进行分类。探明储量为：已经查明，并已知在当前的需求、价格和技术条件下具有经济开采价值的矿产资源储量，按勘探和研究程度分为 A、B、C、D 四个级别：A 级储量供矿山编制采掘计划用，一般由矿山生产部门勘探；B 级储量是地质勘探阶段取得的高级储量，分布于矿山建设的首采地段；C 级储量是矿山设计的依据，其勘探工程密度较 B 级储量控制稀疏；D 级储量是由稀疏探矿工程控制，大致查明矿体规模、形态和分布范围，作为今后扩大矿山规模和延长矿山服务年限的依据，只能作为矿山远景规划或进一步勘探的依据。保有储量为探明储量扣除已开采部分和地下损失量后的实有储量。

第二阶段是按照 1999 年颁布的《固体矿产资源/储量分类》（GB/T 17766—1999）进行的分类。为与国际接轨，从 1999 年开始，中国对矿产储量的划分进行了配套改革，套改后的矿产资源储量分为基础储量、资源量和储量 3 类。基础储量是当前技术经济条件下可经济利用的地下埋藏量；资源量是经济可利用性差或经济意义未确定的地下埋藏量；储量是基础储量中扣除各种损失后可以经济采出的部分。储量套改虽然没有改变保有矿产资源储量的总量，但矿产资源储量结构发生了重大变化，更多地考虑了经济可利用性。

由 2000 年套改前后，储量统计类型不同，将统计数据分为 1980～2000 年和 2001～2006 年两部分。

根据 1999 年资料，截至 1996 年底已探明储量的矿区有 103 处，分布于 12 个省区。累计探明汞储量（金属，下同）14.38 万吨，其中 A＋B＋C 级 2.1 万吨（1995 年），截至 1996 年底保有储量 8.14 万吨，其中 A＋B＋C 级 2.03 万吨。

表 5-1 结果显示，自 1980～1996 年，因新探明汞矿储量的增加和年开采能力的变化，A＋B＋C 级储量有增有减，但 D 级储量呈增长趋势，受 D 级储量增长的影响，总储量整体呈上升趋势。从 1996～2000 年，A＋B＋C 级、D 级以及总储量均呈下降趋势，其中 A＋B＋C 级储量 2000 年比 1996 年下降了 688t，D级储量下降了 716t，说明在 A＋B＋C 级储量被开采利用的同时，D 级储量也不同程度地得到开采和利用。如果以 1995 年 A＋B＋C 级储量与世界汞基础储量相比，中国仅低于西班牙（9 万吨，基础储量）和意大利（6.9 万吨，储量基础），而高于吉尔吉斯斯坦（1.3 万吨，基础储量），汞矿资源相对比较丰富。

表 5-1　1980～2000 年全国汞矿探明储量汇总表

截止年限	矿区数/处	探明储量/t			A＋B＋C 储量增减情况/t	D 储量增减情况/t
		A＋B＋C	D	合计		
1980	85	23400	31800	55200	—	—
1985	88	20700	37500	58200	－2700	＋5700
1990	112	23200	57000	80200	＋2500	＋19500
1995	103	20360	59459	79819	－2840	＋2459
1996	103	20324	61088	81412	－36	＋1629
1997	103	20194	60980	81174	－130	－108
1998	103	20106	60837	80943	－88	－143
1999	103	19858	60598	80456	－248	－239
2000	103	19636	60372	80008	－222	－226

注：1. 数据来源于中国地质资料馆。

　　2. 表中"＋"代表增长，"－"代表减少。

由表 5-2 可知，2001～2006 年，矿区数量较 1980～2000 年略有增加，2006 年矿区数达到 110 处，比 2000 年增加 7 处；2001～2006 年，汞矿资源储量及基础储量均呈增长趋势：储量由 2001 年的 12494t 增长到 2006 年的 13142t，增长幅度约为 5.2%；基础储量由 2001 年的 20158t 增长到 2006 年的 21881t，增长幅度约为 8.5%。

表 5-2   2001～2006 年全国汞矿资源储量汇总表

截止年限	矿区数/处	储量/t	基础储量/t	资源量/t	查明资源储量/t
2001	108	12494	20158	52767	72925
2002	108	12964	21650	60976	82626
2003	108	12964	21634	60620	82254
2004			无 数 据			
2005	111	13100	21900	61800	83700
2006	110	13142	21881	61584	83465

数据来源：国土资源部信息中心。

中国大中型汞矿的开采利用情况见表 5-3。表 5-3 中的 39 座汞矿山为 1996 年统计的年产汞矿石 500t 以上的大中型汞矿数量。

表 5-3   中国大中型汞矿的开采利用情况

矿山数量	储量/t		Hg 平均品位/%	利用情况
	累积探明储量	保有储量		
28 家	104798	39974	0.105～1.050	已用，大部分已停采或闭坑
11 家	20537	22546	0.100～0.658	未用
合计（39 家）	125335	62520	0.100～1.050	已开采和拟开采

从表 5-3 中可以看出，截止到 1996 年，中国的大中型汞矿大部分已停采或闭坑，未用或正在利用的大中型汞矿保有储量（包括 A+B+C 级和 D 级）仅余 22546t，其中还包括了可利用性极低的 D 级储量，实际可利用部分则更少。目前，39 家大中型汞矿大部分已闭坑，仅几家在生产，而且也已经到了开采的后期（仅余几年的服务年限）。

5.1.1.3   汞储量分布

中国汞矿资源分布相对比较集中，从 2000 年全国已探明有储量的 103 个矿区来看，主要集中分布在贵州、陕西、四川，三个省探明有储量的矿区合计 55 处，占全国汞矿区总数的 53.4%；三省 1996 年保有汞储量合计 6.02 万吨，占全国总储量的 74%，其次为广东、湖南、青海三省，探明有储量的矿区合计占 21.4%，储量占 16.3%。

2000 年全国汞储量的分布情况见表 5-4。截止到 2000 年底，全国 A+B+C 级储量为 19636t，贵州、陕西、四川（包括重庆）3 省的储量为 17705t，占总量的 90% 以上。

表 5-4　截止到 2000 年底全国汞矿储量的分布情况

地　区	矿区数/处	总量/t		
		A+B+C	D	合　计
全国	103	19636	60372	80008
吉林	1	53	179	232
浙江	1	1	1	2
湖北	2	147	1161	1308
湖南	15	644	4078	4722
广东	3	44	4428	4472
广西	9	173	615	788
重庆	5	1683	11110	12793
四川	1	0	90	90
贵州	42	10270	20437	30707
云南	7	341	1875	2216
陕西	7	5752	9918	15670
甘肃	6	117	2866	2983
青海	4	411	3614	4025

数据来源：中国地质资料馆。

2006 年全国汞储量的分布情况见表 5-5。截止到 2006 年底，全国储量为 13142t，贵州、陕西和重庆的储量分别为 6960t、4659t 和 1170t，占总量约 97%。

表 5-5　截止到 2006 年底全国汞矿储量的分布情况

地　区	矿区数/处	储量/t	基础储量/t	资源量/t	查明资源储量/t
总　计	110	13142	21881	61584	83465
吉林	1	0	0	256	256
湖北	2	0	1308	0	1308
湖南	15	0	0	4814	4814
广东	3	0	48	4289	4337
广西	8	0	134	469	603
重庆	7	1170	1917	12350	14267
四川	1	0	0	90	90
贵州	48	6960	11218	21797	33015
云南	7	102	274	2080	2354
陕西	7	4659	5752	8209	13961
甘肃	7	51	117	3965	4082
青海	4	0	1213	3063	4276

注：统计的矿区包括已经结束开采和正在开采的汞矿，其中大部分矿区已闭坑，仍在开采的矿区已很少。

5.1.1.4 典型矿区

2000 年以来，之前较大的贵州汞矿、贵州务川汞矿和湖南新晃工矿等三家国有企业，已陆续关闭破产。目前我国汞生产企业多为民营企业，其产地主要集中在贵州和陕西两省。

贵州省是中国汞矿资源分布较广、探明汞资源储量最多的省份之一。贵州的汞矿床相对集中，主要产于"渝湘黔"相邻区的铜仁—万山、务川地区，探明的资源储量相对较大、矿床（点）多、矿床平均品位低。目前，由于前期汞矿开采消耗量大、保有资源储量不多，保有资源量的勘查工作程度低，贵州省现有开采的矿山少、生产量小。截至 2010 年 11 月底，贵州省矿区资源开采情况见表 5 – 6 所示。

表 5 – 6　贵州省矿区资源概况表

地　区	查明矿区/处	基础储量/t	资源量/t	资源储量/t
贵州省	68	11145.9	19282.93	30428.83
开采消耗矿区	40	10123.9	11768.93	21892.83
未利用矿区	28	1022	7514	8536

贵州省查明的矿区共 68 处，其中有 20 个汞矿开采矿山，总年生产能力 36.81 万吨（矿石量）、总产量近 200t（汞），均为民营企业。单个矿山的年生产规模除 1 个达 10 万吨外，其余的年生产规模大都在 0.2 万 ~ 1.0 万吨之间，还有部分矿山尚不具备开发勘查工作程度，生产规模太小，处在被调整、整合状态。全省仅由 1 处汞矿有探矿许可权，探矿面积约 4km²，因地质勘查工作刚开始，尚未查明资源储量。

陕西省也是汞储量较多的省份之一，陕西省旬阳县汞矿区属大型汞锑矿床，是继贵州万山、湖南新晃之后我国第三大汞锑矿床。自 1958 年至今，已探明旬阳县汞锑矿区金属汞储量 12253.22t，锑 52814t；现保有储量汞 9000t，锑 42000t；远景储量汞 20000t，锑 100000t。由于贵州省万山、湖南省新晃汞锑矿经几十年的开采，储量大幅减少，旬阳汞锑矿则递升为中国第一大汞矿，号称"中国汞都"。旬阳县汞矿区主要分布在旬阳县东北部的公馆乡和红军乡境内，范围约 300km²。矿区内矿石基本为单一的原生矿石，无过渡带矿石，无氧化带，仅在局部见少量锑矿。矿区内的矿石主要以汞锑矿石为主，主要矿物成分为辰砂辉矿石，含有少量黑辰砂、自然汞、锑华（三氧化二锑）等。此外，矿区内还有部分单质汞矿石和单质锑矿石。

目前旬阳县共有 3 家汞矿企业，其中陕西汞锑科技有限公司旬阳分公司是我国最大的汞生产企业之一，已建成年处理矿石 10 万吨的采、选、冶生产系统，具有年产精汞 300t，锑 1200t 的生产能力。

5.1.2 副产品汞的生产

副产品汞的生产是指在金属提炼过程以及天然气净化过程中产生的汞副产品。锌、铜、铅和其他有色金属矿石中通常含有微量的汞，若采取预先除汞技术，可以减少冶炼过程中汞的排放；若汞含量较高，则含汞废物的循环利用以及汞的回收就在经济上具有可行性。在金属提炼过程以及天然气净化过程中，安装了汞回收设备才能进行汞回收。据调研，目前我国大部分铅、锌、铜冶炼过程尚未安装单独的汞回收设备，仅有 1 家企业安装汞回收塔，该企业 2010 年回收汞 2.41t。

铅、锌、铜等有色金属冶炼过程中，因锌精矿中汞含量普遍最高，锌冶炼的汞排放量也最大。由于汞与锌在元素周期表中同属ⅡB 族，性质相似，几乎所有的锌矿石都含有汞，以硫化锌精矿中含有微量的硫化汞最为常见。有学者研究，贵州某硫化矿中汞平均含量为 66.83mg/kg，氧化矿中汞的平均含量为 0.16mg/kg。目前，锌的大规模工业冶炼生产通常包括下列步骤：矿石开采和精矿生产、锌精矿的氧化（焙烧或烧结）、锌的生产（通过电化学或热处理法）以及锌的提炼。在火法冶炼含汞精矿焙烧过程中，汞挥发为蒸气并随烟气进入制酸系统。普通制酸净化系统可以截留烟气中的汞，这些汞在干燥塔和吸收塔被循环酸吸收进入成品酸中使成品酸的质量下降。

根据文献资料，锌冶炼烟气除汞工艺有波立登 – 诺辛克（Boliden/Norzink）工艺（瑞典）、Outokumpu 工艺（芬兰）、Bolchem 工艺、硫氰酸钠工艺、活性炭过滤器、硒洗涤器、硒过滤器、硫化铅工艺、碘化钾除汞工艺。

5.1.3 汞的回收

我国回收的汞主要来自废汞触媒中汞的回收，少量来自含汞产品回收。由于我国特殊的资源和能源结构，我国聚氯乙烯合成主要采用电石法，采用该法生产的 PVC 占总产量的 70% 以上。根据中国氯碱工业协会相关资料，普通高汞触媒含氯化汞量 10.5% ~ 12.5%，废汞触媒中含氯化汞量约为 3% ~ 4%，约有 28.6% ~ 32% 的汞残留在废汞触媒中。按最大可能估算，废汞触媒中含氯化汞量约为 4%，普通高汞触媒含氯化汞量按 10% 计算，约有 40% 的汞残留在废汞触媒中。按照回收率 95% 计算，2008 年我国汞触媒年消耗量约为 6820 ~ 8680t，从废汞触媒中回收的汞量约为191.8 ~ 244.1t。

此外，还有部分回收的汞来自含汞产品，如荧光灯、含汞温度计和含汞体温计等。在我国，含汞废物属于危险废物，按照《固体法》的相关规定，含汞危险废物应交由有资质的单位处理处置。目前，某些省市有资质的固体废物处理机构引进了含汞废物的处理设备，但由于尚没有建立完善的回收体系，多数设备处于空闲状态。近两年来，我国个别荧光灯生产企业也引进了处理含汞荧光灯的设备，但仅限于处理本厂生产过程中产生的废荧光灯管，回收的汞经精馏处理后再用于荧光灯的生产，该设备的汞回收率可达95%，但投资较高，一台需约1480万元，这可能会阻碍该技术的推广。

对于含汞温度计，某些生产企业会将破碎品和不合格品中的汞进行回收。通过沉淀和去离子水清洗将汞与碎玻璃分离，分离出的汞通过电解、酸洗和碱洗等程序净化回收，回收的汞再用于生产。

5.1.4 汞产量及进出口贸易

5.1.4.1 原生汞产量

20 世纪 50 年代初期，中国开始对一些遗留下来的矿山进行接管，主要是由汞矿所在的公安部门进行管理，国家投入资金对这些老旧矿山进行整顿和扩建。1950 年全国汞产量为 3t，1951 年增加到 52t，1952 年汞产量达 108t。生产单位有 5 家，即万山、铜仁、丹寨、务川、晃县汞矿山。此后，在黔、滇、川、陕、桂、粤等省区大规模地质勘探的基础上，扩建了上述矿山，并新建了一批矿山、坑口、选矿厂、冶炼厂，使我国汞产量迅速增长。

20 世纪 50 年代末至 60 年代中期，我国汞生产进入全盛时期，1959 年创造了历史最高点，达到 2684t。其中，贵州的万山汞矿产量增到 1260t，长期以来一直约占全国汞产量的 40% ~ 60%，丹寨汞矿产量占 30% 左右。20 世纪 50 年末至 60 年初，我国汞产量占世界汞总产量的 35% 左右。1959 ~ 1961 年，汞产量连续 3 年保持在 2000t 以上。1964 年以后，受市场条件的限制，汞产量有所下降，但仍持续稳定在 1000t 左右。贵州汞矿（万山汞矿）除在 1966 ~ 1976 年产量较低外，其他各年基本保持在 450t 左右；铜仁汞矿、丹寨矿的年产汞量一直保持在 150t 左右；新晃汞矿（即晃县汞矿，1958 年更名为新晃汞矿）在 1973 年以前产量为 100t 以上，1974 年后逐年下降，1981 年仅为 30t；务川汞矿的年产汞量在 50t 左右；其他各小型汞矿及民采的汞矿合计的年产量约为 100t。

中国汞工业生产经历了全盛时期后，汞产量逐年下降，但到 20 世纪 70 年代中期之前仍保持在 1000t 以上，之后汞产量呈现不稳定变化趋势，变化情况如图 5 - 1 所示。

1975 ~ 2004 年中国汞产量的不稳定变化过程，总体上可分为五个阶段。1975 ~ 1990 年汞产量基本在 1000t 上下浮动，年均下降 0.96%；1990 ~ 1994 年呈现稳定下降趋势，从 930t 降至 460t，年均下降 12.5%；1994 ~ 1998 年表现为

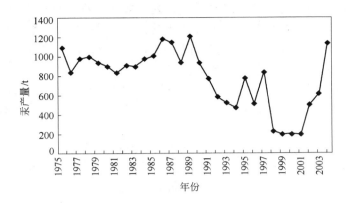

图 5 - 1 1975~2004 年中国汞产量的变化情况

较大波动的不规则变化，年均下降 12.9%；1998~2001 年基本稳定在 200t 左右，年均下降 4.74%；2001~2004 年则呈现逐年增长的趋势，从 2001 年的 193t 增至 2004 年的 1140t，年均增长 88.8%，达到甚至超过了 20 世纪 90 年代以前的水平。

五个阶段汞产量的不同变化趋势，都有其对应的影响因素。

第一阶段，国际汞需求量和国际汞价的变化是主要影响因素。有关资料显示，20 世纪 60 年代末 70 年代初，世界汞的消费量曾高达 28.1 万瓶（34.5kgHg/瓶），而进入 80 年代以来一直在下降，1989 年下降为 20.3 万瓶，1993 年下降到仅 10 万瓶。同时，国际汞价的变动也对我国的汞出口量产生一定影响，20 世纪 70 年代平均出口量约为 400t，1980~1982 年，因国际市场汞价较高，外贸出口量猛增到 950t，1986~1988 年连续 3 年出口量在 1000t 以上，其中 1987 年出口汞达 1905t，为当年产量的 166.44%。但由于 1988 年后国际市场汞价大幅度下跌，如 1983 年欧洲市场汞价平均达到 322.4 美元/瓶。1988 年下跌到 287.32 美元/瓶，1993 年已降到 190 美元/瓶，1994 年跌到仅 90 美元/瓶，我国汞出口量也随即减少。世界汞需求量的逐年降低以及汞价的上下波动导致该阶段汞产量的上下浮动，但总体呈下降趋势。

第二阶段，汞产量稳定下降，主要源于大中型汞矿资源的严重不足，加之国际汞价下跌，导致汞业的生产能力和产量逐年下降。

第三阶段的影响因素较为复杂，表现为正负两方面的影响，正面影响主要来自国内汞价的逐年上涨，汞矿开采利润增加，刺激了汞矿的生产；负面影响一方面表现为汞资源的短缺，导致汞矿开采成本增加（高品位矿石越来越少），另一方面是中国开始重视汞污染防治，一些限汞的法规和标准相继出台，如 1995 年的《无汞干电池》标准和 1997 年的九部委联合发文《关于限制电池产品汞含量的规定》等，一定程度上抑制了汞的需求，从而导致汞产量减少。

第四阶段，国家在此阶段出台了一系列法规或标准，例如 1999 年关于淘汰汞法烧碱的法规、淘汰小混汞碾提金和土法炼汞的法规（限期在 2002 年淘汰）等。尽管该阶段国内汞价上涨较快，但国际汞价相对较低，出口利润低，进口利润高，因此国内汞生产行业处于低迷状态。

第五阶段，国内汞价大幅度上涨，国际汞价也呈上涨趋势，国际与国内的价格差异减少，影响了汞的进口，加之汞的需求量逐年上升，汞产量呈快速上升趋势。

近年来，我国汞的生产量也呈下降趋势。究其原因，一是由于汞矿开采和选冶生产过程对环境造成的严重污染，许多国家进一步加强了对汞生产、使用的限制，而导致汞需求量大幅下降，汞产品的出口受挫，国内产量降低；二是我国大多数汞矿山是 20 世纪五六十年代建成投产的，现已进入开采晚期，有些矿山已闭坑或因产品难以销售而停产。因此，汞的生产能力和产量逐年下降。

2004 年后的几年内汞产量虽有所回落，但总体仍保持在 700t 以上水平，1998～2010 年我国汞产量与世界汞产量见表 5 - 7。2005～2007 年，我国汞产量约占全球汞总产量的 50%～60%，位居全球首位。但我国的汞开采潜力受汞资源状况限制，前景并不乐观，从现有统计资料分析，2006 年我国可采汞矿资源储量仅余 1.3 万吨左右，按当年的生产规模计算，其资源保证年限仅为十几年。

表 5 - 7 1998～2010 年我国汞产量与世界汞产量

年　份	我国汞产量/t	世界汞产量/t	占世界比例/%
1998	225	—	—
1999	195	—	—
2000	203	—	—
2001	193	3439.8	5.6
2002	495	3670.2	13.5
2003	612	3522.5	17.4
2004	1140	2533.2	45.0
2005	1094	1808.3	60.5
2006	759	1353	56.1
2007	798	1503	53.1
2008	1333	—	—
2009	1425	—	—
2010	789	—	—

5.1.4.2 进出口贸易

我国曾经是汞的生产和出口大国，但随着汞矿资源的枯竭，汞矿开采生产的汞主要供国内使用，汞出口量远小于进口量，我国已逐渐由汞的出口国转变为汞的进口国。表 5 - 8 为我国 1992 ~ 2008 年的汞进出口贸易情况，图 5 - 2（书后有彩图）显示了我国汞产量和进出口量变化情况。

表 5 - 8　我国 1992 ~ 2008 年汞的进出口贸易量和贸易额

年　份	出　口		进　口	
	贸易额/USD	贸易量/t	贸易额/USD	贸易量/t
1992	292701	52. 458	1328387	555. 637
1993	312757	53. 448	1006597	344. 151
1994	227771	47. 747	2560493	909. 198
1995	84713	15. 875	1555464	798. 934
1996	42312	6. 052	581666	25. 098
1997	90135	15. 795	1804530	481. 267
1998	489339	88. 441	2118108	523. 789
1999	8967	2. 085	3304505	883. 196
2000	24602	4. 242	3221606	774. 820
2001	83483	50. 005	1860958	426. 590
2002	3718	0. 300	899991	224. 560
2003	2670	0. 200	782127	175. 507
2004	746	0. 030	2846031	353. 727
2005	—	—	59730	0. 180
2006	—	—	—	—
2007	—	—	1752688	128. 237
2008	—	—	2250720	169. 677

1992 ~ 2001 年，我国汞的出口量仅有 4 年超过 50t，分别为 1992 年、1993 年、1998 年和 2001 年，其他年份只有几吨或十几吨，出口去向也主要是越南、韩国、缅甸等周边国家。2002 年、2003 年和 2004 年汞出口量仅为几十至几百公斤，自 2005 年开始已无汞出口。

2001 年以前，我国的汞进口量基本保持在 300t 以上，且多数年份超过 500t，最高近千吨。20 世纪 90 年代初期，汞的进口主要来自西班牙、阿尔及利亚、美国和俄罗斯，20 世纪 90 年代中后期，随着上述国家汞出口量的减少，汞的进口

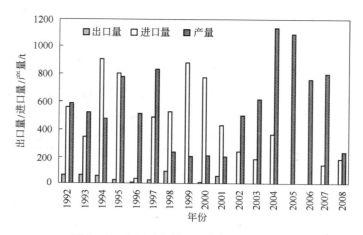

图 5 - 2 我国汞产量和进出口量变化情况

主要来自吉尔吉斯斯坦、荷兰、日本等国。2002 年后，我国对汞的进口实施严格的行政审批制度，最初控制在每年 300t，后降为每年 200t，2009 年后我国就没有汞进口。

5.2 有意用汞的主要产品和工艺

我国的涉汞行业主要有电石法聚氯乙烯（PVC）生产、含汞电池生产、电光源生产、体温计和血压计生产等，以上行业占我国总用汞量的 90% 以上。

5.2.1 电石法聚氯乙烯（PVC）生产及相关行业

聚氯乙烯（PVC）是由氯乙烯单体（VCM）聚合而成的高分子化合物，外观为白色无定形粉末或白色微粒状，是合成材料中五大热塑性通用合成树脂之一，具有良好的物理及力学性能，其世界产量仅次于聚乙烯，居第二位。PVC 可用于生产建筑材料、包装材料、电子材料、日用消费品等，广泛应用于工业、农业、建筑、交通运输、电力电讯和包装等领域。PVC 树脂作为我国重要的基础原材料，用途广泛，需求量大，行业发展迅速，在中国经济发展中具有举足轻重的地位。同时随着国家经济的快速发展，中国农业以及房地产业等下游行业迅速发展，PVC 管材、型材的消费量大幅增加，带动了 PVC 行业产能的迅速扩张。目前，我国已成为世界上最大的 PVC 生产国。

我国 PVC 生产工艺主要有电石法和乙烯法两种。电石法工艺的主要原料是电石、煤炭和原盐，乙烯法生产的主要原料是石油。我国煤多油少的资源现状决定了我国 PVC 行业多采用电石法生产工艺。2008 年我国 PVC 的总产量为 882 万吨，其中电石法 PVC 产量为 620 万吨。电石法 PVC 生产中，需要氯化汞触媒为催化剂生产氯乙烯单体，平均生产 1t PVC 消耗氯化汞触媒量为 1.0 ~ 1.4kg。

2009 年，我国电石法 PVC 行业耗汞量约占全国总用汞量的 1/2 以上，是国内耗汞量最大的行业，生产过程中产生的废氯化汞触媒和含汞废酸中的汞含量也较高。

氯化汞触媒是目前电石法 PVC 生产过程中不可替代的催化剂。产品按氯化汞含量不同可分为高汞触媒（10.5% ~ 12.5%）、中汞触媒（7% ~ 9%）、低汞触媒（6% 左右）三类，其中高汞触媒技术最成熟，性能最稳定，使用量也最大，三种产品的生产工艺区别不大。氯化汞触媒生产是电石法 PVC 生产的上游行业，其生产企业有些直接采用氯化汞为原料生产触媒，也有企业采用液汞自产氯化汞后再生产触媒，生产过程中易产生含汞废气和含汞固废。

5.2.1.1 电石法 PVC 生产

电石法 PVC 生产工艺通常分为电石生产、氯乙烯单体（VCM）合成和 VCM 聚合三个过程。电石法 PVC 生产过程中，汞的去向主要有废汞触媒、含汞废活性炭、含汞废盐酸和废碱液。生产工艺流程见图 5 - 3。

（1）电石生产。电石生产工序主要由乙炔发生、清净配置、渣浆输送、回收清液、乙炔气柜（包括氯乙烯气柜）组成。反应原理是采用湿式发生法，将电石在装有水的发生器内进行分解反应，生成乙炔气，再经喷淋冷却、清净、中和得到合格的乙炔气，供合成氯乙烯。反应方程式如下：

$$CaC_2 + 2H_2O \longrightarrow Ca(OH)_2 + C_2H_2$$

电石原料经破碎机粉碎到特定规格，由皮带输送到乙炔发生器中，电石在发生器内与水反应，生成的乙炔气体从发生器的顶部逸出，同时放出大量的热量，需要不断地向发生器内加水维持恒温，并保持发生器液面高度。反应后的稀电石渣浆从溢流管不断流出，经渡槽送到渣浆泵房渣浆池；浓渣浆由发生器底部经排渣阀不断排到渣浆槽，再由渣浆输送泵送至渣场浓缩沉淀，或者采用压滤机将电石渣浆的大部分水脱出。得到的电石残渣（水含量约 35%，质量分数）就地存放或进行综合利用生产建材，上清液大部分通过清液回收泵送回乙炔站作为乙炔发生器的补充水。

从发生器顶部逸流的乙炔气经渣浆分离器到正水封，再到水洗塔用废次氯酸钠预清净后，经冷却塔用清水冷却，再去水环压缩机压缩。为维持发生器压力稳定，一般设有逆水封和安全水封。压缩后的乙炔气进入气液分离器，分离出来的水经过水冷却器用 5℃的盐水冷却后，回水环压缩机循环使用。乙炔气从水分离器分离出来后依次到第一清净塔、第二清净塔，在清净塔内与符合工艺要求的次氯酸钠接触后，除去硫、磷等杂质；经清净后的乙炔带有酸性，进入中和塔用稀 NaOH 溶液中和。中和后的乙炔气进入乙炔冷却器，用 5℃盐水冷冻除水后，送到脱水混合工序。中和系统中将质量分数为 32% 的浓碱，再通过管道输送到乙炔

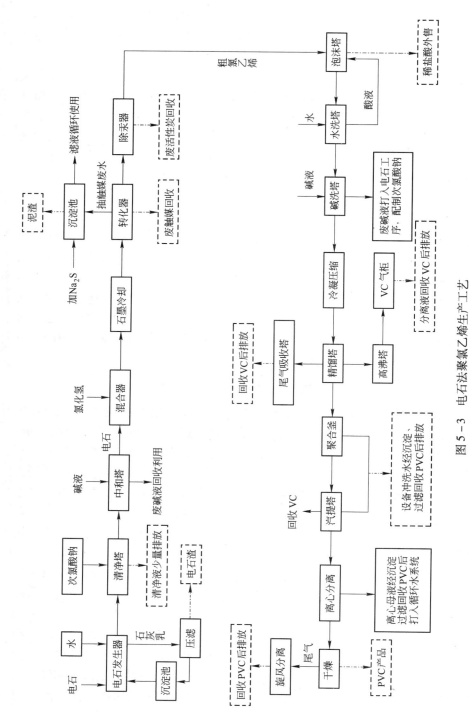

图 5 - 3 电石法聚氯乙烯生产工艺
（虚线框中内容表示涉汞示排放源）

发生装置的浓碱槽，浓碱由浓碱槽经碱泵打入中和塔，与泵送来的清水配成质量分数为 15% 的碱液，该碱自身循环使用，当达到一定浓度时换碱，废碱排放出集中处理。

电石除尘系统的粗碎机、细碎机、料仓、皮带机等处的电石粉尘分别被吸入旋风分离器内，其粉尘由下部排出，用车运走。少量粉尘气体用风机抽入除尘机组，被除机组内的上清液混合成渣浆进入渣浆池，由渣浆池内的渣浆泵送至渣场进行必要处理后，残渣就地堆放。

（2）氯乙烯（VCM）单体合成。氯乙烯合成及精馏工序主要由氯乙烯合成、压缩及精馏、尾气吸收、热水泵房以及污水处理组成。反应原理是电石和氯化氢经混合冷冻脱水，再经以活性炭为载体、氯化汞为催化剂的列管转化器进行反应生成氯乙烯，最后经压缩、精馏获得高纯度氯乙烯，供聚合、干燥工序生产 PVC 树脂。反应方程式如下：

$$C_2H_2 + HCl \xrightarrow{\text{氯化汞触媒}} CH_2 = CHCl$$

氯化氢气体和湿电石气经电石阻火器按一定比例进入混合器，混合后进入石墨冷却器冷却，再除酸雾和预热，达到指定温度的干燥混合气进入装有氯化汞触媒的转化器中，在转化器中至少通过两级转化，在氯化汞触媒作用下反应生成氯乙烯，氯化汞触媒失效后会产生大量废汞触媒，抽汞触媒会产生含汞废水。粗氯乙烯在高温下带出的 $HgCl_2$ 升华物在填装活性炭的除汞器中除去，然后进入净化系统，此过程会产生大量的含汞废活性炭。

除汞后的粗氯乙烯依次进入泡沫脱酸塔、水洗塔，将过量的氯化氢气体用水吸收，此过程会产生含汞废酸，其含汞量较大，通常占三废含汞量的 30% ~ 50%。经酸洗、水洗后的 VCM 气体再经碱洗塔除去残余的微量氯化氢，此过程会产生含汞废碱。企业一般将废碱用于中和一部分废盐酸，但废盐酸过量有剩余。

将经碱洗的 VCM 送至精馏塔，经精馏后的 VCM 气体进入下一聚合工序。精馏的液体又经 VC 气柜回收二氯乙烷，分离液经过回收二氯乙烷后排放，分离液中会含有少量的汞。精馏塔产生的气体再经过尾气吸收塔回收二氯乙烷后排放，排放的废气中也会含有少量的汞。

汞的使用主要集中在 VCM 单体合成工序，有些企业采用多套 VCM 单体合成装置，该部分产生的含汞三废最多。

（3）PVC 合成。VCM 聚合工序主要由溶剂配制、VCM 供料与回收、软水泵房、聚合、汽提、出料、干燥及包装组成。其中，聚合反应为间歇式操作，以生产 PVC – K57 树脂为例，一个操作周期在 7 ~ 8h。反应方程式如下：

$$nCH_2 = CHCl \xrightarrow{\text{引发剂}} \left[CH_2 - \underset{\underset{Cl}{|}}{CH} \right]_n$$

聚合釜抽真空除氧后，加入 VCM，将预热至一定温度的无离子水加入聚合釜，并加入分散剂，釜夹套通热水升温后，投入引发剂，聚合反应即开始进行，此时釜夹套改通冷冻水移出反应热，并适时向釜内投入链转移剂，严格控制聚合反应温度，当 VCM 转化率达到 85% ~ 90% 时，投入终止剂，以终止聚合反应，然后将 PVC 浆料自动出料到出料槽。

聚合釜内未反应的 VCM 经自压回收和釜内抽真空进一步回收 VCM，回收的 VCM 经水洗，除去 PVC 粒子，冷却后贮入气柜。这部分 VCM 再经过低温碱洗除去酸和水后，经压缩、冷凝和精馏，得到精 VCM，再经过滤，按比例送入 VCM 计量槽供聚合之用。

PVC 浆料的汽提在汽提塔内进行，PVC 浆料连续用汽提供料泵从出料槽经热交换器送往汽提塔塔顶。浆料在塔内与塔底进入的蒸气逆向流动，塔顶馏出物送往冷凝器，经 30℃冷却水冷凝，冷凝液汇同回收压缩机轴封水、VCM 储槽分离水、聚合釜冲洗水集中存放在废水储槽中，然后送往废水汽提系统。不凝的 VCM 送往 VCM 气柜回收利用，汽提废水去污水处理车间进行处理。

经过汽提的 PVC 浆料再经闪蒸，闪蒸出的气体送回汽提塔底部。闪蒸后的浆料进入缓冲罐，冷却后送往离心机脱水，脱水后的 PVC 树脂水含量在 25% 左右。滤饼经分散器分散后，经螺旋输送机送入气流干燥管与热风混合进入旋风干燥器，干燥后的 PVC 粉料经旋风分离器组与气流分离，再经筛分除去大颗粒，用空气输送至包装系统。粗料进一步过筛，合格产品在自动包装线上包装成 25kg 一袋的成品，送往成品仓库。

5.2.1.2　氯化汞触媒生产

氯化汞触媒是以氯化汞为活性物质，通过物理吸附的方式分布于载体活性炭微孔中的表面上，有气相吸附法和浸渍吸附法两种生产工艺。根据是否添加氯化钡、氯化稀土等助剂，分为单一氯化汞触媒和复合氯化汞触媒两种，主要用于 PVC 行业电石法合成 VCM 单体。氯化汞触媒的生产工艺与产品的更新换代密切相关。

浸渍吸附法最早从罗马尼亚引进，而气相吸附法是我国 20 世纪 80 年代自主创新的，用于取代浸渍吸附法生产工艺，但到了 20 世纪 90 年代中期，我国逐渐发展了氯化汞含量较低的复方汞触媒，以替代氯化汞含量较高的单一氯化汞触媒，但气相吸附法不适于复方汞触媒的生产，故又重新使用浸渍吸附法。浸渍吸附法经过多次改进，工艺更加科学合理，自动化程度更高，更适合我国国情。

现有技术中，电石法合成 PVC 所用氯化汞催化剂都是采用浸渍吸附法制备的。这种方法是以 $\phi(3~4)mm \times (6~9)mm$ 的柱状优质活性炭作载体，在 85 ~ 90℃的条件下，将活性炭浸渍于氯化汞水溶液中 8 ~ 24h，氯化汞物理吸附在活性炭内，然后将这种含水质量分数约为30%的湿活性炭，在氯化汞升华温度以下用热风干燥至含水质量分数低于0.3%。

（1）WI氯化汞触媒。该触媒是我国第一代氯化汞触媒产品。生产工艺见图5-4。

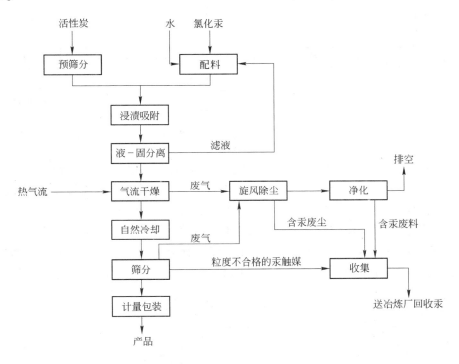

图5-4 WI氯化汞触媒生产工艺流程

将固体分析纯氯化汞与水置于配料桶内，在直接通蒸汽加热的情况下，使氯化汞溶解，配成含 $HgCl_2$ 40～50g/L 的溶液，搅拌均匀，然后将此溶液送入浸渍吸附罐内，同时加入经预筛分的 ZZ-30 柱状优质活性炭，控制固液比 s/l = 1:（2.5～3），于动态下进行浸渍吸附，氯化汞物理吸附在活性炭内，吸附完成后即可进行液固分离，滤液返回配料桶，固体物料即为湿式氯化汞催化剂。将该汞触媒置于气流干燥罐内，通入 100～130℃ 的热气，干燥至水分小于 0.3%，用真空泵抽入贮料罐，自然冷却至室温，再经筛分、计量包装，即得成品。

（2）WII氯化汞触媒。WII氯化汞触媒是氯化汞触媒的第二代产品，采用气相吸附法生产。主要生产原理为：氯化汞受热后易升华气化，活性炭具有很强的吸附能力，将氯化汞与活性炭按比例混合置于密闭容器（气相吸附器内），加热使它们实现气相吸附，制得汞触媒产品，其工艺流程见图5-5。

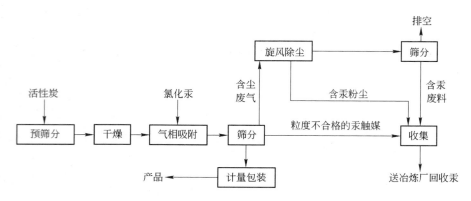

图 5 - 5 WII 氯化汞触媒生产工艺流程

（3）复合氯化汞触媒。复合氯化汞触媒是氯化汞触媒的第三代产品。主要生产原理是将传统的浸渍吸附法生产工艺加以改进，在氯化汞溶液中添加不同种类的氯化物助剂，使之形成配合物和复盐，制成复配氯化汞溶液，并以优质活性炭为载体，通过浸渍吸附而得到复合氯化汞触媒。我国的复合汞触媒多数是通过添加 $BaCl_2$、KCl、HCl、混合氯化稀土、氯化铈等氯化物中的一种或数种作为助剂来进行复方配制的，其工艺流程见图 5 - 6。复合氯化汞触媒在使用过程中抗

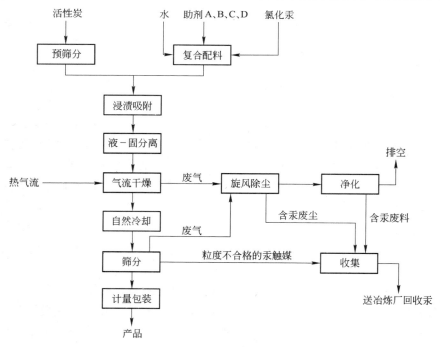

图 5 - 6 复合氯化汞触媒生产工艺流程

热升华及催化剂抗积炭能力和抗毒性等各项性能均得到改善。

按照配方不同，根据氯化汞的质量分数，上述新型复合氯化汞触媒主要有如下 3 种规格：高汞触媒（氯化汞质量分数为 10.5% ~ 12.0%）、中汞触媒（氯化汞质量分数为 7% ~ 9%）和低汞触媒（氯化汞质量分数为 6% 左右）。其中低汞触媒是近几年发展起来的新产品，其工艺与高、中汞触媒的差别仅是采用的助剂和活性炭不同。低汞触媒生产采用特殊要求的活性炭，通过多次吸附氯化汞及多元络合助剂技术，使活性炭孔内的氯化汞附着稳定、均匀、不易被覆盖，保证了触媒的高活性、高稳定性。

5.2.2 含汞电池及相关行业

随着电子消费产品的日益普及，电池已经成为不可或缺的物品。大部分一次电池产品中都含有汞，电池给人们生活带来便捷的同时，也因其中含有的汞而给环境带来危害。我国是电池的产销大国，电池的生产和使用给生态环境带来的破坏不容忽视。

现有含汞电池主要有糊式锌锰电池、纸板锌锰电池、碱性锌锰电池（扣式和圆柱型）、锌 – 氧化银电池以及锌 – 空气电池等，主要为各类小型电器所使用，表 5 – 9 列举了各类含汞电池的型号和主要用途。

表 5 – 9　含汞电池的型号和主要用途

产品种类	主要电池型号	用 途
糊式锌锰电池	R20、R14	手电筒、手提灯、收音机、热水器点火
纸板锌锰电池	R03、R6、R14、R20	电子钟、遥控器、手电筒、MP3、数字显示的电话机、收音机、电动玩具
扣式碱锰电池	LR621/AG1、LR41/G3、LR626/G4	温度计、手表、玩具、音乐卡、电子礼品等小型电子产品相配套
圆柱型碱锰电池	R03、R6、R14、R20	遥控器、收音机、电动玩具等
锌 – 氧化银电池		手表和计算器等
锌 – 空气电池		助听器和信号器械电源等

含汞电池以汞或氯化汞作为缓蚀剂，以保证电池储存性能。

糊式锌锰电池采用糊化面粉、淀粉和电解液形成的凝胶作为正负极间的隔离层，电解液中加入氯化汞作为电池的缓蚀剂。糊式锌锰电池是最早的电池产品之一。

纸板锌锰电池采用浆层纸为隔离层，浆层纸通常加入氯化汞作为缓蚀剂，是糊式锌锰电池的改良型产品。与糊式锌锰电池相比，隔离层的厚度不足糊式电池的 1/10，活性物质填充量增加，电池的性能提高，容量增大。

扣式碱锰电池外形似纽扣，以锌粉为负极，二氧化锰为正极，氢氧化钾溶液为电解液的原电池，汞直接融入锌粉形成锌汞齐作为缓蚀剂。该类产品是用汞量最大的电池产品。

圆柱型碱锰电池及电池组，原理与扣式碱锰电池一致。

锌－氧化银电池其高度尺寸小于直径，外形似纽扣，是一种密封式电池。该电池用氧化银与石墨混合压成片状作电池正极，锌粉加入添加剂压成片状作负极，氢氧化钾水溶液作电解质，正、负极间用专用隔膜隔开。

锌－空气电池是以空气中的氧气作正极活性物质、金属锌作负极活性物质的电池。使用多孔活性炭电极作正极，铂或其他材料作催化剂，锌粉制成膏状后，压制成片状或采用涂膏的方法制成极板作负极。汞作为生产锌粉的添加原料之一，存在于锌－空气电池中。

电池中的汞主要来自于含汞原料，如氯化汞、汞含浆层纸和含汞锌粉。其中，氯化汞主要用于生产糊式锌锰电池；汞含浆层纸主要用于生产纸板锌锰电池，其型号一般按照生产电池的型号而区分，含汞量根据电池生产厂家的需求而定；含汞锌粉主要用于生产扣式碱锰电池、圆柱型碱锰电池、锌－氧化银电池和锌－空气电池，含汞量也是根据电池生产厂家而定的。

5.2.2.1 含汞电池生产

我国电池产品主要有糊式锌锰电池、纸板锌锰电池和扣式碱锰电池，三类电池的产量占到了电池总产量的 95% 以上。

（1）糊式锌锰电池。采用糊化的面粉、淀粉作隔离层的糊式锌锰电池，正极采用天然二氧化锰作为活性物质，与乙炔黑和电解质溶液混合，压制成柱形，碳棒作集流体；将金属锌冲制成筒状作负极活性物质，兼作容器；氯化铵和氯化锌的水溶液作电解质溶液，氯化汞加在电解液中，进入浆糊层，作缓蚀剂；电池组装后采用沥青封口。电池结构如图 5－7 所示。

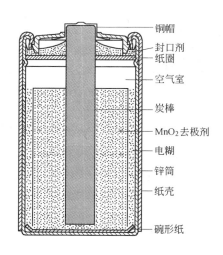

图 5－7 糊式锌锰电池结构示意图

（图中标注：铜帽、封口剂、纸圈、空气室、炭棒、MnO_2去极剂、电糊、锌筒、纸壳、碗形纸）

糊式锌锰电池生产过程复杂，工序较多，归纳起来可分为：拌粉、正极电芯成型、浆液配制、斟浆入锌筒、电芯入锌筒、熟浆、石蜡封面、洗头、封口、戴铜帽、卷商标纸、四联机（戴胶盖、铁底，电流、电压检测）、成品包装。工艺流程见图 5－8。

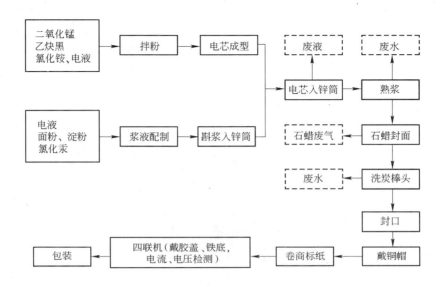

图 5-8 糊式锌锰电池生产工艺流程

拌粉：是将制作电芯的原材料，即活性物质二氧化锰、导电材料乙炔黑、电解液、氯化铵等按配方要求进行混合。

正极电芯成型：通过专门的电芯成型机制成电芯，并插入集流体炭棒。

浆液配制：是将面粉、淀粉、电液、缓蚀剂通过打浆机按配方、工艺要求搅拌混合成一定黏度的浆液，作为电池的隔离层用。浆液配置需要在容器中完成，需要定期清洗容器，会产生含汞废水，另外浆液配置过程也会有含汞废气产生。

斟浆入锌筒、电芯入锌筒：分别将浆液和电芯斟（放）入负极锌筒。

熟浆：通过一定的时间和温度，使流动的浆液层糊化。

石蜡封面：在电芯表面浇注薄薄的一层石蜡，防止电芯碎粉漂移。

洗头：将炭棒头用水清洗干净，避免污染物残留，此工序会产生含汞废水。

封口：用沥青封口剂封口，采用一层纸钱承托，一层纸钱覆盖沥青表面。

戴铜帽：在炭棒头位置戴上起集流和美观作用的铜帽。

卷商标纸：商标纸实际为防潮纸、玻璃纸和商标纸的组合，为已黏合好的一套商标纸。

四联机工序：戴胶盖、铁底，电池上下卷口，然后测试电压、电流，符合工艺要求的即为合格的电池成品。

（2）纸板锌锰电池。使用涂有改性淀粉等高分子材料的电缆纸或专用纸（基纸）作隔离层的锌锰电池，是糊式电池的改良型，简称纸板电池。该电池正极采用或掺用高活性的电解（或化学）二氧化锰，与糊式电池相比，隔离层的厚度不足糊式电池的 1/10，活性物质填充量增加，电池的性能提高，容量增大。

纸板电池按使用电解质溶液的不同分为氯化铵型和氯化锌型两种。氯化铵型纸板电池结构示意见图5-9。生产含汞纸板锌锰电池使用的是含汞浆层纸。氯化汞进入涂层，覆盖在基纸上形成浆层纸。

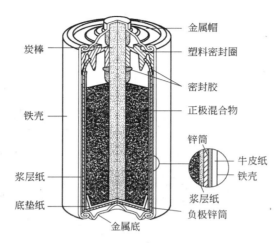

金属帽
塑料密封圈
密封胶
正极混合物
炭棒
铁壳
锌筒
牛皮纸
铁壳
浆层纸
浆层纸
底垫纸
负极锌筒
金属底

图5-9   氯化铵型纸板电池结构示意图

（3）碱性锌锰电池。以氢氧化钾水溶液等碱性物质作电解质的锌锰电池，是中性锌锰电池的改良型，分为圆柱型与扣式锌锰电池两类。生产过程中，使用电解二氧化锰作正极活性物质，与导电石墨粉等材料混合后压成环状，锌粉作负极活性物质，与电解液和凝胶剂混合制成膏状。结构与中性锌锰电池相反，负极在内，正极在外，也称反极结构，正负极间用专用隔离纸隔开，图5-10为扣式碱性锌锰电池的结构图。

碱性锌锰电池生产过程复杂，工序较多，归纳起来可分为：拌粉、压粉环、入粉环、复压、辊线、涂封口剂、入隔膜筒、斟电液、搁置、注锌膏、插集电体、卷口、陈化、卷商标、电压电流检测、成品包装。工艺流程见图5-11。

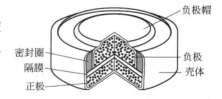

负极帽
密封圈
隔膜
正极
负极
壳体

图5-10   扣式碱性锌锰电池结构

拌粉：是将制作电芯的活性物质电解二氧化锰、导电材料石墨、电解液等按配方要求进行混合。

压粉环：通过专门的粉环成型机压成粉环。

入粉环：将粉环放入钢壳内。

复压：将粉环通过复压使粉环间压实。

辊线：在靠近钢壳上部的位置滚辊凹线。

涂封口剂：在钢壳口部内表面均匀涂一圈封口剂。

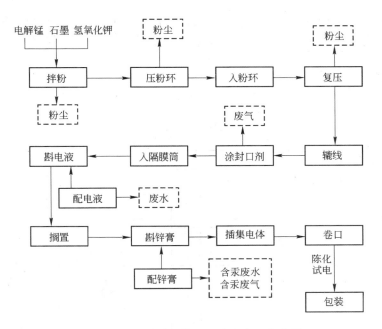

图 5-11 碱性锌锰电池生产工艺流程

入隔膜筒：将隔膜筒插入粉环内。

斟电液、搁置：向隔膜筒斟电液，并搁置一定时间，让隔膜吸透电液。

斟锌膏：将锌膏（由锌粉、电液、糊化剂等组成）注入隔膜筒内。

插集电体：将组合好的集电体插入锌膏中。

卷口：将钢壳口与密封胶塞卷口密封。

陈化、卷商标、电压电流检测：将已卷口的电池陈化一定时间，以排除工艺缺陷的电池，然后卷商标，检测电池的电压、电流，符合工艺要求的即为合格的成品。

碱性锌锰电池中含汞废气的产生主要在配锌膏和斟锌膏工序，由于在锌膏的配制和注入过程中加入了氯化汞或汞（有的企业已经不使用含汞锌膏）而导致汞进入空气或水中，产生含汞废气和废水。

5.2.2.2 含汞锌粉生产

含汞锌粉所使用的含汞原料为液汞，锌粉种类一般按汞含量进行划分，主要分为≤3%、≤4%、≤5%、≤6%和>6%五类，按生产电池的厂家需求而定。

含汞锌粉的生产工艺为：将高纯锌锭加入合金熔化，经雾化、筛分等工序，产出符合粒度要求的合格锌粉，然后将合格锌粉和液汞按比例混合，在密闭容器中抽真空后搅拌进行汞齐化处理，混合均匀后筛分包装。含汞锌粉由于采用液汞为原料，因此在生产过程中产生的污染物主要是含汞废气，其工艺流程如图5 – 12所示。

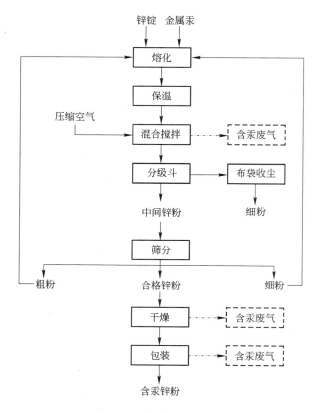

图 5 – 12　含汞锌粉生产工艺流程

5.2.2.3　浆层纸生产

含汞浆层纸的生产工艺较为简单，通常分为涂料制备、涂布、烘干、分切、包装入库等工序，工艺流程见图 5 – 13。

涂料制备：将淀粉、升汞（$HgCl_2$）及其他化工原料在搅拌锅内混合搅拌，制成涂料。此工序需要加热，会产生含汞废气，而且设备冲洗也会有一定量的含汞废水产生。

涂布：将涂料均匀涂在基层纸上，此过程会有少量的含汞废气产生。

烘干：将浆层纸烘干，因需加热会有含汞废气产生。

分切：将涂布的半成品分切成客户所需规格的成品，剪切后的边角料废弃。

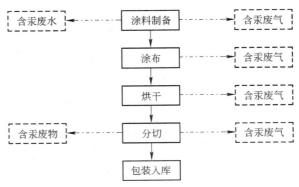

图 5 – 13　浆层纸生产工艺流程

5.2.3　含汞电光源及相关行业

电光源是将电能转换为光能的器件或装置，广泛用于日常照明、工农业生产、国防和科研等方面。2008 年我国各类电光源产品（不含 LED 类电光源产品）的总产量达到 131.4 亿支，产销量居世界首位。

电光源品种很多，按发光形式分为热辐射光源、气体放电光源和电致发光光源三类，其中含汞的是气体放电光源。气体放电光源一般包括荧光灯、高强度气体放电灯（简称 HID 灯）和紫外线灯，其中荧光灯分为直管型、环型、紧凑型、无极荧光灯和特种荧光灯；HID 灯分为高压汞灯、高压钠灯、金属卤化物灯、特种高强度放电灯。据统计，2008 年我国荧光灯产品年产量 50 余亿支，HID 灯年产量约 1.45 亿支。不同的气体放电光源产品含汞量不同，直管型荧光灯的单支含汞量基本在 3～10mg 水平，中低功率紧凑型荧光灯的单支含汞量以 2～5mg 为多，大功率紧凑型荧光灯因企业工艺和控制水平不同差异较大，单支含汞量从 3mg 到 10mg 不等，HID 灯的单支含汞量差异较大，从 10mg 到 40mg 不等，但大多集中在 20～25mg 水平。

气体放电光源的含汞原料一般为液汞和固汞，其中荧光灯和部分 HID 灯的原料可以是液汞或固汞，而 HID 灯中的高压汞灯目前只能以液汞为原料。

固汞是生产含汞电光源的主要原料之一，其组成是金属汞与其他金属的合金。固汞的使用可以减少电光源生产汞的使用和排放量，是我国目前正在推广的清洁生产技术之一。固汞的原料为液汞，其种类有汞齐和汞包，汞齐是汞与其他金属的合金态，多用于紧凑型荧光灯；汞包是在金属外壳中包裹液态汞，多用于直管荧光灯。单粒产品含汞量根据电光源生产企业的要求而定。

5.2.3.1　电光源生产

含汞电光源生产通常包括清洗、涂粉、烤管、注汞、接汞泡、排气、烤汞、老练、检验等多个工序（图5-14和图5-15）。注汞之前是电光源坯料的制备过程，属无汞操作，注汞之后的工序属有汞操作环节。

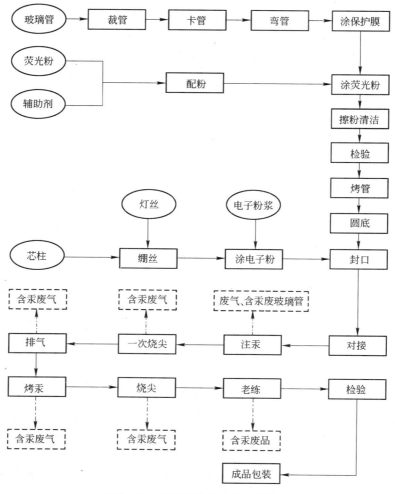

图5-14 荧光灯自动生产工艺流程

注汞：将含汞原料（液汞或固汞）注入灯管坯料的过程，一般分为手动和自动。如果以液汞为原料，手动注入由于是手工操作，因此注汞量不宜准确把握，注汞过程中液汞的遗撒严重，车间中空气汞浓度较大；自动注汞则能一定程度克服手动注汞的不足。如果以固汞为原料，则无论采用何种方式注汞，汞的注入量、含汞废气和废物产生量均相对较少。

接汞泡：在手动或者长排车的操作过程中，把装有汞的排气管（称汞泡）和灯管上的排气管在烧结过程中相连通，此过程会截断一部分排气管产生含汞废玻璃管，同时也会产生大量含汞废气。

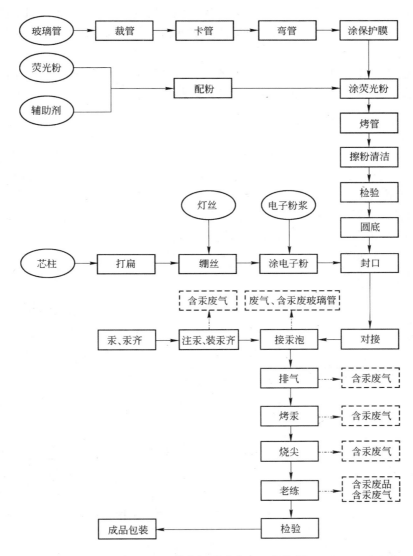

图 5-15 荧光灯手动生产工艺流程

烧尖：通过火焰加热玻璃管末端，将灯管熔封在一起，工序过程产生含汞废气。

排气：将灯管中的氧气等排掉，并加入适量的惰性气体。此工艺过程需加热，会产生含汞废气。

烤汞：也就是释汞，通过加热，使其释放汞原子变为汞蒸气存在于灯管中，该过程会产生含汞废气。

老练：电光源生产过程中的关键工序之一，其目的是为了清除灯管内的杂质气体，进一步激活阴极，使灯管参数一致、性能稳定。老练是在设备上通过点燃灯管来实现的，此环节会有因灯管无法点燃而产生部分含汞废品，也会有含汞废气产生。

检验及包装：灯管检验是质检环节，会有一定量的不合格品产生。由于灯管玻璃很薄，包装工序可能也会有一定的破碎品产生。

5.2.3.2   固汞生产

固汞（汞齐）分为圆柱形和球形两种形态，其生产工艺有很大差别。圆柱形汞齐是将混有汞的合金材料利用物理方法（机器的挤压、切割）制成，汞排放主要产生于合金材料的混合工序，可采取氩气保护和负压保护等措施减少汞的蒸发和排放。球形汞齐的生产工艺比较复杂，主要包括熔滴、清洗、筛选、包装和入库等几个工序，由于要将汞与其他金属在高温下进行熔融，因此会有大量的汞蒸气产生，同时在清洗工序中要使用大量的有机溶剂和水，由此也会产生含汞的废有机溶剂和废液。工艺流程见图5－16。

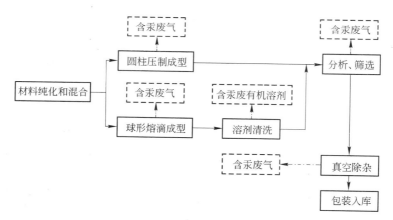

图5－16   汞齐的生产工艺和含汞三废的排放环节

5.2.4   含汞体温计和血压计

含汞体温计是人们日常生活中最常见的医疗器械。据统计，2008年我国含汞体温计年产量约为10659万支，其中出口5493万支，内销5166万支。含汞体温计按用途通常分为腋下、口腔、肛门和兽用体温计，其中腋下和口腔体温计产量最大。主要原材料是液汞，其纯度一般都在99.99%以上。上述四类体温计产品含汞量略有不同，单位产品平均含汞量约1.13g。

含汞血压计也是人们日常生活中常见的医疗器械，2008年全国含汞血压计总产量约为257.93万台。主要原料是液汞，其纯度大于99.99%。产品种类一般分为手动开关血压计和自动开关血压计，这两种血压计的含汞量相差较大，手动开关血压计单台产品平均含汞量一般为 20~30g，自动开关血压计单台产品含汞量一般为 35g 左右。

5.2.4.1　含汞体温计

腋下、口腔、肛门和兽用四类体温计的生产工艺基本相同，见图 5 - 17。生产过程按是否涉汞分为坯上工序（无汞）与坯下工序（有汞）。坯上工序主要是制作体温计玻璃管料，属无汞作业；坯下工序包括灌汞、涨真空、缩喉、排气、复溢、封头、印刷、包装等 20 多道工序（内标式腋下体温计无涨真空和复溢工序），其中有部分工序是对以上主要生产工序质量的专项检验，但整个过程都属于有汞作业。

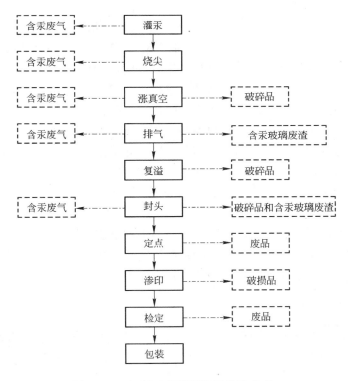

图 5 - 17　坯下工艺流程及汞排放节点

灌汞工序：将陈化后的管料放入生产体温计专用的灌汞设备内，经抽真空使设备内的真空度达 10^{-4} Pa 以上，利用体温计内的高真空将水银吸入体温计中，此工序车间大气汞浓度高，因此该工序车间大多数都采用人机分离操作，部分工厂在该车间采用负压方式将汞吸出。

烧尖和涨真空工序：灌满汞的管料开口一端熔封在一起（烧尖），经过高温火烧涨出一个真空泡，以收集汞泡内微量的空气。此工序由于需经过高温火烧，易把真空泡涨破，因此会产生大量的破损管料。

缩喉和排气工序：涨真空后的半成品经缩喉工序在喉泡处烧制出留点结构，此工序破损率不高。有些体温计厂的缩喉工序在坯上工序完成。经过缩喉工序的半成品再经420℃高温陈化，再经过离心、升温、冷却反复三次，将感温泡内微量的空气赶到真空泡处（排气工序）。此工序由于需经过高温火烧，易把玻璃管烧破，也会产生大量的破碎玻璃管料。

复溢和封头工序：将排气后的半成品放入42℃的恒温槽内，在距汞泡顶端98~100mm处用排灯将多余汞赶到真空泡处（复溢工序），再将真空泡烧去（封头工序）形成一个完整的体温计坯料。这两个工序都需经过高温火烧，破损率较高，封头工序会烧掉真空泡，还会产生大量的含汞玻璃废渣。

定点和分号工序：将坯料依次放在37℃、41℃恒温槽内，用墨线分别标识两个温度下汞柱顶端（定点工序），用钢皮尺将37℃、41℃标上墨线的二点之间距离按0.25mm一档间隔分类（分号工序），相同距离的放在同一格内供印色备用，37℃、41℃二点墨线之间距离小于22.5mm或大于36mm的均为不合格品，不能使用。此工序基本属于人工操作，破损率不高，废品率很高。

渗印工序：将定点合格的坯料渗印上刻度线、字、商标，然后放在烘色机中进行烘色，形成永不褪色的离子渗透着色层。此工艺中染料需要特定的温度和湿度，因此该车间的操作环境是密闭的，车间内大气汞浓度较高。

检验和包装工序：将产品按出厂标准进行全性能检测后，合格品经包装入库。检验工序会有不合格品产生。

此外，有的企业会将破碎品和不合格品中的汞进行回收。通过沉淀和去离子水清洗将汞与碎玻璃分离，分离出的汞通过电解、酸洗和碱洗等程序将汞净化回收，回收的汞再用于生产，可为企业节省汞原料。

5.2.4.2 含汞血压计

血压计生产工艺比较简单（图5-18），主要包括：钳加工、金加工、电镀、组装、校验、灌汞、检定和包装等工序。灌汞工序之前不涉及汞的使用，无含汞

图5-18 血压计涉汞生产工艺及含汞"三废"排放

"三废"的产生和排放。

灌汞工序：将液汞灌入玻璃管中，分为自动和手动灌汞，自动灌汞可以较准确地控制灌汞量，并且灌汞过程不易遗撒，与手动灌汞相比，汞排放量较少。

检定和包装工序：将产品按出厂标准进行全性能检测后，合格品经包装入库。检定工序会有不合格品产生。

5.2.5 其他用汞产品和工艺

除上述用汞产品和工艺外，含汞试剂、齿科材料也会用到汞。

（1）含汞试剂。含汞试剂是实验室及工业生产中常用的化学试剂，种类繁多，主要产品有氯化汞、氯化亚汞、醋酸汞、碘化汞、硫化汞等，其中氯化汞的应用最为广泛，不仅用于实验室，更重要的是用作生产汞触媒催化剂。此外，氯化汞也被用作电池中的缓蚀剂、医药或农药中的防腐杀菌剂、染色的媒染剂、木材的防腐剂和照相乳剂的增强剂等。

汞试剂产品种类很多，生产工艺也各不相同，但从生产方法上大致可分为干法和湿法两种。干法工艺采用汞与其他生产原料混合后焙烧，经冷凝后得最终产品，如氯化汞、硫化汞等的生产。这种方法含汞废气产生量大，需进行除尘、吸附、净化等处理后方能达标排放。湿法工艺采用汞与其他生产原料常温下在溶液中进行反应，经过分离、洗涤、干燥后得最终产品。这种方法含汞废水产生量较大，需采用必要的化学处理方法才能达标排放。

（2）齿科材料。汞可用于生产齿科汞合金材料，牙医使用齿科汞合金修补牙齿。修补用的材料包括汞合金、玻璃离子和复合树脂。汞合金非常耐用，能够承受后牙的咀嚼力，相对容易安装使用，而且成本也非常低。汞合金填料一般可持续使用 12 年之久。

目前市场上有各种不同规格的汞合金胶囊，常见的规格有 400mg、600mg、800mg。汞在胶囊内用塑料薄膜晶圆片（枕包）包裹，汞合金材料的汞含量在 43%～54%之间（以质量计）。

5.2.6 汞需求量

我国主要用汞领域有电石法 PVC 生产、体温计和血压计、电池和电光源生产，此外，齿科汞合金、试剂、药用等也少量用汞，占汞使用量的比例极小。各领域用汞量及近年来的变化情况参见表 5-10。

2008 年，位居我国汞使用量首位的是电石法 PVC 生产，约占全国汞消耗总量的 60%，其次是电池、体温计、血压计、电光源。与 2004 年和 2005 年比较，除体温计用汞量明显下降外，其他行业基本保持稳定，无明显增减态势。

表 5 - 10 我国各领域的年用汞量　　　　　　　　　（t）

产品或工艺	1995 年	2000 年	2004 年	2005 年	2008 年
氯碱	80.8	—			—
乙炔法 PVC	88.8	264.26 ~ 352.35	610	—	504.7 ~ 642.3
电池	582.4	106	154	—	140.6
电光源	30.9	47	55	63.9	78.3
体温计	40.4	100	179.3	200.9	127.9
血压计	15.7	50 ~ 60	94.9	81.5	80.0
齿科材料	6	5 ~ 6	约 6	5 ~ 6	—
仪器仪表	—	—	6.2	6.4	
国有金矿 小型金矿	80.27 >500	<10 —	— (264)	— 	—
药用	5				
试剂	20	467 ~ 537			—
总　计	1504	1049 ~ 1218	1111.2 (1375.2)	—	931.5 ~ 1069.1

注：2000 年数据来自原环保总局汞调查；2004 年和 2005 年数据来自环保部化学品登记中心与 NRDC 合作项目；2008 年数据来自环保部汞排放清单研究项目。

（1）电石法 PVC 生产。我国的电石法 PVC 生产需使用氯化汞触媒作为催化剂。氯化汞触媒是以优质活性炭为载体，将氯化汞以一定比例吸附固定在活性炭上。目前，我国使用的氯化汞触媒有三种规格：高汞触媒、中汞触媒和低汞触媒。

截至 2008 年底，全国约有 100 多家 PVC 生产企业，PVC 总产量约为 882 万吨，其中使用电石法生产的企业约有 88 家，总产量约为 620 万吨。在电石法生产 PVC 的企业中有 11 家企业使用低汞触媒，涉及电石法 PVC 产能约 123 万吨/a，其他大部分企业仍然使用普通高汞触媒做催化剂。2008 年整个行业的用汞总量约为 504.7 ~ 632.4t。

（2）电池生产。我国目前含汞电池的生产原料是汞和升汞，将其加入到生产电池用锌粉和浆层纸中，或直接将升汞加入到电解液中，主要起到缓蚀和防腐蚀作用。我国的含汞电池产品主要有糊式锌锰电池、纸板锌锰电池、碱性锌锰电池、锌 - 氧化银电池和锌 - 空气电池五种，生产企业主要分布在广东、福建、广西和浙江等地。2008 年，全国电池总产量约为 344.56 亿只，电池生产总用汞量约为 140.56t。其中，约 50% 出口亚洲，香港市场约占出口总量的 25%，其他地区不足 10%。

我国目前已有成熟的无汞电池生产技术，生产的无汞电池有部分已在国内市场销售，但因无汞电池成本相对较高，国内推广进度缓慢，大部分出口国外，主要是欧美国家。

（3）体温计和血压计。我国目前生产体温计、血压计的企业有100多家，其中涉及含汞产品的有20多家，主要分布在华东、山东、陕西等地区。2008年，我国含汞体温计和血压计产量分别为10659万支和257.93万台，体温计年出口量约为51.5%，血压计年出口量约为1.83%，总用汞量约为207.9t。

目前我国已有企业在规模化生产无汞替代产品，例如电子体温计和血压计，但其关键技术电子芯片尚未国产化。同时，由于电子体温计、血压计价格偏高，且缺乏衡量计量准确度的评价方法，国内推广进度缓慢，目前国内消费仍以含汞产品为主。

（4）电光源。我国目前生产的含汞电光源产品主要是气体放电光源，包括荧光灯和高压气体放电灯（HID），主要气体放电光源的种类和用途参见表5-11。气体放电光源使用金属汞来激发发光和启动放电，提高电光源产品的性能。电光源制造企业主要集中在东南沿海地区。

表5-11　主要气体放电光源的种类和用途

产品种类	产品名称	主要用途
荧光灯	直管型荧光灯	办公场所、商场、医院、学校等公共建筑
	环形荧光灯	家庭居室照明
	紧凑型荧光灯	家庭居室照明，办公室、商场、学校等公共建筑
	无极荧光灯	厂房仓库等工业照明场所以及道路照明
高压气体放电灯	高压钠灯	道路、隧道照明、厂房仓库等场所
	高压汞灯	道路、隧道照明、厂房仓库等场所
	金属卤化物灯	大功率金属卤化物灯多用于体育场馆照明；小功率金属卤化物灯多用于商业照明场所

2008年，我国各类电光源产品（不含发光二极管类电光源产品）的总产量达131.4亿支，荧光灯产量约为50亿支，其中紧凑型荧光灯31亿支，HID灯产量仅为1.45亿支，出口与内销比例约为2:1。含汞电光源用汞总量约为78.27t。2008年全国电光源产量结构和HID产品的产量结构情况分别见图5-19和图5-20。

电光源生产过程汞的损失量比较大，约占用汞总量的50%。目前，电光源行业使用的含汞原材料主要包括液汞、固汞、汞包三类。固汞和汞包的使用，可以有效控制汞的注入量，并减少在注汞过程中产生的遗洒和滴落的可能性。固汞替代液汞是电光源行业汞削减的一个有效途径，但由于固汞和液汞之间存在性能差异，目前还不能完全采用固汞取代液汞生产电光源。

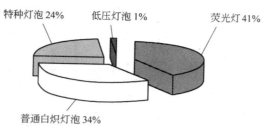

图 5 - 19   2008 年全国电光源产量结构图

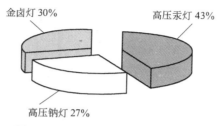

图 5 - 20   2008 年 HID 灯产量结构图

5.3   大气汞排放源

5.3.1   燃煤

燃煤大气汞排放是主要的人为大气汞排放源。我国是煤炭生产大国，受"富煤贫油少气"能源结构限制，我国同时也是煤炭使用大国。我国煤炭生产量和消费量基本逐年增长，具体数据见表 5 - 12 和表 5 - 13。

表 5 - 12   中国煤炭生产量　　　　　　　　　　　（亿吨）

年份	1980	1985	1990	1991	1992	1993	1994	1995	1996	1997	1998	1999
产量	6.2	8.7	10.8	—	—	11.5	12.4	13.6	14.0	13.7	12.5	10.5
年份	2000	2001	2002	2003	2004	2005	2006	2007	2008	2009	2010	
产量	13.0	11.6	13.8	17.2	19.9	23.5	23.7	25.3	28.0	31.65	35.1	

注：1980～2008 年数据来自中国统计年鉴；2009～2010 年数据来自 BP 世界能源统计 2010 和 2011。

表 5 - 13   中国煤炭消费量　　　　　　　　　　　（亿吨）

年份	1980	1985	1990	1991	1992	1993	1994	1995	1996	1997	1998	1999
消费量	6.1	8.2	10.6	—	—	12.1	12.9	13.8	14.5	13.9	12.9	12.6
年份	2000	2001	2002	2003	2004	2005	2006	2007	2008	2009	2010	
消费量	13.2	12.6	13.7	16.9	19.4	23.2	23.9	25.9	28.1	31.3	32.2	

注：1980～2008 年数据来自中国统计年鉴；2009～2010 年数据来自 BP 世界能源统计 2010 和 2011。

煤炭中普遍含有一定量的汞，在燃烧过程中汞被释放到环境介质中。由于汞挥发性较强，若无有效的污染控制措施，大部分汞将进入大气。

5.3.1.1 燃煤中平均含汞量

我国疆域广阔，各地煤炭中汞的含量相差较大。王起超、张明泉等均认为我国煤炭汞含量的平均值为 0.22mg/kg，陶秀成等对重庆市不同来源的商品煤进行分析，结果表明煤中汞平均含量为 0.32mg/kg，王书肖等对 2007 年全国各省的燃煤消耗量进行研究，结果表明我国平均燃煤汞含量为 0.18mg/kg。美国地质调查局（USGS）分析了中国的 276 个原煤样品，得到的结果为（0.15 ± 0.14）mg/kg。由于煤炭形成过程十分复杂，多种因素都会影响煤炭中汞含量，例如地区差异。表 5 – 14 列举了王起超等的实验研究结果，煤中汞含量较低（< 0.20mg/kg）的省份有新疆、黑龙江、陕西、河北、山东、江西、四川；汞含量较高（> 0.30mg/kg）的省份有北京、吉林、河南；汞含量处于中等水平的省份有辽宁、山西、内蒙古、安徽。除产地外，煤炭种类也是影响煤中汞含量的重要因素，内蒙古和东北地区不同种类煤炭的汞含量见表 5 – 15。

表 5 – 14　我国各省煤炭中汞含量　　　　　　　　　（mg/kg）

省　份	含量范围	算术平均值	省　份	含量范围	算术平均值
黑龙江	0.02 ~ 0.63	0.12	河北	0.05 ~ 0.28	0.13
吉林	0.08 ~ 1.59	0.33	山西	0.02 ~ 1.95	0.22
辽宁	0.02 ~ 1.15	0.20	陕西	0.02 ~ 0.61	0.16
内蒙古	0.06 ~ 1.07	0.28	山东	0.07 ~ 0.30	0.17
北京	0.23 ~ 0.54	0.34	河南	0.14 ~ 0.81	0.30
安徽	0.14 ~ 0.33	0.22	四川	0.07 ~ 0.35	0.18
江西	0.08 ~ 0.26	0.16	新疆	0.02 ~ 0.05	0.03

表 5 – 15　内蒙古和东北地区不同种类煤炭的汞含量　　　（mg/kg）

种　类	瘦煤	褐煤	焦煤	无烟煤	气煤	长焰煤
汞含量	0.729	0.384	0.268	0.184	0.14	0.072

5.3.1.2 燃煤过程中汞形态转化的影响因素

我国燃煤类型主要包括大型燃煤电厂、工业锅炉和炉窑和民用燃煤。研究表明，燃煤电厂汞排放形式主要有三种：气态汞元素单质 Hg^0，气态二价离子汞 Hg^{2+} 和吸附在固态颗粒上的汞 Hg^+。在煤燃烧过程中，汞在 650 ~ 800℃ 下将挥发至烟气中，主要存在形式是 Hg^0 和 Hg^{2+}（$HgCl_2$）。

具体而言，影响燃煤电厂汞形态转化的主要因素包括：

（1）品种。燃煤品种不同，汞的形态分布也不同。褐煤燃烧过程中单质汞含量最高，亚烟煤次之，烟煤最低。

（2）燃烧方式及温度。与司炉和链条炉相比，煤粉炉燃烧效率较高，烟气中汞含量高，留在底渣中的汞较少。研究表明，温度高于 800℃时，烟气中的汞主要的存在形式是 Hg^0，同时有少量氧化汞；温度低于 470℃时，主要形式是 Hg^{2+}。

（3）烟气气氛。过量空气系数对 Hg^0 与 Hg^{2+} 比例影响较大，氧化性气氛对元素汞的氧化有促进作用，还原性的气氛不利于氧化态汞的生成，而大部分锅炉烟气都是还原性气氛，这也导致了烟气中总汞主要成分都是元素汞。

（4）烟气成分。燃煤中氯含量将决定烟气中 $HgCl_2$ 所占的比例，即煤中氯的浓度越高，烟气中气相 $HgCl_2$ 所占比例也越大。

5.3.1.3　减少燃煤汞释放的措施及现状

火力发电厂、工业锅炉/炉窑和民用等燃煤过程均存在汞的释放，目前火力发电厂采取的汞污染控制措施较多，而后两者采取的汞污染控制技术较少。

火力发电厂的汞控制措施主要有洗煤、烟气治理技术协同控制、炉前添加卤化物和烟火道喷入活性炭吸附剂等。

（1）洗煤。洗煤可以有效去除煤中的杂质（如黄铁矿），选择合适的洗煤条件还可以去除包括汞在内的微量元素。

（2）烟气治理技术协同控制。现有烟气除尘、脱硫和脱硝设施可对汞的去除产生较大效果。一般情况下，采用"烟气脱硝 + 静电除尘/布袋除尘 + 湿法烟气脱硫"的组合技术进行协同控制可使汞排放达标。

（3）炉前添加卤化物。在电厂输煤皮带上或给煤机里加入卤化物，也可直接将溶液喷入锅炉炉膛。在烟气中卤化物氧化元素汞形成二价汞，选择性催化还原法（selective catalytic reduction，SCR）烟气脱硝装置可加强元素汞的氧化形成更多的二价汞，二价汞溶于水从而被脱硫装置所捕获。由于加入煤里的卤化物远少于煤本身含有的氯，所以不会加重腐蚀锅炉。

（4）烟道喷入活性炭吸附剂。将含有卤化物的活性炭在静电除尘器或布袋除尘器前喷入，烟气里的汞和活性炭中的卤化物反应并被活性炭所吸附，然后被静电除尘器所捕集，飞灰里被收集的汞不会再次释放。采用烟道喷入活性炭吸附剂脱汞的成本约为 8 ~ 10 万美元/kg。

工业锅炉/炉窑的汞污染控制措施较少，且汞去除效率低。据统计，全国共有 50 余万台工业锅炉、20 万台左右的炉窑，较大规模的工业锅炉/炉窑将在未来相当长的一段时间内存在。而工业燃煤锅炉/炉窑每年的总能源消耗和污染排放均位居全国第二位，仅次于电站锅炉。此外，从全国范围看，各有接近 40%

的工业锅炉安装湿式除尘器和旋风除尘器，这两种除尘器对汞的去除率分别只有 6.5% 和 0.1%，去除效果非常有限，而且目前几乎所有工业锅炉/炉窑均未安装脱硝装置。

一般民用燃煤过程中没有任何污染控制设施，因此其中的汞将直接排入大气和煤灰中，且我国在此方面的研究较少。此外，随着经济的发展和人们对大气环境的逐步重视，城市逐步淘汰散户燃煤，改为集中供暖或改用天然气、液化石油气、电等其他清洁能源，但农村地区的状况不容乐观。

5.3.1.4 汞排放量估算

一些研究者通过研究中国煤炭的汞含量、主要用煤行业燃煤汞排放因子，并结合有关统计资料估算出了我国各行业的燃煤汞排放量。汞排放因子是指排入大气中的汞量占煤炭总汞含量的分数。

冯新斌等研究得到我国工业燃煤的大气汞排因子为 74.2%、民用燃煤大气汞排放因子为 92.85%，根据我国原煤平均汞含量及 1994 年我国煤炭消耗量，估算得到 1994 年我国燃煤向大气的排汞量约为 296t。

王起超等研究得到电力、蒸汽、热水供应等燃煤行业中大气汞排放因子为 74.3%，黑色金属冶炼和压延加工燃煤行业的大气汞排放因子为 78.2%，民用和一般工业锅炉燃煤行业的大气汞排放因子为 64.0%。根据全国煤炭的平均汞含量、各行业的汞排放因子，结合 1995 年我国各行业燃煤量，得到 1995 年我国各行业燃煤共向大气中排放汞量为 213.8t。研究表明，汞排放量较大的行业依次为电力、蒸气、热水生产供应业，非金属矿物制品业，黑色金属冶炼及压延加工业，化学原料及制品制造业等。1978～1995 年，全国燃煤大气汞排放量的年平均增长速度为 4.8%，累积排放汞量为 2493.8t。北京、上海、天津等超大城市排汞强度较高，燃煤汞排放是中国面临的重要环节问题。

王书肖等基于我国分省的统计数据，采用排放因子法建立了 2007 年我国燃煤汞排放清单，我国 2007 年燃煤汞排放约为 383.8t，其中工业、电厂、民用分别约为 213.5t、138.5t 和 17.9t（共 369.9t），分别占总排放汞量的 55.6%、36.1% 和 4.7%。

5.3.2 有色金属冶炼

有色金属冶炼也是我国最主要的大气汞排放源之一。有色金属矿往往多种金属共生，或是次要金属与主金属伴生，如铅锌矿多呈共生，多数有色金属矿以硫化矿为主，因此排放烟气中含有一定浓度的 SO_2，为烟气制酸提供了条件。总体而言，有色金属冶炼可分为火法冶炼和湿法冶炼两大类，并以火法为主。火法冶炼以精矿为原料，在高温条件下，生产出金属锭或粗金属，再进一步冶炼出所需的各种产品。湿法冶炼是在溶液中提取金属，原料可以是精矿也可以是原矿、废渣等。作为有色金属原料矿的伴生杂质，汞在高温冶炼过程中易形成蒸气挥发，随烟气进入二氧化硫制酸工艺，进入副产品硫酸中，或者回收成为副产品汞。在众多有色金属中，铅、锌、铜三种金属冶炼过程中汞的产生量最大。

5.3.2.1　铅、锌、铜冶炼工艺简介

A　锌冶炼

有色金属冶炼中锌冶炼产生汞污染最为严重。一般硫化锌精矿的成分是：锌 46%～62%，硫 27%～34%，铁 2%～9%，铅 <2%，铜 <1%。

锌冶炼工艺有火法和湿法两大类。火法炼锌指在高温下，用碳作还原剂从氧化锌物料中还原提取金属锌的过程。目前我国主要使用的火法炼锌技术有竖罐炼锌、密闭鼓风炉炼铅锌和电炉炼锌。前两种方法是大型炼锌工厂使用的主要方法，电炉炼锌仅为中小炼锌厂采用。湿法炼锌先把锌精矿进行焙烧，然后用酸性溶液从氧化锌焙砂中浸出锌，再用电解沉积技术从锌浸出液中提出金属锌。下面着重介绍竖罐炼锌、密闭鼓风炉炼铅锌和湿法炼锌。

竖罐炼锌是指在高于锌沸点的温度下，在竖井式蒸馏罐内，用碳作还原剂还原氧化锌矿物的球团，反应产生的锌蒸气经冷凝成为液体金属锌。竖罐炼锌的工艺由硫化锌精矿氧化焙烧、焙砂制团和竖罐蒸馏三部分组成。

密闭鼓风炼铅锌法（imperial smelting process，ISP）是在密闭炉顶的鼓风炉中，用碳质还原剂从铅锌精矿烧结块中还原出锌和铅，锌蒸气在铅雨中冷凝成锌，铅与炉渣进入炉缸，经电热前床使渣与铅分离。此方法对原料的适应性强，可以处理原生硫化铅锌精矿，也可以熔炼含铅锌物料，能源消耗低于竖罐法。ISP 流程主要包括含铅锌物料烧结焙烧、密闭鼓风炉还原挥发熔炼和铅雨冷凝器冷凝三部分。

湿法炼锌，焙烧锌精矿后，用酸性溶液从氧化锌焙砂中浸出锌，再用电解沉积技术从锌浸出液中提出金属锌。主要包括硫化锌精矿焙烧、锌焙砂浸出、浸出液净化除杂质和锌电解沉积四个主要工序。

B　铅冶炼

铅矿主要分为硫化矿和氧化矿两类，硫化矿的主要矿物成分是方铅矿（PbS），氧化矿的基本成分是白铅矿（PbCO_3）。全世界所产的铅大部分来自硫化铅矿，少部分从废杂含铅物料中再生，氧化矿炼铅较少。

铅冶炼分为粗炼和精炼两个步骤。铅粗炼是指将硫化铅精矿氧化脱硫、还原熔炼、渣铅分离、产出粗铅，粗铅一般含铅95%～98%。铅精炼将粗铅进一步提纯，除去其中的铜、镍、钴、铁、锌、砷、锑、锡、金、银等杂质，得到含铅

99.9% 以上的精铅。

粗炼过程采用火法冶炼，我国目前工业应用的火法粗炼铅方法主要有三种，即铅精矿烧结焙烧 – 鼓风炉还原熔炼、密闭鼓风炉炼铅锌（见5.3.2.1节A）和氧气底吹直接炼铅法（Queneau Schuhmann Lurgiprocess，QSL）。

精炼分为火法精炼和电解精炼两种。火法精炼主要由熔析、加硫除铜、氧化精炼除砷锑、加锌提银、氧化或真空除锌、加钙镁除铋、精炼除钙镁等工序组成。该法优点是设备和工艺简单，建设费用较低，能耗低，生产周期短。缺点是过程复杂，中间产物品种多，均需单独处理，金属回收率较低。电解精炼由火法除铜精炼和电解两部分组成。电解时以硅氟酸铅和硅氟酸为电介质，在直流电的作用下，将粗铅电解成精铅。目前世界火法精炼铅的生产能力占总精铅生产能力的60% ~ 70%，但中国、日本和加拿大等国家主要采用电解精炼。

C 铜冶炼

从铜矿中开采出铜矿石，经选矿成为含铜品位较高的铜精矿（或铜矿砂），铜精矿经过冶炼可提成精铜及铜制品。炼铜的原料是铜矿石，铜矿石分为硫化矿、氧化矿和自然铜三类。不同的铜精矿，由于组成不同，冶炼工艺也不同，铜冶炼工艺一般分为火法和湿法两种。

火法冶炼是生产铜的主要方法，目前全球约80%的铜是用火法生产的。特别是硫化铜矿，可选性好，易于富集，选矿后产出的铜精矿基本上全是用火法处理。火法处理的优点是适应性强，冶炼速度快，能充分利用硫化矿中的硫，能耗低，特别适于处理硫化铜矿和富氧化矿。

全球约20%的铜是用湿法提取的。该法是在常温常压或高压下，用溶剂浸出矿石或焙烧矿中的铜，经过净液，使铜和杂质分离，而后用萃取 – 电积法，从溶液中提取铜。对氧化铜矿和自然铜矿，大多数工厂用溶剂直接浸出；对于硫化矿，一般先焙烧再浸出。

5.3.2.2 汞排放环节及处置措施

在铅、锌、铜冶炼过程中，矿石中的汞会随着含汞三废排放到环境中。

由于汞易挥发，矿石的焙烧过程会产生含汞废气，企业一般处理烟气后外排，也有部分企业直接外排。不同的冶炼工艺，含汞废水产生的方式不同。对于火法冶炼，含汞废水主要产生于设备用水；对于湿法冶炼，汞主要存在于浸出溶剂中。生产企业一般将含汞废水处理后排入城市管网或厂外，也有企业循环利用或直接外排。冶炼所产生含汞固废主要是炉渣、灰渣，企业一般将其自行填埋、堆存或循环利用。

采用高效的烟气处理设施及制酸工艺可有效减少汞排放，但除部分大型企业外，众多小企业无相应处理处置设施。

5.3.2.3　汞排放量估算

不同各种矿产资源的汞含量、冶炼工艺、烟气处理设施等都会对汞的排放量产生影响。我国对各种矿的汞排放估算主要通过汞排放因子计算得到。

王书肖等对我国有色金属大气汞排放量进行了研究，得到的我国铅、锌、铜汞排放因子及不同形态分布见表5-16。国际上铅、锌和铜冶炼的排放因子分别为3.0g/t、7.0g/t、5.9g/t，与之相比，我国铅、锌、铜冶炼行业的排放因子过高，在进行工艺改进和提高管理措施后，还有很大的减排空间。

表5-16　我国2003年铅、锌、铜冶炼大气汞排放因子及不同形态分布

行　业	排放因子/g·t^{-1}	形态分布因子		
		Hg^0	Hg^{2+}	Hg^P
锌冶炼	83.4	0.80	0.15	0.05
铅冶炼	43.6	0.80	0.15	0.05
铜冶炼	9.6	0.80	0.15	0.05

根据大气汞排放因子和金属产量，估算出2003年和2007年锌冶炼的大气汞排放量分别为199.25t和277.7t，铅冶炼的汞排放量分别为70.65t和121.7t，铜冶炼的汞排放量分别为17.63t和33.59t。由于锌冶炼汞排放因子很高，且产量也大，所以排放到大气中的汞量较高。

5.3.3　水泥生产

5.3.3.1　水泥生产及其汞排放

2002年和2007年我国水泥产量达到7.25亿吨和13.6亿吨，其中大部分是由中小水泥厂生产的。中小水泥厂普遍存在规模偏小、布局不合理及缺乏污染治理措施等问题。在水泥生产中，汞主要来源于自然含汞的原料及燃料，如石灰、煤炭、油等。

硅酸盐类水泥生产工艺在水泥生产中最具代表性，它是以石灰石和黏土为主要原料，经破碎、配料、磨细制成生料，然后进入水泥窑中煅烧成熟料，再将熟料加适量石膏（有时还掺加混合材料或外加剂）磨细而成。

水泥生产随生料制备方法不同，可分为干法（包括半干法）与湿法（包括半湿法）两种。

干法水泥生产是将原料烘干并粉磨，或先烘干经粉磨成生料粉后再喂入干法窑内煅烧成熟料的方法。但也有将生料粉加入适量水制成生料球，送入立波尔窑内煅烧成熟料的，称之为半干法，属于干法生产。

湿法水泥生产是将原料加水粉磨成生料浆后，喂入湿法窑煅烧成熟料的方法。也有将湿法制备的生料浆脱水后，制成生料块入窑煅烧成熟料的，称为半湿法，属于湿法生产。

5.3.3.2 汞排放量估算

水泥生产中汞的排放主要来源于燃煤和矿石中的汞，王书肖等曾对我国水泥生产行业的大气汞排放量进行过研究，研究发现，2003 年和 2007 年的大气汞排放量分别为 34.48t 和 54.45t。2005 年全球水泥生产的汞排放量约为 189t。此外，为推算水泥行业的汞排放量，曾有学者对水泥行业的排放因子进行过研究，推算我国水泥行业大气的汞排放因子为 10g/t 水泥，而国外文献报道水泥生产的排放因子平均值为 0.1g/t 水泥。

5.3.4 废物焚烧

随着社会经济的快速发展，我国城市垃圾产生量逐年增加，如何有效地处理垃圾成为亟待解决的问题。目前，我国城市垃圾的处理方法主要有填埋、焚烧和堆肥，2009 年三者约占处理量的 80%、18% 和 2%。与前几年相比，填埋与焚烧所占比例进一步增长，而堆肥比例进一步萎缩。由于垃圾填埋占用大量土地资源，大城市周边可供建设填埋厂的土地越来越少，加之过半的填埋厂并未配有渗滤液收集和处理系统，在一些地区引发较严重的地表及地下水污染。近年来在经济比较发达的大城市和东南沿海地区，垃圾焚烧处理量逐年增长。

焚烧法处理固体废物具有显著的减容、减量、灭菌和回收热能等特点，已逐渐成为很多国家处理城市固体垃圾的主要方式之一，我国许多大中城市已经开始建设不同规模的生活垃圾焚烧处理厂。由于汞元素特殊的理化特性，焚烧过程中垃圾中所含的汞有 80%~90% 随烟气释放到大气中，一部分将随降水和大气沉降回到地面环境中，另一部分将随大气远距离传输至全球各地。

5.3.4.1 减少汞排放的措施

汞的存在形态对焚烧烟气中汞的去除效率有很大影响，总体而言，影响废物焚烧中汞向大气释放量的因素主要包括废物中的汞含量、焚烧炉采用的焚烧技术、焚烧烟道气处理系统。尽管燃烧后处理技术可以有效控制大气汞排放，但最有效的方法还是限制和防止汞进入焚烧炉。目前减少汞排放的措施主要有以下两种：

（1）建立生活垃圾综合处理体系进行垃圾分类，从源头上减少汞进入垃圾。含汞生活垃圾的来源很多，主要是废弃的电池、荧光灯管、温度计和血压计。另外目前有些医院未能建立含汞医疗废物回收制度，破碎的含汞温度计、血压计及废弃的齿科银汞胶囊直接废弃，也是生活垃圾中汞的重要来源。

　　（2）加强烟道气的处理。目前烟气处理技术主要有干喷吸收剂法和湿洗法，Hg^{2+} 水溶性较好并在适合的温度下可沉积，Hg^0 蒸气压较高和水溶性较低，可长距离传输。针对两者的特性，选择相应的处理方法。

　　干喷吸收剂法：通过向烟气中喷入活性炭、石灰及硫化钠等吸附剂可有效去除烟气中的汞。如果控制好合适的 C/Hg 比，烟气中汞的去除率可达 95% 以上。在烟气中单质气态汞比化学态的汞更难去除，向烟气中喷入活性炭主要是吸附去除单质气态汞，并且向烟气中注入一些氧化剂更有利于烟气中汞的去除。干喷吸收剂法的优点是没有废水产生，并且飞灰和反应产物可以被过滤器（200℃以下）除去，其缺点是较难达到反应所需时间。

　　湿洗法：对于高汞废物的焚烧，可采用湿式烟气净化技术，在脱酸过程中将烟气骤冷至60℃以下，并将汞蒸气冷凝进入到液相，还可在喷淋液中加氧化剂或配合剂，提高汞的去除效率。湿洗可以有效地脱除 Hg^{2+} 化合物，然而 Hg^0 却需要低温和长停留时间。

5.3.4.2　汞排放量估算

　　2003 年生活垃圾焚烧的汞排放量为 10.36t，Hg^0、Hg^{2+}、Hg^+ 分别排放了 2.07t、6.22t 和 2.07t。研究表明，1995～2003 年期间，在所有排放源类别中，生活垃圾焚烧的大气汞排放量增长率以平均每年 42% 位于各类排放源榜首，而同期非燃煤大气汞排放量的年均增长率为 9%。虽然 2003 年生活垃圾焚烧的大气汞排放量仅占当年全国总排放量的 2%，但考虑到其高速的增长态势，随着生活垃圾焚烧处置的进一步发展，由此产生的汞排放将会给环境带来更大的压力。此外，为推算垃圾焚烧的汞排放量，曾有学者估算我国 2003 年生活垃圾焚烧的汞排放因子为 2.8g/t，形态分布因子如下：Hg^0、Hg^{2+}、Hg^+ 分别占 20%、60% 和 20%。

5.3.5　其他大气汞排放源

　　其他大气汞排放源主要包括石油天然气燃烧、钢铁生产、生物质（木材和农业秸秆）燃烧、尸体火化和氯碱生产等。其中，钢铁生产中汞的排放主要来源于燃料和矿石冶炼，有研究推算其综合排放因子为 0.04g/t 钢。

5.3.6　大气汞排放量

　　我国大气汞排放量较大的领域主要有燃煤、有色金属冶炼、水泥生产。据清华大学的估算结果，2007 年我国燃煤、有色、水泥的汞排放量约为 890t。燃煤的汞排放约为 383.8t，其中工业、电厂、民用分别约为 213.5t、138.5t 和 17.9t，工业部门是最大的排放源；水泥生产以及铜、锌、铅冶炼的汞排放达到了439.2t，其中炼锌由于平均排放因子很高，而且产量最大，汞排放达到277.7t，其次是炼铅和水泥生产，分别为121.7t和54.5t。从地理分布上看，山东、广东、河南、湖南、辽宁和云南是我国汞排放量最大的六个省份。由于我国燃煤领域的汞排放情形比较复杂，基于排放因子估算的汞排放量尚具有很大的不确定性。

　　由于工业锅炉通常只安装了对汞的协同去除效率较低的除尘装置，致使工业部门成为燃煤汞排放的最大排放源，占燃煤汞排放总量的55.6%，有很大的汞减排空间。优化现有除尘设施或增加除汞装置，并加强对工业锅炉的控制，是降低工业部门燃煤汞排放量的有效措施。

　　有色金属冶炼过程的汞排放与各种矿产的汞含量以及冶炼工艺有很大的关系，当冶炼设施有高效的烟气处理设施以及制酸工艺时，冶炼过程的汞排放会大幅减少，但目前除部分大型冶炼厂外，众多小型冶炼厂并没有相应的设施，且汞排放因子很大，使得有色金属冶炼成为我国最大的排放源。降低冶炼矿的汞含量、选择适当的冶炼工艺、安装有效的烟气处理设施，是我国有色金属冶炼汞减排的重要发展方向。

6 我国汞污染控制技术及管控措施

6.1 汞污染控制技术

由于汞所具有的特殊理化性质，广泛应用于我国多个重要的工业领域，电石法聚氯乙烯（PVC）、电光源、电池、医疗器械中体温计和血压计等生产行业是我国主要的用汞行业。其产品是我们日常生活的必需品，给我们带来了高质量的生活，同时这些产品的生产和制造过程也消耗大量的汞，并导致汞进入环境，严重威胁着人类的健康。因此，在日常生活生产中要注重汞污染控制技术的研究与推广，削减工业用汞，严格处理含汞三废，以降低汞对人体及环境的危害。此外，因汞广泛存在于各种矿物中，所以燃煤、有色金属冶炼、水泥生产等行业是汞的无意排放重要行业，需要对这些行业的汞排放进行管控。

6.1.1 替代技术

低汞、无汞产品和生产技术推广、应用是汞削减最直接、有效的手段，有些行业已有成熟的低汞、无汞产品和技术，如我国电石法 PVC 行业中低汞触媒产品、电光源行业固汞产品应用、电池和医疗器械行业中无汞产品生产技术，这些产品和技术都可以有效控制和削减我国汞的使用量和排放量。

6.1.1.1 电石法聚氯乙烯（PVC）行业

电石法 PVC 行业的替代技术主要有低汞触媒技术和分子筛固汞触媒技术，其中低汞触媒技术已成熟且在行业内大力推广，而分子筛固汞触媒技术处于研发阶段，技术成熟后可在行业推广应用。

（1）低汞触媒生产技术。低汞触媒是将采用特殊要求的活性炭，经多次吸附氯化汞及多元配合助剂后，将氯化汞固定在活性炭有效孔隙中的一种新型催化剂，其氯化汞含量约为 6%，为高汞触媒的 1/2 左右。低汞触媒可以提高汞的利用效率和催化活性，降低汞升华速度，且使用寿命与传统的高汞触媒相当，从而减少汞的消耗量和排放量，是我国电石法 PVC 行业大力推广的应用技术。

低汞触媒生产原料主要包括优质活性炭、氯化汞、助剂（含促进剂、稳定剂、抗结焦剂、热稳定剂）等。低汞催化剂生产工艺如图 6 – 1 所示。此工艺流程是先将彻底溶解的 $HgCl_2$ 溶液注入密闭的浸渍罐中，再将活性炭从密闭的料仓

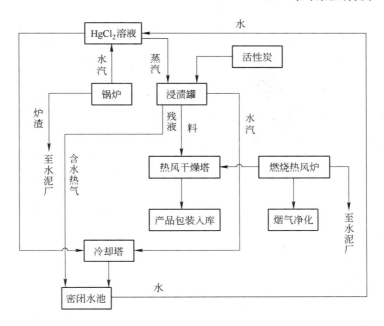

图 6-1 低汞催化剂生产工艺流程

内放入浸渍罐，当活性炭中的氯化汞含量达标后，放残液入密闭水池，再将产品置于热干燥塔内，通 110℃ 的热风数小时使含水量达标，最后产品包装入库。干燥产生的水汽进入密闭冷却塔成水入池集中循环使用。该工艺的特点是基本可以做到三废全部循环利用。

部分企业的使用经验表明，只要低汞触媒的氯化汞含量和辅助成分搭配合理，在氯乙烯合成中触媒发挥良好的协同作用，达到较高的活性和较好的选择性，使其使用寿命延长。目前，低汞触媒的最长运行时间已超过 9000h，具有较高的推广使用价值。表 6-1 是普通高汞触媒与低汞触媒的指标与性能对比，与普通高汞触媒相比，低汞触媒耗汞量低，但对氯化汞与活性炭也有特殊要求。

表 6-1　普通高汞触媒与低汞触媒的指标与性能对比

对比指标	普通高汞触媒	高活性低汞触媒	备　注
氯化汞含量/%	10.5 ~ 12.5	5.0 ~ 6.5	
水分含量/%	≤0.3	≤0.3	
对氯化汞的要求	0.995	0.999	
对活性炭的要求	普通	优质并经过特殊处理	
粒度/%	2.80 ~ 6.30mm > 90	4 ~ 6mm ≥95	
机械强度/%	≥95	≥95	
表观密度/g·L⁻¹	540 ±20	550	

对比指标	普通高汞触媒	高活性低汞触媒	备　注
选择性	高	高	
催化活性	高	高	
转化率	高	高	
寿命/h	平均 7000	超过 7200	与触媒质量、工艺操作、内部管理等多种因素有关
触媒消耗/（kg/t PVC）	1.0 ~ 1.4	1.0 ~ 1.3	
废触媒 HgCl₂ 含量/%	3 ~ 7	4 ~ 5	
生产方法	简单	复杂	
工艺过程	简单	复杂	
环境评价	污染严重	污染轻	

注：机械强度指颗粒试样经一定的机械磨损、碰撞和筛分后，筛上部分的试样占试样总质量的分数。

目前国内已有近 30 家企业使用低汞触媒，2010 年低汞触媒的使用总量占行业内汞触媒使用总量的 15% 左右。低汞触媒的应用可大幅度减少氯碱行业的用汞量。

（2）无汞触媒生产技术。国内氯乙烯的制备大多使用含汞催化剂，由于其本身的致命缺陷已经越来越不符合当今社会发展的需求：一方面，国内汞储量下降迅速，进口亦受限制，氯化汞的生产前景不容乐观；另一方面，氯化汞升华很快，不仅导致催化剂使用寿命短、消耗高，更对环境和人类带来巨大危害。因此无汞触媒替代汞催化剂已成为必然。近几年世界环境危机愈演愈烈，各国更是加大力度进行无汞催化剂及相关工艺的研发。尽管许多研究成果仍处于实验阶段，但是宝贵的实验室经验及不断的生产尝试，使得无汞催化剂正向着大批量工业应用的目标快速逼近。

美国、前苏联、日本、德国等对无汞触媒的研究较早，早在 20 世纪初就已开始，虽取得一些进展，但无工业实用价值。这些研究中，最好的无汞触媒使用寿命在 700h 左右，无法满足电石法工业生产的要求。在无汞触媒的研究方面，表现突出的是总部设在挪威的阿克克瓦纳公司，其创始人 John Brown 是无汞触媒的发明人。该公司在 20 世纪 80 年代对含汞触媒进行研究，1995 年开始研究无汞触媒，1996 年在试验装置中进行 3 个月的试验（1 个转化器），但由于国外淘汰了电石法工艺，含汞触媒失去了市场而未进一步研究。近几年随着中国电石法市场的发展，该公司继续开展试验研究，并取得一定进展。

我国的无汞触媒研发，以北京化二股份有限公司、清华大学等单位为主。对无汞触媒的研制，有以氯化物为活性物质的，也有以非氯化物为活性物质的；有以单一组分为活性物质的，也有以二元或多元组分为活性物质的。具有较好催化性能的无汞触媒，是以锡化合物为主要活性物质，与其他无汞触媒相比，该触媒具有反应温度低、活性高、选择性好等优点，但活性物质会以 $SnCl_4$ 的形式流失而失活，导致其使用寿命缩短。

（3）分子筛固汞触媒技术。分子筛固汞触媒为超低汞触媒，是以分子筛代替活性炭为载体，利用分子筛的多孔结构及离子交换性能，使氯化汞取代分子筛中的钠离子，从而进入分子筛的骨架内。分子筛具有均匀的微孔结构，比表面积为 $200 \sim 900 m^2/g$，孔容为 50% 左右。分子筛具有酸稳定性、热稳定性强的特点，高硅分子筛对烃类的裂解和转化催化具有较高的活性。分子筛氯化汞触媒在使用过程中，氯化汞不随温度升高而升华，汞在载体中的热稳定性很高，不易流失，更换后不需养护，催化能力强，使用寿命长。

现有的氯乙烯生产反应器的传热条件不能满足分子筛固汞触媒工作的要求，因此在积极研发分子筛固汞触媒的同时，还要加快开发与分子筛固汞触媒相配套的新型固定床和大型流化床，使分子筛固汞触媒技术能尽快应用。目前此项技术处于研发阶段，技术成熟后可在行业推广应用，可在低汞触媒的基础上进一步降低行业的用汞量。

6.1.1.2 电光源行业

A 固汞技术

传统的节能灯生产工艺是采用液汞，汞注入量难于控制，实际用量远远超出理论用量。由于在灯的燃点过程中，汞原子可与含氧杂质气体反应生成氧化汞等汞化合物，增加实际耗汞量。从而导致灯内用于发光的汞在燃点过程中逐渐减少，灯的使用寿命也会因缺汞而缩短。另一方面，在生产过程中汞极易黏附在注汞管壁上，因此难以精确控制注入量，使得注汞量的偏差比较大，若注汞量太小，易造成少汞或无汞。为了减少缺汞比例，提高产品合格率，生产过程中往往需加大平均注汞量，所以实际上灯中的汞含量远高于理论值。由于液汞的挥发量大，对环境和工人都造成很大危害。

固汞是汞与其他金属元素制成的汞合金，汞的加入量可依据灯管所需的额定汞量控制，大大减少汞的注入损失，同时也降低了挥发量。固汞技术优点有：（1）固汞可严格控制颗粒的质量、含汞比例，固汞微细颗粒不会出现液汞粘连难注入的问题，可实现准确、少量注入，同时，灯管寿命结束后的汞污染也大幅减少；（2）固汞不易流动，易回收，大大减少生产场地的汞污染；（3）节能灯正朝着更紧凑、小型化的方向发展，由于点灯时温度较高，液汞无法在高温时控制汞蒸气压，导致光效急剧下降，而固汞可在特定高温下，控制汞蒸气压，提高灯的光效。

固汞是汞齐和固态汞的统称。汞齐是汞与钠、铋、铱、锡、锌等金属元素组成的汞合金，可分为圆柱形和球形两种形态，不同型号或性能的产品选用不同类型的汞齐。固态汞是指汞大部分以原子或微细汞粒形式吸附在铁、微量铜等载体中的一种含汞固体混合物。此外，汞包和钛汞释汞吸气带也是目前在荧光灯生产中使用的含汞材料，汞包是将液汞注入密封的玻璃管或金属管中，而钛汞释汞吸气带的主要成分为钛汞齐，这两类材料也属于清洁生产技术。

B　替代产品

电光源含汞产品主要为气体放电灯，主要包括荧光灯和高压气体放电灯（HID），以下分别介绍荧光灯和 HID 灯的替代产品。

半导体发光二极管灯（LED）可作为荧光灯的替代产品，半导体发光二极管灯是利用半导体二极管的原理做成的灯，可以把电能转化成光能，简写为 LED。发光二极管与普通二极管一样是由一个 PN 结（在一块单晶半导体中，一部分掺有受主杂质是 P 型半导体，另一部分掺有施主杂质是 N 型半导体时，P 型半导体和 N 型半导体的交界面附近的过渡区称为 PN 结）组成，也具有单向导电性。当给发光二极管加上正向电压后，从 P 区注入到 N 区的空穴和由 N 区注入到 P 区的电子，在 PN 结附近数微米内分别与 N 区的电子和 P 区的空穴复合，产生自发辐射的荧光。不同的半导体材料中电子和空穴所处的能量状态不同。电子和空穴复合时释放出的能量有多有少，释放出的能量越多，发出的光波长越短。常用的有发红光、绿光或黄光的二极管。LED 灯使用寿命长、能效高使之可能成为荧光灯的有效替代品，但由于 LED 灯发光效率低而成本较高，目前仅适于少数几种应用环境，因此，要实现全面替代，LED 灯的技术水平尚需提高。

此外，有机发光二极管（OLED）、量子点发光材料等都是近年开发出的新生照明技术，处于探索发展阶段，尚没有到商业化的程度。其各自特殊的发光原理和性能使得电光源产品家族的队伍日益强大，未来人们对电光源产品的选择将有更大的空间。

用锌替代高强度放电灯中的汞。经过多年的研究，已经发现在高强度放电灯中可以用锌取代汞，并已成功用于汽车金属卤化物灯。用锌代替汞制成的汽车金属卤化物灯参数和用汞制成的灯基本接近，起到了和汞一样提高灯电压的作用，可以用作汽车的前大灯。该灯已被欧盟汽车工业标准采纳。

6.1.1.3　电池行业

电池行业使用的汞几乎全部进入到电池产品中，由于废弃电池回收处置难度较大，因此无汞化将成为电池行业汞污染控制的必然选择。近年来，无汞电池技术陆续研制成功并应用，无汞电池替代含汞电池已成必然之势。

A 无汞糊式锌锰电池

目前无汞糊式电池仅有广州市某公司和重庆某电池厂生产，分别拥有技术专利。目前已经完成研究开发，形成小批量（几万只规模）试产。该技术的关键是采用氯化铋或氯化铟替代氯化汞作为缓蚀剂。

重庆市某电池厂生产的无汞糊式锌锰电池，将十二烷基苯磺酸钠层、十六烷基三甲基溴化铵层和三氯化铋层嵌入浆糊层中，从而完全替代氯化汞。该技术新材料缓蚀效果好，性能与原有含汞电池效果持平，无需改变原有电池生产工艺与装备。

广州市某电池厂生产的无汞糊式锌锰电池，电解液是 $MgCl_2$、NH_4Cl 和 $ZnCl_2$，并加以 PVA 和 $B(OH)_3$ 为主体的缓蚀剂，另外根据不同的正极材料，选择加入不同的无汞材料。一种是以电解 MnO_2 粉为正极，在上述配好的电解液加入 16 碳或 18 碳三甲基氯化铵。一种是以天然 MnO_2 粉为正极，在上述配好的电解液中加入 $InCl_3$ 或 $BiCl_3$，该技术无内外电解液的区分，浆料不发生自然糊化现象。以 $InCl_3$ 或 $BiCl_3$ 为缓蚀剂的电池与传统电池的生产工艺基本相同，基本达到现有含汞产品使用效果。

B 无汞纸板锌锰电池

无汞纸板锌锰电池工艺主要是采用无汞浆层纸，在浆层纸涂料中采用氯化铋取代氯化汞。无汞浆层纸的制作方法是将聚丙烯酰胺、聚乙烯醇、氯化锌、改性淀粉、辛烷基苯酚聚氧乙烯醚和适量的水搅拌，然后加入氯化铋，调节浆液黏度过滤。浆液配制后按照传统的含汞浆层纸的生产方法作成成品。与含汞电池相比，无汞纸板电池生产流程大致相同，且国内纸板电池无汞化技术已经比较成熟，通过多年技术交流及转让，该技术已经普及（无汞纸板电池占同类产品产量的 45%～50%），部分纸板锌锰电池生产企业的产品全部达到无汞化。

C 扣式碱性锌锰电池

无汞扣式碱性锌锰电池的工艺要点是采用铟合金锌粉和特殊的负极片结构与电镀工艺。其负极片的电镀方法有两种：第一种是将金属片（铁片或不锈钢片）制成负极片，经电镀镍或铜后，再用滚镀的方法镀上铟或锡；第二种是将金属片以卷状先镀上镍或铜等，再将铟或锡镀在金属片其中的一面，然后制成负极片。

制作电池过程中，需将镀铟或锡的一面与负极锌膏接触，其他的生产工艺与传统产品工艺一致。所生产的无汞扣式电池汞含量低于 5mg/kg，符合欧盟及北美地区对扣式碱性锌锰电池汞含量标准的要求。采用新技术生产的无汞扣式电池成本较普通扣式锌锰电池的成本略高。

目前该广州电池生产企业拥有无汞扣式碱性锌锰电池技术专利，技术成熟、可行，可在全行业内推广。

D 其他含汞电池

目前日本已有无汞氧化银电池技术专利，美国已研制出无汞锌空气电池，但目前中国缺乏此类技术的研究。

6.1.1.4 医疗器械行业

A 电子体温计

电子体温计利用温度传感器输出电信号，直接输出数字或者再将电流信号（模拟信号）转换成能够被内部集成的电路识别的数字信号，然后通过显示器（如液晶、数码管、LED 矩阵等）显示以数字形式的温度，能记录、读取被测温度的最高值。

电子体温计由感温头、量温棒、显示屏、开关、按键、温度传感器以及电池盖构成，其核心元件是感知温度的 NTC 温度传感器。传感器的分辨率可达 $\pm 0.01℃$，精确度可达 $\pm 0.02℃$，反应时间小于 2.8s，电阻年漂移率不大于 0.1%（相当于小于 0.025℃）。

B 红外体温计

红外体温计是根据黑体辐射原理，通过测量人体辐射的红外线来测量温度。它所用的红外传感器只吸收人体辐射的红外线而不向人体发射任何射线，采用被动式且非接触式的测量方式，因此红外体温计不会对人体产生辐射伤害。根据测试位置不同，红外体温计有不同的类型。

耳腔式体温计（简称耳温计）：一种利用耳道和鼓膜与探测器间的红外辐射交换测量体温的仪器。测量范围为 22.0~40.0℃，示值允许误差为 $\pm 0.2℃$。

体表温度计：一种利用皮肤与探测器间的红外辐射交换和适当的发射率修正测量皮肤温度的仪器。测量范围为 22.0~40.0℃，示值允许误差为 $\pm 0.3℃$。

红外筛检仪：筛检仪是一种利用红外测温技术对人体表面温度进行快速测量，当被测人体表面温度达到或超过预设警示温度值时进行警示的筛检仪器。该类产品多由红外热像仪改进组成，经常在机场、车站、码头等口岸使用。测量范围为 22.0~40.0℃，示值允许误差为 $\pm 0.4℃$。

C 镓铟锡体温计

镓铟锡体温计与水银体温计具有相同的稳定性、准确性，最早在德国研制成功，并在欧盟等国家普及。我国企业也研制成功了该种体温计，并取得了医疗器械注册证，且已在医院使用。

镓铟锡体温计的制备步骤是先在氩气保护下或真空状态加热到 300~350℃熔制镓铟锡钾钠锂合金；取内径为 $\phi 0.05~0.1mm$ 玻璃毛细管，用煤气或乙炔喷灯火焰尖端对毛细管拟缩颈部位的微小区域进行加热，使其内壁软化鼓泡，用投影仪观察和控制鼓泡大小，使小泡鼓至对面管壁；然后使毛细管缩颈部下端与玻璃球形柱体相连，构成体温计一端开口的玻璃管坯体；标定液柱的温度标记，并将体温计毛细管上部开口端封闭。

D 电子血压计

电子血压计是采用示波法测量血压的工具，主要由伺服加压气泵、电子控制排气阀、气压压力传感器构成。示波法是根据袖带在减压过程中，其压力振荡波的振幅变化包络线来判定血压的。

6.1.2 减排技术

6.1.2.1 电石法聚氯乙烯（PVC）行业

电石法 PVC 生产过程较为复杂，汞减排可从氯化汞触媒反应器、汞回收、副产盐酸汞控制等方面开展。常用的减排技术有以下三种。

（1）流化床反应器。流化床反应器也叫沸腾床反应器，气体与触媒在容器中呈沸腾状态，是乙炔和氯化氢进行反应生成氯乙烯的大型反应装置。优点是气固接触面积大、反应速度快、传热效率高、换热效果好、生产能力大，可以有效控制在催化剂合成氯乙烯时不同床层中的温度，提高氯乙烯的转化率，减少因汞催化剂升华、破碎造成的损失，降低汞消耗。同时，流化床不需要人工翻倒，与固定床反应器相比，可减少触媒翻倒过程中的汞流失。目前该项技术处于企业试用阶段。

（2）高效气相汞回收技术。高效气相汞回收技术是指可以将升华到氯乙烯中的氯化汞高效回收的设备与技术，整套设备包括冷却器、特殊结构的脱汞器及新型汞吸收剂。在氯乙烯的生产过程中由于反应温度较高使氯化汞升华而随氯乙烯气体流失到下道工序，通过采用高效吸附技术可回收这部分氯化汞，从而进一步减少氯化汞的流失。

高效气相汞回收技术的主要工作过程是：来自合成工序的合成气中主要成分是氯乙烯，还含有过量的氯化氢气、未反应的乙炔气、原料气中夹带的不凝气、副反应产生的有机杂质气、水分和合成反应还原挥发出来的汞。合成气首先进入一级合成气冷却器冷却，经捕尘器除尘后，再进入脱汞器中经活性炭吸附，除去其中所含的大部分汞后，送二级合成气冷却器冷却后送入后续系统，详见图6-2。该技术可有效回收利用流失的汞，降低氯乙烯气体的汞含量，防止氯化汞进入液相系统。

图 6-2 高效气相汞回收技术工艺流程

（3）盐酸脱吸技术。氯乙烯混合气中约有 5% ~10% 的氯化氢气体，经过水洗后产生一定量的含汞副产盐酸，目前处理副产盐酸的最好方法是采用盐酸脱吸技术，将脱除的氯化氢重新回收利用，从而充分利用氯化氢资源。

盐酸脱吸技术是利用氯化氢在水中的溶解度随温度升高而降低的原理，将生产 PVC 时产生的废盐酸中的氯化氢气体解吸出来，氯化氢循环利用或制成盐酸出售，含汞的酸性废水用作冷凝水或进入废水处理环节进行脱汞后达标排放。目前行业内有 65% 的电石法 PVC 产能应用此技术。

盐酸脱吸技术的工艺流程如图 6-3 所示。合成工序产生的氯乙烯中含有过量的氯化氢气、副反应产生的有机杂质气和合成反应还原挥发出来的汞。含杂质的氯乙烯气经冷却后，从塔底进入组合吸收塔，再经传质过程脱除大量氯化氢气体后，从塔顶出来送一、二级碱洗塔进一步精制。组合吸收塔中质量分数为 31% 的浓盐酸进入浓酸预热器预热后，从顶部进入脱吸塔，经与来自塔底的盐酸蒸气在传质、传热作用下完成脱吸过程，氯化氢从塔顶分离出来后，经冷却器冷却送混合脱水工序并重新进入生产系统作为原料合成氯乙烯；脱吸所得的质量分数降至约为 19.5%，这部分稀盐酸返回组合吸收塔浓酸区作为氯化氢吸收剂；另一部分 19.5% 的稀盐酸进入稀酸脱吸装置制成氯化氢循环利用。

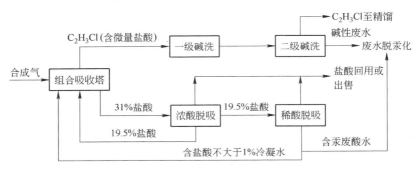

图 6-3　盐酸脱吸技术工艺流程

6.1.2.2　电光源行业

自动注汞圆排技术是采用机器完成的自动化程序，将注汞、排气等工序集结在同一台机器上自动完成的技术。工艺过程如图 6-4 所示。使用圆排机可以精确计量汞的注入量，减少注汞过程中的汞排放，提高生产效率和工艺过程中的密封性，减少不合格产品，避免操作人员直接接触汞，保护人体健康。

6.1.2.3　医疗器械行业

医疗器械（血压计、体温计）行业生产过程相对简单，只要有效控制加汞阶段汞的注入以及对含汞原材料的保护即可减少生产过程中汞的排放，同时可采用新技术，控制玻璃管内径来缩减汞的使用量。常用的减排技术有自动注汞技术、防护罩及玻璃管内径控制技术。

（1）自动注汞。自动注汞技术是近年来普遍使用的一项技术，采用全自动

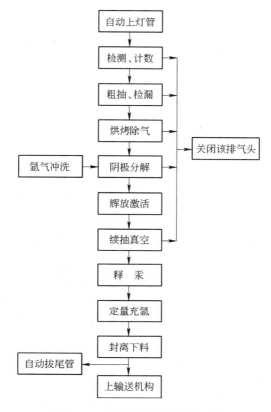

图 6 - 4 灯管下置式圆排机工艺

加汞器，可精确计量汞注入量，减少人为注汞过程中的汞损失，提高生产效率，减少不合格产品，有效保护人体健康。

（2）防护罩。在含汞血压计或体温计生产过程中，对加工含汞原料的设备安装防护罩，并与净化设施相通，可有效减少生产过程中汞的无意排放，避免工人与汞的长期直接接触。

（3）玻璃管内径控制。通过控制玻璃管内径，逐步缩小玻璃管内径，减少每台血压计汞的使用量。目前，已有企业通过缩小玻璃管内径并利用三棱镜原理，将血压计的单台含汞量压缩至 8 ~ 10g。

6.1.2.4 燃煤行业

燃煤行业的汞排放源主要包括燃煤电厂、工业锅炉/炉窑和民用燃煤，其中燃煤电厂的汞排放量最多。5.3.1 节已对燃煤行业汞排放的污染控制措施做了说明，以下对燃煤电厂汞排放污染控制技术进行介绍。

一般来说，影响燃煤电厂大气汞排放的主要因素包括燃煤中的汞含量、燃烧装置的炉型和燃烧方式及烟气净化设施（除尘、脱硫、脱硝）对汞的去除效率等。

目前燃煤电厂大气汞污染控制技术主要分为三类，即直接利用现有大气污控设施进行协同脱汞、改进现有大气污控设施以提高脱汞效率和新建大气汞污控设施专门脱汞。

直接利用现有大气污控设施进行协同脱汞主要包括以下几类：利用布袋除尘和电除尘等颗粒物捕集设施去除烟气中的颗粒汞，利用湿法或喷雾干燥法脱硫等脱硫设施去除氧化态汞，利用选择性或非选择性脱硝设施将气态元素汞氧化为二价汞，煤炭燃烧前进行洗煤等。

改进现有大气污控设施主要包括飞灰再注入、强化湿法脱汞和改进布袋除尘器等。

新建大气汞污控设施主要包括活性炭注射、燃煤中添加溴化钙、溴/氯/碘负载活性炭注入、钙吸附剂注入、沸石吸附剂注入、光化学氧化等。

目前我国燃煤电厂对污染物的控制重点主要在烟气脱硫和除尘，未对烟气中的汞进行专门性控制，所以利用现有除尘脱硫等大气污控设施进行协同效应除汞是主要控制途径。国内五大电力集团已经开展燃煤电厂大气汞污染控制试点工作。

6.1.2.5　有色金属冶炼行业

目前我国有色金属冶炼行业针对汞污染物的专门去除工艺较少，主要有我国韶关冶炼厂的碘化钾除汞工艺和 Outokumpu 公司的玻立登·诺辛克工艺等。

我国韶关冶炼厂的碘化钾除汞工艺为该厂与广东有色金属研究院共同开发，基本原理为净化后的含汞烟气进入脱汞塔，与碘化钾循环溶液发生反应，从而将烟气中的汞除掉，汞去除效率可达 97%。经过一段时间，将部分循环液引出系统进行电解再生，生成金属汞与含碘离子溶液，后者再加入到循环液中，发生的主要反应如下：

$$H_2SO_3 + 2Hg(g) + 4H^+ + 8I^- \longrightarrow 2HgI_4^{2-} + S + 3H_2O$$

$$HgI_4^{2-} \longrightarrow Hg + I_2 + 2I^-$$

$$I_2 + H_2SO_3 + H_2O \longrightarrow 2HI + H_2SO_4$$

Outokumpu 公司的玻立登·诺辛克工艺是目前应用最普遍的工艺，截止到 2009 年，全世界共有 47 套烟气制酸系统配备了除汞装置，其中 38 套采用玻立登·诺辛克法，生产工艺见图 6-5。目前我国的株洲冶炼厂使用该法进行烟气中的汞回收。

该法的基本原理是基于金属汞蒸气和氯化汞配合物离子之间的特别迅速和完全的反应而生成甘汞，主要反应如下：

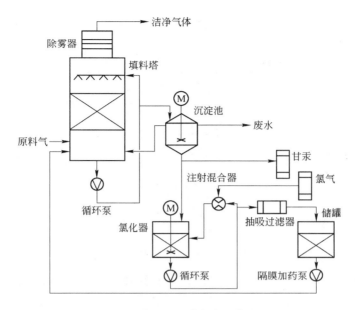

图 6-5 玻立登·诺辛克工艺流程

$$Hg^0 + HgCl_2 \longrightarrow Hg_2Cl_2 \downarrow$$
$$Hg_2Cl_2 + Cl_2 \longrightarrow 2HgCl_2$$

第一个反应在反应塔中发生，氯化汞溶液吸收汞蒸气并形成氯化亚汞沉淀，这部分沉淀纯度较高，可直接销售或进一步提纯后电解成金属汞和氯气，氯气可以参与氯化汞再生反应。汞去除效率在 99.3%~99.8% 之间。

6.1.3 汞回收及含汞三废处理处置技术

6.1.3.1 废物处理处置与汞回收技术

目前的废物处理处置与汞回收技术主要包括废汞触媒回收处理处置技术和废旧灯管无害化回收处理处置技术两种。

（1）废汞触媒回收处理处置方法主要包括蒸馏回收法、化学活化法和控氧干馏法。

蒸馏法回收处理工艺流程包括化学浸渍、焙烧蒸馏和冷凝三个环节，工艺流程见图 6-6。

化学浸渍是将废汞触媒用碱性溶液浸泡，然后用高温蒸气加热，将浸泡后的废汞触媒放入干燥车间，自然干燥或经脱水设备脱去水分，浸泡干燥后的氯化汞即转变成氧化汞，产生的废液全部循环用于下一周期浸泡。焙烧蒸馏是将处理后的废汞触媒装入蒸馏炉，在 600~800℃ 下停留一定时间，触媒中的氧化汞分解成汞蒸气。汞蒸气经集汞箱进入冷凝系统，绝大部分会迅速冷凝形成液态金属

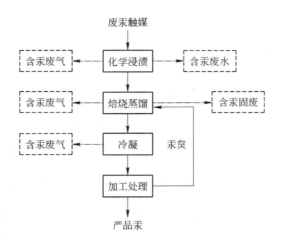

图 6 - 6　废汞触媒处理工艺流程

汞，再经加工成为金属汞成品。经冷凝系统后的残余汞蒸气依次经多级活性炭吸附塔、离心抽风机、水槽烟道继续吸附，随后进入烟道和烟囱后，废气达标排放。

冷凝净化系统及汞处理系统产生的各种含汞废水全部集中收集后进入废水处理系统。含汞废水进入废水池后，经沉淀静置处理，将得到的上清液送入冷凝系统和汞泵处理系统循环使用。污泥定期清理、干燥后返回蒸馏炉。焙烧蒸馏和冷凝环节产生残余汞蒸气经污控设施处理后达标排放。

蒸馏后的废触媒，经毒性鉴别实验后，收集定期送汞触媒生产厂家进行活性炭活化，生成再生活性炭，可作汞触媒生产的原料。

化学活化法再生汞触媒工艺是在不分离废汞触媒中活性炭和氯化汞的前提下，使用化学方法使活性炭重新活化，并消除积炭和催化剂中毒，然后再根据氯化汞触媒产品中的氯化汞含量要求补加适量的助剂和活性物质氯化汞，使其实现再生。

工艺过程为：先通过手选（或机选）和筛分将废汞触媒中的机械夹杂物（如铁屑、螺丝、石块、木块等）和碎细的废汞触媒除去，然后置于活化器内进行化学活化，再按正常的汞触媒生产工艺进行生产。

控氧干馏法回收废触媒中的 $HgCl_2$ 及活性炭工艺是国内最先进的废汞触媒回收技术，可以有效回收废汞触媒中的氯化汞，并使活性炭重复利用。该工艺利用活性炭焦化温度比 $HgCl_2$ 升华温度高、$HgCl_2$ 高温易升华的原理，采用氮气保护干馏废触媒回收氯化汞装置，将干燥的废触媒置于密闭可旋转调温的炉中，物料中的氯化汞变为蒸气，经气体抽出装置抽出，强力冷却成固体颗粒进行回收。工艺过程全封闭，氯化汞回收效率高，与现有回收工艺相比，新工艺回收了氯化汞和活性炭，实现资源综合利用，有效避免了回收过程中汞的流失，使氯化汞的回收率由75%左右提高到99.8%，目前该技术已通过技术鉴定，可示范并推广应用。

（2）废旧灯管无害化回收处理处置技术。目前废弃荧光灯的破碎与物理分离技术有湿法、干法两种，主要区别是湿法进行液下破碎，干法通常在密闭甚至是真空条件下回收汞。

湿法处理利用汞可水封保存的特性，同时在水中添加丙酮或乙醇，可更有效地捕获汞。荧光灯管内壁的荧光粉通过使用旋转的湿刷结合喷雾器喷射分离，经$10\mu m$细筛过滤而得，剩下含汞溶液经减压蒸馏将汞分离回收。在欧洲，德国、芬兰、瑞士等国家生产的"湿法"灯碾碎机已经应用于工业。

干法处理主要有"直接破碎分离"和"切端吹扫分离"两种工艺。"直接破碎分离工艺"是先将灯管整体粉碎，洗净干燥后回收汞和玻璃的混合物，然后经焙烧、蒸发并凝结回收粗汞，再经汞生产装置精制后供生产荧光灯使用。工艺特点是结构紧凑、占地面积小、投资省，但灯内的荧光粉纯度不高，较难被再利用。"切端吹扫分离工艺"是先将灯管的两端切掉，吹入高压空气将含汞的荧光粉吹出后收集，再通过加热器回收汞，生成汞的纯度为99.9%。设备由紧凑式破碎分离机和标准蒸馏器两部分组成，工艺特点为可将汞和荧光粉分类收集，但投资较大。

目前"直接破碎分离"技术做得较好的是瑞典MRT公司，该公司对含汞荧光灯的回收处理分为两个阶段：第一阶段是粉碎分选，第二阶段是汞蒸馏。粉碎分选设备可以将整灯分离出荧光粉、玻璃、导丝和灯座材料，还可以针对灯座进行进一步分离，分离出塑料件和金属，包括铁、铝等金属，甚至可以分离节能灯电路板元件。此设备除了处理节能灯外，技术不断延伸，成为可以处理各种灯的通用型处理器。分离过程在负压状态下进行，整个过程无污染。第一阶段的工作流程见图6-7。

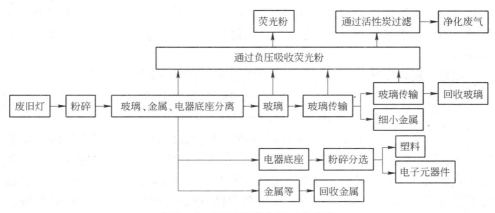

图6-7 MRT粉碎分选工艺流程

汞蒸馏设备是一个全自动设备，系统根据蒸馏的不同物质设置了自动的控制程序。整个蒸馏过程分为 4 个阶段：加热阶段、燃烧阶段、通风阶段和冷却阶段。工作流程见图 6 - 8。

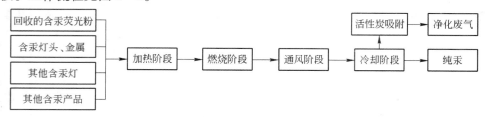

图 6 - 8   MRT 汞蒸馏工艺流程

废旧灯管经过处理回收后，能够回收高纯度的汞，同时也能有效地将荧光粉与玻璃等进行分离并分类回收、再利用，从而达到无害化处理和资源再生回收的目的。

6.1.3.2 废水处理技术

含汞废水处理方法主要有化学沉淀法、金属还原法、活性炭吸附法、离子交换法、电解法、微生物法等。

（1）化学沉淀法。化学沉淀法是应用较普遍的一种汞处理方法，能处理不同浓度、不同种类的汞盐。尤其当汞离子在水溶液中浓度较高时，应首先考虑化学沉淀法。常用的方法有硫化物沉淀法和混凝沉淀法两种。

硫化物沉淀法。硫化物沉淀法利用在弱碱性条件下，Na_2S 中的 S^{2-} 和 Hg^{2+} 之间有较强的亲和力，生成溶度积极小的硫化汞沉淀（溶度积为 4×10^{-53}）而从溶液中除去。硫化物沉淀法反应式如下：

$$Hg^{2+} + S^{2-} =\!=\!= HgS \downarrow$$

硫加入量按理论计算过量 50% ~ 80%，过量太多易造成硫的二次污染，而且过量的硫与汞生成溶于水的配合离子而降低处理效果，为避免这一现象可加入亚铁盐。

此外，还可以加入硫氢化钠处理含汞废水，其反应方程式如下：

$$NaHS + H_2O \longrightarrow H_2S + NaOH$$
$$Hg^{2+} + S^{2-} =\!=\!= HgS \downarrow$$

许多 PVC 生产企业采用硫化物沉淀法处理电石法氯乙烯合成中废酸、废水中的 Hg^{2+}。随着氯化汞在系统中的积累，在盐酸脱吸后会有少量的高浓度含汞废盐酸排出，与后续碱洗过程产生的废碱液中和，再用硫氢化钠处理，产生的硫化汞进行安全填埋。同时也可以采用硫氢化钠直接处理碱洗过程产生的废碱液，使废碱液达到排放标准。

混凝沉淀法。混凝沉淀法的原理是在含汞废水中加入混凝剂（石灰、铁盐、铝盐），在 pH = 8 ~ 10 的弱碱性条件下，形成氢氧化物絮凝体，对汞有絮凝作用，使汞同沉淀析出。一般铁盐除汞效果比铝盐好，如原水（呈酸性）含汞质量浓度为 0.3 ~ 0.6mg/L，经石灰中和及 $FeCl_3$ 混凝沉淀后，出水含汞质量浓度降到 0.05 ~ 0.1mg/L，详见表 6 - 2。我国电光源企业、电池及浆层纸企业多用混凝沉淀法处理含汞废水，并取得较好的效果。

表 6 - 2　石灰 - $FeCl_3$ 混凝沉淀法除汞效果　　　　（mg/L）

原水含汞质量浓度	0.620	0.610	0.470	0.350	0.360	0.280	0.250
处理后汞质量浓度	0.066	0.110	0.084	0.060	0.054	0.050	0.040

（2）吸附法。国内经常采用的吸附剂是活性炭。活性炭具有极大的表面积，在活化过程中形成一些含氧官能团（—COOH，—OH，）使活性炭具有化学吸附和催化氧化、还原的性能，能有效去除重金属。用活性炭处理汞含量较高的废水可以得到很高的去除率（85% ~ 99%）。该方法只适用于含汞废水成分单一且浓度较低情况下的处理。当废水含汞浓度高时，可先进行一级处理，降低废水汞浓度后再用活性炭吸附。处理后的活性炭可回收再生，重复使用，但由于活性炭价格昂贵不适于大规模处理含汞废水。我国体温计生产企业多采用活性炭吸附法处理含汞废水。

活性炭的处理效果与若干因素有关，其中包括汞的初始形态和浓度、活性炭的用量和种类、pH 值以及活性炭与含汞废水的接触时间等。增大活性炭用量以及增加接触时间都可以提高无机汞和有机汞的去除率。活性炭对有机汞的脱除作用比对无机汞更为有效。

（3）电解法。电解法是利用金属的电化学性质，在直流电作用下，汞化合物在阳极解离成汞离子，在阴极还原成金属汞，而除去废水中的汞。该方法是处理含有高浓度无机汞废水的一种有效方法，处理效率高，但无法将水中的汞离子浓度降到很低水平，所以电解法不适用于处理含低浓度的汞离子废水，并且此种方法电耗大，投资成本高，容易产生汞蒸气，形成二次污染。因电池行业的废水多来自设备清洗，常采用的处理方法是电解法和沉淀法，也有两者共用的方法。朱又春等曾研究利用微电解 - 混凝沉淀技术处理电池厂含汞、锌、锰废水，可使总汞含量低于 1.77mg/L 的电池厂废水达到排放标准，且可使汞优先富集于污泥中。

（4）离子交换法。离子交换法是用大孔巯基（—SH）离子交换树脂吸附汞离子，以去除水中的汞离子。该过程在离子交换器中进行，是可逆的，离子交换树脂可以再生，一般用于二级处理。废水的 pH 值一般调到中性至偏酸性，用强碱性离子交换树脂和螯合型树脂处理较好。但该法受废水中杂质的影响以及交换剂品种产量和成本的限制，与沉淀法和电解法相比，该法能从溶液中去除低浓度的汞离子。

（5）金属还原法。根据电极电位理论，利用铜、锌、铝、镁、锰等毒性小而电极电位低的金属（屑或粉）从废水中置换汞离子，其中以铁、锌效果较好。金属还原法适用于处理成分单一的含汞废水，其反应速率较高，可直接回收金属汞，但脱汞不完全，所以需要和其他方法结合使用。

（6）微生物法。微生物法与传统的物理化学方法相比，具有以下优点：运行费用低，需处理的化学或生物污泥量少，去除极低浓度重金属离子的废液效率高，操作 pH 值及温度范围宽（pH = 3 ~ 9，温度 4 ~ 90℃），高吸附率，高选择性。微生物法处理汞浓度为 1 ~ 100mg/L 的废水特别有效，微生物法弥补了现有工艺不能将污水中汞离子质量分数降至 10^{-9} 级的不足。

6.1.3.3　废气处理技术

目前，国内净化汞蒸气常用溶液吸收法和固体吸附法。

（1）溶液吸收法。溶液吸收法多采用具有较高氧化还原电位的物质，如高锰酸钾、次氯酸钠溶液等，它们与汞蒸气作用时反应速度快，净化效率高，溶液浓度低，不易挥发，沉淀物少。

溶液吸收法设备结构简单、处理成本较低。但由于溶液中有效物质的浓度直接影响对汞的吸收能力，在使用过程中需要严格控制，浓度过高会产生二次污染，浓度过低脱汞效率降低，操作管理难度较大。此外，形成的汞化合物和溶液混合物的清理和运输难度较大。现很多企业已不采用此方法。

（2）固体吸附法。利用某种化学物质处理过的活性炭作为汞吸收剂的方法可用于含汞废气的净化。国内在处理低浓度含汞废气和高浓度含汞废气的二级净化时多用氯处理的活性炭，但在汞冶炼等其他高浓度含汞废气治理中考虑到经济成本的因素，也采用硫化钠处理的焦炭作吸附剂。近几年来国内出现了载银活性炭和载硫活性炭净化装置，已经推广应用。

载银活性炭吸附法。从技术角度考虑，以载银活性炭作为吸收剂是一种比较理想的方式。汞与某些金属接触能生成稳定的汞齐合金，汞与银形成银汞齐的能力很强，当空气中的汞蒸气与载银吸附剂接触时，汞与银立即生成银汞齐被吸附。银汞齐是一种金属合金，在常温下很稳定，而且无毒害。但是，由于载银活性炭所载的银基本上都分布在活性炭的表面，在和汞接触的时候，只在有银的部分形成银汞齐，而没有银的部位汞不会被吸附。当银汞合金达到一定量的时候就会自动剥落或者对活性炭形成包裹，对汞的去除能力大大降低直至完全失去作用。因此，为了保证处理效果的连续性和延长再生或更换周期，吸附剂的填装量通常比较大，设备体积大，投资随之增加。此外，硝酸银的价格非常昂贵，使得载银活性炭的价格居高不下,并且随着金银价格增高而不断的涨价。因此,以载银活性炭作为吸附剂的工艺在大气量含汞废气场合下一直难以推广。

载硫活性炭吸附法。以载硫活性炭作为吸收剂从经济和技术角度综合考虑是一种较为理想的方式。由于活性炭载硫时绝大多数硫被覆于活性炭孔隙中,当气体流通过载硫活性炭床时,汞蒸气更容易、更有效地与硫接触,从而迅速与硫反应生成硫化汞,沉积于活性炭孔隙中,达到除汞目的。这种载硫活性炭适用于除去气体流中的汞蒸气,除汞效率在99%以上。由于其有效比表面积大大优于载银活性炭,使得吸附剂的填装量大大减少。在运行中,载硫活性炭对汞的吸附量也明显大于载银活性炭,使得活性炭的使用周期得以延长,减少了活性炭的再生或更换次数。因此,从设备造价和吸附剂的成本上硫基活性炭都比银基活性炭更具优势。

根据硫和汞生成硫化汞的反应方程式,1g硫应与6.25g汞反应,每1g载硫量为10%的载硫活性炭中的硫可反应0.625g汞,即理论上载硫量10%的载硫活性炭极限除汞能力为床中载硫活性炭填装量的62.5%。在实际应用中,由于基础活性炭结构性能、颗粒大小、载硫量和气体流流速、温度、压力、含汞浓度以及床型结构、载硫活性炭填装量、床高、床面积比等因素都影响除汞能力,实际的除汞能力应比极限的除汞能力小许多,所以设计时,推荐除汞能力通常按照活性炭床中载硫活性炭填装量的15%~20%计算。

6.2 现行管控措施

6.2.1 进出口贸易管理

近年来,中国汞的年需求量均在1000t以上,随着年需求量不断上升,跃居世界首位。由于汞矿资源枯竭,中国面临着汞需求缺口。

自1994年开始,我国开始执行有毒化学品环境管理登记制度,汞及其化合物被列入《中国严格限制有毒化学品目录》,对其进出口实行环境管理登记审批。

2002年开始,环境保护部对汞的进口实行了"以用定进,总量控制,追踪管理,定点定量"的审批原则,即由环保部审批,定点企业进口,定点企业加工利用,每年审批的进口总量不超过200t,规定进口汞和加工后的含汞产品禁止销售给非法生产企业,如高汞电池生产企业。对于汞及其化合物的出口国家,虽未明确发布禁止政策,但在登记审批过程中已完全禁止。

6.2.2 含汞产品的管理

我国政府历来重视汞的环境污染问题,目前已出台多项政策法规标准,对含汞产品的汞含量及其生产工艺进行管控。

6.2.2.1 含汞电池

《产业结构调整指导目录（2011 年本）》和《部分工业行业淘汰落后生产工艺装备和产品指导目录（2010 年本）》要求即刻淘汰氧化汞原电池及电池组、锌汞电池、含汞高于 0.0001% 的圆柱型碱锰电池，最迟于 2015 年底前淘汰含汞高于 0.0005% 的扣式碱锰电池。

《工业转型升级规划（2011 - 2015 年）》要求逐步降低电池行业铅、汞、镉的耗用量；《工业清洁生产推行"十二五"规划》要求在电池行业，研发无汞氧化银电池和无汞化糊式锌锰电池，推广无汞扣式碱性锌锰电池和无汞无镉减铅纸板锌锰电池，并到 2015 年实现扣式碱性锌锰电池无汞化技术普及率 100%；《轻工业"十二五"发展规划》鼓励氧化银电池无汞化技术方面的技术创新，鼓励生产无汞电池等节能环保产品。另外，《"高污染、高环境风险"产品名录（2011 年版）》将含汞扣式碱锰电池，氧化汞原电池及电池组、锌汞电池和含汞圆柱型碱锰电池列为高污染产品。

《HJ/T 238—2006 环境标志产品认证技术要求 充电电池》规定生产原材料中不得使用汞、镉、铅及其化合物以及其他有害物，产品中汞、镉含量均应小于 $10\mu g/g$。

《HJ/T 239—2006 环境标志产品技术要求 干电池》要求产品生产过程中不得使用汞及其化合物作为原辅材料；产品中汞含量应小于 $1\mu g/g$。

《GB 24427—2009 碱性及非碱性锌 - 二氧化锰电池中汞、镉、铅含量的限制要求》中规定碱性和非碱性锌 - 二氧化锰无汞电池汞含量应小于 $1\mu g/g$，非碱性锌 - 二氧化锰低汞电池汞含量应小于 $250\mu g/g$。

《GB 24428—2009 锌 - 氧化银、锌 - 空气、锌 - 二氧化锰扣式电池中汞含量的限制要求》对锌 - 氧化银扣式、碱性锌 - 空气扣式和碱性锌 - 二氧化锰扣式电池汞含量做了如下规定：无汞电池应小于 $0.005mg/g$，含汞电池应小于 $20mg/g$。

6.2.2.2 含汞电光源

《产业结构调整指导目录（2011 年本）》鼓励废旧灯管回收再利用，限制高压汞灯的生产。双端荧光灯、自镇流荧光灯、单端荧光灯：产品中含汞量不得超过 10mg；并且照明电器产品的均质材料中含汞量不应超过 0.1%，但对部分荧光灯有一定豁免（普通照明用使用卤磷酸钙荧光粉的直管型荧光灯含汞量不得大于 10mg；使用三基色荧光粉的不得大于 5mg，使用寿命长的允许不大于 8mg；特殊用途的荧光灯和高强度放电灯没有限制）。

《工业清洁生产推行"十二五"规划》中明确提出在荧光灯行业普及固态汞

注入技术，推广汞含量 2mg 以下的长寿命节能灯，到 2015 年实现技术普及率 80%；《轻工业"十二五"发展规划》要求采用高效节能灯生产技术、固态汞替代液态汞新工艺新技术，逐步淘汰白炽灯，推广低汞长寿命节能灯，研究开展废弃荧光灯管的回收利用。

《QB/T 2940—2008 照明电器产品中有毒有害物质的限量要求》中规定除部分产品外，照明电器产品中有毒有害物质在均质材料中的汞含量应不大于 0.1%。

《HJ 2518—2012 环境标志产品技术要求 照明光源》按照功率范围对荧光灯、高压钠灯、金属卤化物灯的汞含量做了具体规定，还要求在生产过程中设置汞收集、吸附装置，并建立削减含汞量、减少汞排放的规划和管理要求，并建立生产过程中的废弃物回收和再生利用管理要求，确保生产过程中废弃物分类处理，对于列入《国家危险废弃物名录》的危险废弃物应由具有资质的处理机构进行无害化处理。

6.2.2.3　含汞电子电气产品

《GB/T 26572—2011 电子电气产品中限用物质的限量要求》要求构成电子电气产品的各均质材料中，汞含量不得超过 0.1%（质量分数）。

6.2.3　用汞工艺的管理

《产业结构调整指导目录（2011 年本）》和《部分工业行业淘汰落后生产工艺装备和产品指导目录（2010 年本）》均要求淘汰汞法烧碱和混汞提金工艺，高汞催化剂（氯化汞含量 6.5% 以上）和使用高汞催化剂的电石法聚氯乙烯生产装置。在目前我国的用汞工艺中，使用量最大的是电石法聚氯乙烯生产工艺，为此，国家发展改革委、环保部和工信部均出台相应政策，以减少该行业用汞量并制定削减计划。

国家发展改革委的《氯碱（烧碱、聚氯乙烯）行业准入条件》已于 2007 年 12 月 1 日起实施，规定新建、改扩建聚氯乙烯装置起始规模必须达到 30 万吨/a 及以上；鼓励采用乙烯氧氯化法聚氯乙烯生产技术替代电石法聚氯乙烯生产技术，鼓励干法制乙炔、大型转化器、变压吸附、无汞触媒等电石法聚氯乙烯工艺技术的开发和技术改造等。

工信部分别于 2010 年 3 月和 6 月发布了《聚氯乙烯行业清洁生产技术推行方案》和《电石法聚氯乙烯行业汞污染综合防治方案》。环保部于 2011 年 1 月发布了《关于加强电石法生产聚氯乙烯及相关行业汞污染防治工作的通知》。上述方案和通知为我国聚氯乙烯行业用汞削减设定了总体目标：

到 2012 年实现我国电石法聚氯乙烯行业低汞触媒产能普及率达 50%，平均每吨聚氯乙烯氯化汞使用量下降 25%，全行业全部实现合理回收废汞触媒，降低汞使用量 208t/a，并全部合理回收废汞触媒；盐酸深度脱吸技术推广到 50% 以上，处理废酸 25 万吨/a；

到 2015 年，全行业全部使用低汞触媒，每吨聚氯乙烯氯化汞使用量下降 50%，废低汞触媒回收率达到 100%；高效汞回收技术普及率达到 50%；盐酸深度脱吸技术普及率达 90% 以上；采用硫氢化钠处理含汞废水（包括废盐酸、废碱液等）的普及率达 100%。

此外，《工业转型升级规划（2011 - 2015 年）》要求"逐步淘汰高汞触媒电石法聚氯乙烯生产工艺"；《工业清洁生产推行"十二五"规划》要求研发固汞触媒、无汞触媒，推广低汞触媒；《石化和化学工业"十二五"发展规划》明确了"十二五"期间低汞/无汞催化剂是高端石化化工产品发展重点，而高汞催化剂（氯化汞含量 6.5% 以上）和使用高汞催化剂的乙炔法聚氯乙烯生产装置是落后产能淘汰重点。

6.2.4　无意排放的管理

汞的无意排放行业主要包括燃煤、水泥生产、有色金属冶炼、废物焚烧等。我国目前已出台多项政策法规标准，对上述领域的汞排放进行管理控制。

《工业转型升级规划（2011 - 2015 年）》要求"切实加强有色金属矿产采选、有色金属冶炼、铅蓄电池、基础化工等行业的铅、汞、镉、铬等重金属和类金属砷污染防治，推动工业行业化学品环境风险防控"和"加快淘汰铜、铝、铅、锌等常用有色金属落后产能，大力实施技术改造，加强含二氧化硫、氮氧化物、烟气、二噁英和汞、铅及其他重金属污染防治。大力推广窑炉余热利用、水泥粉磨节电和浮法玻璃全氧燃烧等节能技术，加强工业粉尘、氮氧化物和大气汞的治理。"

《产业结构调整指导目录（2011 年本）》、《部分工业行业淘汰落后生产工艺装备和产品指导目录（2010 年本）》和《有色金属工业"十二五"发展规划》均要求淘汰采用铁锅和土灶、蒸馏罐、坩埚炉及简易冷凝收尘设施等落后方式炼汞。

《GB 25466—2010 铅、锌工业污染物排放标准》对铅、锌工业企业水和大气污染物排放做出了单独规定，这两个行业水和大气的排放不再执行《GB 8978—1996 污水综合排放标准》、《GB 16297—1996 大气污染物综合排放标准》和《GB 9078—1996 工业炉窑大气污染物排放标准》中的相关规定。对污染物排放汞含量的主要规定为：水污染物排放总汞浓度限值应不大于 0.03mg/L，汞及其化合物（烧结、熔炼）大气污染物排放浓度限值应不大于 0.05mg/m³，企业边界大气污染物（汞及其化合物）浓度限值（任何 1h 平均浓度）应不大于

$0.0003mg/m^3$。

《GB 25467—2010 铜、镍、钴工业污染物排放标准》对铜、镍、钴工业企业水和大气污染物排放进行了单独规定，这三个行业水和大气污染物的排放不再执行《GB 8978—1996 污水综合排放标准》、《GB 16297—1996 大气污染物综合排放标准》和《GB 9078—1996 工业炉窑大气污染物排放标准》中的相关规定。对污染物排放汞含量的主要规定为：水污染物排放总汞浓度限值应不大于 $0.05mg/L$，汞及其化合物（铜冶炼、镍、钴冶炼、烟气制酸）大气污染物排放浓度限值应不大于 $0.012mg/m^3$，企业边界大气污染物（汞及其化合物）浓度限值（任何 1h 平均浓度）应不大于 $0.0012mg/m^3$。

《GB 13223—2011 火电厂大气污染物排放标准》要求自 2015 年 1 月 1 日开始，新建火力发电锅炉执行汞及其化合物限值 $0.03mg/m^3$。

6.2.5 环境与安全管理

环境、健康与安全管理关注的问题是生产的环境保护和控制、员工的身体健康、员工的人身安全和企业的设备安全。由于环境、健康与安全管理在实际生产活动中，有着密不可分的联系，三者互相制约，又互相支持，因而将其整合在一起形成一个管理体系，称为 EHS 管理体系。

环境（environment）——指与人类密切相关的、影响人类生活和生产活动的各种自然力量或作用的总和。它不仅包括各种自然因素的组合，还包括人类与自然因素相互形成的生态关系的组合。在企业生产过程中，应保证环境处于良好的状态，如室内的空气质量、照明、温度、地面的清洁、设备的布置等，保证生产现场秩序井然、布局合理，为员工提供良好舒适的工作环境。

健康（health）——指人身体上没有疾病，在心理上（精神上）保持一种完好的状态。企业应考虑员工在生产过程中的健康问题，如操作接触有毒有害化学品、车间噪声、生产设备的振动等可能对员工的身体造成一定的健康影响，例如可能会导致神经系统紊乱，产生焦躁不安、头痛头晕等不良反应。

安全（safety）——指消除一切不安全因素，使生产活动在保证劳动者身体健康、企业财产不受损失、人民生命安全得到保障的前提下顺利进行，也就是关注整个生产过程中可能导致员工受伤、设备损坏的因素，并通过预防控制手段阻止危险因素诱发导致事故的发生。

EHS 是环境管理体系（EMS）和职业健康安全管理体系（OHSMS）的整合。管理的核心在于预防，符合凡事预则立，不预则废的道理。同时任何的预防都不可能完全杜绝事故的发生，因此针对突发事故，采取现场控制管理，减少事故的扩大化，将其称之为事后处理管理，即 EHS 管理阶段的另一组成部分。EHS 目的是追求最大限度地不发生事故、不损害人身健康、不破坏环境，提高企业生命力。秉承一切事故都可以预防的思想，全员参与的观点，运用层层负责制的管理模式，采取程序化、规范化的科学管理方法，同时遵循事前识别控制险情的原理。

管理活动的全部过程，就是计划的制订和组织实现的过程，需要遵循 PDCA（策划—实施—检查—改进）循环——保证管理体系运转的基本方法，确保管理体系稳定、高效的运转，并且在实施过程中不断完善和改进，从而使体系得以优化。因此，无论是建立环境管理体系，还是职业健康安全管理体系，均需完成一轮 PDCA 循环。关于 PDCA 的含义简要说明如下：

P——策划：建立所需的目标和过程，以实现组织的环境方针所期望的结果；

D——实施：对过程予以实施；

C——检查：根据环境方针、目标、指标以及法律法规和其他要求，对过程进行监测和测量，并报告其结果；

A——处置：采取措施，以持续改进环境管理体系的表现。

6.2.5.1　环境管理体系

环境管理体系在 ISO14001（环境管理体系标准及使用指南）中定义为一个组织内全面管理体系的组成部分，包括制定、实施、实现、评审和维护环境方针所需的组织机构、规划活动、机构职责、操作惯例、程序、过程和资源，以及组织的环境方针、目标和指标等管理方面的内容。其中涉及的术语与部分定义解释如下：

组织（organization）：具有自身职能和行政管理的公司、集团公司、商行、企事业单位、政府机构或社团，或是上述单位的部分或结合体，无论其是否有法人资格、公营或私营。在本章节中特指涉汞企业。对于拥有一个以上运行单位的组织，可以把一个运行单位视为一个组织。

环境管理体系（environmental management system）：组织管理体系的一部分，用来制定和实施环境方针，并管理其环境因素。例如涉汞企业针对汞污染建立的相关组织结构，并对其规定具体的职责，制定总体实施程序等。

环境目标（environmental objective）：与组织所要实现的环境方针相一致的总体环境目的。涉汞企业建立环境管理体系的目的是为了贯彻执行中华人民共和国环境保护法的有关法律、法规，全面落实《国务院关于环境保护若干问题的决定》的有关规定，对项目"三废"排放实行监控，确保建设项目经济、环境和社会效益协调发展；协调地方环保部门工作，为企业的生产管理和环境管理提供保证。

环境绩效（environmental performance）：组织对其环境因素进行管理所取得

的可测量结果。例如涉汞企业采取最佳可行性控制技术和最佳环境管理实践措施后，所达到与汞削减相关的所有指标，包括企业的汞回收率和循环利用率以及固体废物的处理处置率等。

相关方（interested party）：关注组织的环境绩效或受其环境绩效影响的个人或团体。例如涉汞企业员工、企业周边居民等。

污染预防（prevention of pollution）：为了降低有害的环境影响而采用（或综合采用）过程、惯例、技术、材料、产品、服务或能源以避免、减少或控制任何类型污染物或废物的产生、排放或废弃。例如涉汞企业针对汞污染物及汞废物采取的全程监控：出入库登记管理、制定存放制度、装载流程控制、含汞三废监测等。污染预防可包括污染源削减或消除，过程、产品或服务的更改，资源的有效利用，材料或能源的替代、再利用、回收、再循环、恢复和处理。

根据环境管理体系的总体要求，企业在建立环境管理体系时，应考虑以下几方面：

确定最高管理者的职责：由最高管理者任命专门的管理代表，明确其作用、职责和权限，及时将体系的运行表现（绩效情况）报告给最高管理者，并由其提出改进建议。

机构设立和职责：根据企业具体规模，设置完整的管理机构，机构人员应包括环保管理人员、环保设备运行维护人员、监测分析人员等；明确管理职责，主要包括国家方针政策的贯彻和宣传，与地方环保部门的协调，企业年度环境管理体系实施计划的制订，环保设备的管理及维护，含汞污染物的日常监测，汞污染控制管理制度的制定，即源头控制，生产过程控制，三废处理设施管理，储运管理和突发事故应急机制的建立等。

文件编写：企业应根据ISO14001标准的要求，结合自身的特点和基础编制出一套适合的体系文件，满足体系有效运行的要求。可分为手册、程序文件、作业指导书等层次。

监测和测量：对汞进行全过程监测，包括建立检测分析室，定期对三废以及可能产生环境影响的活动进行检测，建立数据记录档案等，实现对含汞污染物的产生和排放的有效控制，为环保设备维修、更新以及工艺改进提供数据支持，并将监测环境绩效、运行控制、目标和指标符合情况的信息形成文件。

人员培训及信息交流：针对特种作业场所、有毒有害及安全隐患岗位，部门常见事故案例，对企业相关人员进行培训。内容包括预防事故的主要措施，应急设备存放和使用规程，新员工入职岗位培训，安全防护装置的作用及其使用方法等。通过培训和交流，使企业人员了解并具备相应的能力，以从事环境管理体系的建立实施与维护工作。

企业内部审核：根据ISO14001标准的要求，由经过培训的审核员定期对环境管理的内容进行检查，重点关注涉汞环节，并对检查结果进行考核，通过奖惩手段对体系的实施进行促进。整个审核过程应具有客观性和公正性。

管理评审：根据标准的要求，在内审的基础上，由最高管理者组织有关人员，按计划的时间间隔，对环境管理体系从宏观上进行评审，以把握涉汞企业环境管理体系的持续适用性、有效性和充分性。

6.2.5.2 职业健康安全管理体系

随着生产的发展，职业健康安全问题的不断突出，人们努力寻求有效的职业健康安全管理方法，构建系统的、结构化的管理模式；另外，在频繁的世界经济贸易活动中，企业在生产活动中需要统一的国际标准规范其职业健康安全行为。因此顺应世界经济全球化和国家贸易发展的需要，职业健康安全管理体系（occupational health safety management system，OHSMS）兴起于 20 世纪 80 年代后期，作为一种现代安全生产管理模式，与 ISO9000 和 ISO14000 等标准体系共称为"后工业化时代的管理方法"。它重点强调事故预防，即预先全面而系统地找出所有存在的危险和隐患，并采取对应的技术和管理措施，及时消除或控制危险和隐患，使得生产和工作可以保持在相对安全状态。同时，它也强调以防万一，即对于可能会发生的事故，事先作好应急准备，加强应急演练，以确保在未来事故发生时尽可能减少事故所造成的人身伤害和财产损失。

我国作为 ISO 的正式成员国之一，对职业健康管理体系标准化问题十分重视。1995 年、1996 年我国政府分别派代表参加了 ISO 组织召开的特别工作组会议，以及职业健康安全管理体系标准化国际研讨会。1998 年通过建议，在国内发展职业健康安全管理体系标准，并开展企业试点实施。1999 年国家经贸委颁布了《职业安全卫生管理体系试行标准》，在国内试点实施。2001 年 12 月，国家标准《GB/T 28001—2001 职业健康安全管理体系规范》正式颁布，我国的职业健康安全管理体系标准的实施工作得以全面、正规化开展。其中涉及的术语与定义部分如下：

事故（accident）：造成死亡、疾病、伤害、损坏或其他损失的意外情况。例如大量摄入金属汞或汞化物后出现的头晕、腹痛、急性肾衰等症状，造成人身伤害。

危险源（hazard）：可能导致伤害或疾病、财产损失、工作环境破坏或这些情况组合的根源或状态，例如工作场所接触到的有毒危险物汞或含汞物质等。

相关方（interested parties）：与组织的职业健康安全绩效有关的或受其职业健康安全绩效影响的个人或团体，例如涉汞企业员工及厂区附近居民等。

职业健康安全（occupational health and safety，OHS）：影响工作场所内员工、临时工作人员、合同方人员、访问者和周边居民等其他人员健康和安全的条件和因素。

绩效（performance）：基于职业健康安全方针和目标，与组织的职业健康安全风险控制有关的，职业健康安全管理体系的可测量结果。

企业在制定建立与实施职业健康安全管理体系的具体过程参考如下：

学习与培训：培训对象主要分为三个层次：管理层培训、内审员培训和全体员工的培训。

管理层培训的对象是涉汞物质安全管理的分管领导，主要内容是针对职业健康安全管理体系的基本要求、主要内容和特点，以及建立与实施职业健康安全管理体系的重要意义与作用，统一思想，在整个企业推进体系工作中给予有力的支持和配合。内审员培训应该根据专业的需要，对企业中汞暴露情况开展初始评审、编写体系文件和进行工作环境各项涉汞标准的审核等工作进行培训，是建立和实施职业健康安全管理体系的关键。全体员工的培训是使员工了解职业健康安全管理体系，意识到汞污染的危害性，在今后工作中能够积极主动地参与体系的各项实践。

初始评审：为涉汞企业的职业健康安全管理体系建立和实施提供基础，为体系的持续改进建立绩效基准。内容包括：确认与汞相关的职业健康安全法律、法规及其他要求是否在企业运行中适用，对遵守情况进行调查和评价；确定现有措施是否可消除作业活动中由于汞暴露可能造成的危害，能否控制其风险；评价现有职业安全管理规定、程序等是否具备有效性和实用性；分析以往企业发生的汞污染安全事故情况，以及员工的健康资料记录等；对体系的资源配备、职责分工等进行评价。

文件编写：职业健康安全管理体系文件的结构，多数情况下是采用手册、程序文件以及作业指导书的方式。

体系实施和运行：体系文件的发布标志着体系的正式运行，要求企业各部门严格遵照执行。涉及职业健康安全管理的各个部门和所有相关人员都按照体系的要求以及职责分工开展相应的健康安全管理和活动。定期进行厂区汞污染预防及暴露后的处理措施等信息的沟通，并且针对需要采取汞暴露控制措施的车间运行和企业活动进行管理，例如针对高浓度汞工作间，进行必要的通风管理，保持涉汞产品的堆放场地清洁等，并确保在规定的条件下执行。

应急准备和响应：对潜在的事件或紧急情况进行识别，并做出响应，预防和减少可能随之引发的疾病和伤害。此外，最高管理者应为体系的有效运行提供人力和财力的保障，各级管理者应提供专项技能与技术支持。

检查和纠正措施：通过绩效监测和测量检查，对各部门的日常体系运行情况进行检查，记录审核结果并保存。全面检查体系是否符合所有要素要求，重点针对体系的有效性、适宜性和充分性进行评审，例如涉汞物质安全管理的组织机构设置的合理性，职责的落实情况，汞污染预防指标的完成情况，重大汞污染的控制情况等，使所建立的职业健康安全管理体系得到进一步的完善。

针对涉汞行业，为维护企业员工的职业安全，有效预防员工在工作中发生职业暴露感染疾病，制定职业健康安全防护制度。企业各车间应当按照制度的规定，加强预防与控制工作。

预防措施：

（1）含汞作业场应定期检测作业环境的空气中汞浓度，在浓度较高场所不得存放食物、饮水杯等，禁止员工将香烟等易燃易爆物品带入生产车间内。

（2）企业应提供硫黄肥皂，要求员工在含汞作业后，下班及在厂区内饮水进食前先用硫黄皂洗手，以清洁可能黏附的汞微粒。

（3）汞作业人员在高浓度汞工作间工作时，建议佩戴自吸过滤式防毒面具（全面罩），戴化学安全防护眼镜，穿胶布防毒衣，戴橡胶手套；穿戴的防护衣服和鞋子，下班时应及时更换，不得与其他衣服混洗，不要私自带出厂，交由企业集中清洗。

（4）接触汞的员工平日可多饮牛奶等高蛋白食品，辅助清除体内含汞物质。

发生职业暴露后的处理措施：

（1）皮肤接触：脱去污染的衣物，用大量流动清水冲洗。

（2）眼睛接触：提起眼睑，用流动清水或生理盐水清洗，就医。

（3）吸入：迅速脱离现场至空气新鲜处，保持呼吸道畅通。如呼吸困难，给输氧；如呼吸停止，立即进行人工呼吸，就医。

（4）食入：用水漱口，饮牛奶或蛋清，就医。

登记与预案：

企业应对从事有毒害工作的员工建立职业健康监护档案，接触汞的员工应定期作尿汞检查，发现尿汞指标有上升趋势的员工应更换工作岗位，避免继续接触汞，并对其跟踪尿汞水平。

各类环保档案与基础数据、资料完整、可信，分析可能发生的环境风险，并制定相应的应急预案。

7 我国汞污染防治对策建议

7.1 我国汞污染防治现状与趋势

汞矿开采、电石法聚氯乙烯（PVC）生产以及电池、荧光灯、体温计和血压计生产是我国汞生产、汞有意使用领域的主要汞排放源。近年来，随着发达国家对汞生产和使用的严格控制，我国汞产量和使用量所占全球份额越来越高，汞排放量所占比例也随之增加。2005 年、2006 年，我国汞产量约占全球总汞产量的60%，汞需求量约占 30% ~ 40%，均位居全球首位。汞的无意排放形势更为严峻，其中有色金属冶炼和燃煤是我国首要的汞排放源，汞排放量亦居世界前列。

汞的大量生产、使用和排放导致我国的汞污染问题日趋严峻。2002 年联合国环境规划署研究发布的《全球汞评估报告》显示，我国是全球范围大气汞污染最为严重的区域之一。国内也有监测报道，2005 年，长白山地区气态总汞年平均含量为（3.22 ± 1.78）ng/m^3，拉萨大气汞平均浓度为 4.37 ng/m^3，均超出全球背景值。我国的土壤局地汞污染形势也相当严峻，中国环境监测总站对我国土壤元素背景值的监测结果显示，贵阳、北京、重庆等城市地表土壤的汞质量分数远高于我国土壤汞的环境背景值 0.065mg/kg，最高约超过背景值的 11 倍。

随着我国工业化和城市化进程的加快，包括汞在内的重金属污染进一步加剧。国务院对此高度重视，批转了环境保护部、发展改革委等七部委共同制定的《关于加强重金属污染防治工作的指导意见》（国办发〔2009〕61 号），将涉汞化工行业产品和工艺列为重点防控对象之一。2011 年，国务院又批复了《重金属污染综合防治"十二五"规划》（国函〔2011〕13 号），计划到 2015 年，重点区域铅、汞、铬、镉和类金属砷等重金属污染物的排放比 2007 年削减 15%。上述政策的发布以及节能减排政策的实施，使我国的汞污染防治力度逐步加大。针对用汞量较大的电石法 PVC 生产、含汞电池生产等相继制定了针对行业的汞污染防治规划和产业结构调整计划，逐步推动了汞减排技术和无汞替代产品/技术的推广应用；针对燃煤、金属生产、水泥生产等重大污染源采取的一些节能减排措施同时也减少了汞的排放。各涉汞领域均在采取不同程度的汞削减措施，减少汞的使用和排放。

7.1.1 汞供应现状及削减趋势

从汞的进出口贸易情况来看，我国自 2005 年开始已无汞的出口，汞的进口也受到了国家的严格管控，国内汞的供需结构逐步转化为目前的自产自用。原生汞、废汞触媒中的回收汞和进口汞是我国汞的主要供应渠道。与发达国家相比，我国从有色金属冶炼和天然气提纯等过程回收副产品汞的情况尚未见报道，也尚未出现有企业规模化库存汞的情形，因此我国目前很少有副产品汞和库存汞的供应情况。由于废汞触媒中回收的汞其源头仍为原生汞和进口汞，实际上我国汞的供应来源主要还是原生汞和进口汞。

原生汞的生产依赖于汞矿资源的保有量，尽管我国目前尚有 6 万多吨的汞资源量，但可经济利用的汞储量仅为 1.3 多万吨，汞资源不足、原生汞生产受制约是我国面临的现实问题。汞进口情况亦不容乐观，我国目前实施政策控制的汞年进口量为 200t 以下，2003 年以前主要从吉尔吉斯斯坦和西班牙进口，2003 年之后则集中在吉尔吉斯斯坦。随着欧盟国家汞矿的相继关闭以及 2011 年欧盟汞出口禁令和 2013 年美国汞出口禁令的生效，我国来自欧美的汞进口来源将被彻底切断，而吉尔吉斯斯坦的汞矿关闭行动也在联合国工业发展组织（UNIDO）的组织推动下正在进行，来源于吉尔吉斯斯坦的汞进口明显后劲不足。目前全球 4000~6000t 的库存汞主要集中在欧盟、美国、俄罗斯、印度等国家，随着全球汞开采量的逐年减少，汞将成为未来的稀缺金属，其国际贸易存在较大的利润空间，欧美汞出口禁令生效前库存汞的转移囤积情况可能发生。

尽管我国目前的汞资源不足，汞进口后劲不足，但短期内尚可以满足国内需求。自产自用的汞供需现状决定了我国汞供应的削减将主要依赖于国内汞需求的削减情况。为保证国内需求，削减原生汞的生产就需要扩大进口，但在目前 200t 的进口限量下，我国原生汞的生产并未出现剩余或库存情况，如果继续保持对此进口量的限制，我国原生汞产量并不存在可削减的空间，相反，未来几年随着汞需求量的增加还可能会出现供应缺口。

7.1.2 汞需求现状及削减趋势

我国对汞的需求主要集中在电石法 PVC 生产、电池、电光源、体温计和血压计。2008 年我国汞需求总量在千吨左右，汞需求量最大的行业是电石法 PVC 生产，其次是医疗器械、电池和电光源生产行业，这些行业是我国汞需求削减的重点。

7.1.2.1 电石法聚氯乙烯（PVC）生产行业

电石法 PVC 生产使用氯化汞触媒作为催化剂，一般情况下，采用该工艺的 PVC 生产企业不负责加工生产氯化汞触媒。PVC 生产中失效的汞触媒中氯化汞含量较高，目前也是由专门从事含汞废物回收的企业集中回收处理。因此，电石法 PVC 生产存在其上、下游涉汞的链条产业，即触媒生产和废汞触媒回收，这些产业的生产过程也会产生汞排放。与含汞产品的汞使用情况相比，电石法PVC生产工艺面临着汞使用量大、汞排放环节多、排放量大等环境问题，特别是近年来的电石法PVC产能扩张迅速（表7-1），汞触媒需求量也不断增加，该行业的汞削减形势非常严峻。

表7-1 我国近年来的PVC产能 　　　　　　　　　　　　　　（t）

年 份		2004	2005	2006	2007	2008	2009
PVC	总产能	664×10^4	972×10^4	1158×10^4	1400×10^4	1581×10^4	1781×10^4
	总产量	503×10^4	688×10^4 (649×10^4)	824×10^4	972×10^4	882×10^4	915×10^4
电石法PVC	产能	471×10^4	690×10^4	819×10^4	1065×10^4	1161×10^4	1362×10^4
	产量	360×10^4 (311×10^4)	496×10^4 (435×10^4)	580×10^4 (584×10^4)	729×10^4 (685×10^4)	620×10^4	580×10^4
	开工率/%	76	72	80	68	53	43

目前，行业正在通过产业结构调整、推广应用低汞触媒以及其他清洁生产技术，逐步加大对整个链条产业的汞减量减排力度。行业制定的《氯碱产业发展规划》提出，在未来3~5年内原则上不再新增产能；加快技术进步，研发新型分子筛催化剂和无汞催化剂，推广低汞催化剂；电石法聚氯乙烯使用低汞、无汞催化剂的比例达到90%以上。工信部发布的《聚氯乙烯行业清洁生产技术推行方案》提出，到2012年，将力争实现我国电石法聚氯乙烯行业低汞触媒产能普及率达50%，并全部合理回收废汞触媒；盐酸深度脱吸技术配套硫氢化钠处理含汞废水技术普及率达到50%；加大分子筛固汞触媒技术研究力度，加大无汞触媒技术投入；争取控氧干馏法回收废汞触媒中的氯化汞与活性炭技术及高效汞回收工艺的示范工程建设。

依据上述发展规划，我国原则上将不再增加电石法PVC产能，在现有产能下，2012年低汞触媒产能普及率将达50%，2015年，低汞、无汞触媒产能普及率将达90%以上。但我国PVC企业开工率低的现状制约着PVC行业的汞削减进程。以2008年为例，我国电石法PVC产能高达1161万吨，但实际产量仅为620万吨，开工率约为53%。由于目前对各年度汞触媒或汞使用量的估算均基于年度PVC的实际产量，即使不新增产能，如果开工率提高，PVC产量也会增加，则汞触媒或汞的使用量必然会随之增加。如果基于2008年53%的开工率预测2012年和2015年的汞削减潜力，则需针对不同的开工率计算汞的净削减比例。目前我国高汞触媒氯化汞含量为10.5%~12%，低汞触媒氯化汞含量为5%~6%，采用低汞触媒比采用高汞触媒用汞量减少约50%，依此预测2012年和2015年汞净削减比例应按下列公式计算：

预测年汞削减比例＝（2008年用汞量－预测年用汞量）/2008年用汞量

其中，预测年用汞量按下列公式计算：

预测年用汞量＝{［（预测年开工率/2008年开工率）×（1－预测年低汞触媒普及率）］＋［（预测年开工率/2008年开工率）×预测年低汞触媒普及率×50%］}×2008年用汞量

依上述公式，在假设开工率只增不减的情况下，假设预测年开工率分别为60%、70%、80%、90%和100%，计算2012年和2015年低汞触媒产能普及率分别为50%和大于90%情况下汞的净削减比例，结果见表7－2。

表7－2　2012年和2015年我国电石法PVC汞削减潜力预测　　（%）

预测年开工率	53	60	70	80	90	100
2012年汞净削减比例	25	15	0.94	－13	－27	－42
2015年汞净削减比例	>45	>38	>27	>17	>6.6	> －3.8

结果显示，在保持2008年产能不变、2012年低汞触媒产能普及率达到50%的情况下，如果开工率升至60%，则汞的净削减比例将达到15%；如果开工率升至70%，则汞净削减比例仅为0.94%；如果开工率达到100%，则2012年的用汞量将在2008年基础上净增42%。同样，在保持2008年产能不变、2015年低汞触媒产能普及率大于90%的情况下，如果开工率升至60%，则汞的净削减比例将超过38%；如果开工率达到100%，则2015年的用汞量将在2008年基础上净增3.8%。

可见，即使我国PVC行业在未来几年能够按制定的行业规划发展，总用汞量的削减仍面临着巨大挑战，主要原因是目前我国电石法PVC产能过剩，企业开工率低，未来几年该行业的汞削减量将更多依赖于PVC的市场需求情况以及国际石油价格，若市场需求量快速增长和/或石油价格走高（电石法生产成本低于乙烯法），企业开工率提高，用汞量将会在目前基础上大幅度增加，即使行业推行的盐酸脱吸、分子筛固汞触媒技术以及废汞触媒回收技术等均将取得显著成效，但短期内尚难大规模推广应用，仍难抵PVC市场需求增加而导致的行业用汞量的增长。未来几年，我国PVC行业的用汞量仍可能呈现增长势态。

7.1.2.2　电池生产行业

我国的电池产品种类和型号较多，目前，圆柱型碱锰电池已基本全部实现无汞化，锌－氧化汞电池已停止生产、销售和使用，仍在生产的含汞电池主要包括糊式锌锰电池、纸板锌锰电池、扣式碱锰电池、扣式氧化银电池、锌－空气电池以及其他少量特殊用途的含汞电池。2008年各类含汞电池的产量见表7－3。

我国电池行业2008年的总用汞量约为140t，其中用汞量最大的是扣式碱锰电池，占该行业总用汞量的 80% 左右，其次是糊式锌锰电池，约占总用汞量的 16%，这两类电池合计用汞量约占该行业总用汞量的 96%，其他电池仅占 4% 左右。可见，我国电池行业汞削减的重点应是减少含汞糊式锌锰电池和扣式碱锰电池的生产。

表 7-3 2008 年各类含汞电池的产量

电池种类	产品	总产量/万只	含汞电池/万只	含汞电池比例/%
糊式锌锰电池	糊式 R20	362300	362300	100
	糊式 R14	2034.95	2034.95	100
纸板锌锰电池	纸板 R20P	255988	20205.1616	82.8
	纸板 R6P	1039360	561254.4	54.0
	纸板 R03P	439902	237547.08	54.0
扣式碱锰电池		850000	800000	94.1
扣式锌-氧化银电池		8842	8842	100
锌-空气电池		294	294	100
锌-氧化汞电池		0	0	
其 他		22500	22500	100
合 计		3034695.01	2014977.592	

2008 年我国电池产品的产销情况显示，二氧化锰原电池（包括糊式锌锰电池和纸板锌锰电池）的出口量约占总产量的 72%，扣式碱锰电池的出口量约占总产量的 22%，详见表 7-4。尽管目前我国对电池出口的分类统计尚无法区分含汞电池和无汞电池，但我国 2008 年生产的糊式电池 100% 含汞，扣式碱锰电池约 94% 含汞，6% 无汞，因此两类电池的出口比例也基本代表了我国含汞扣式碱锰电池和糊式锌锰电池的出口比例，出口地主要是亚洲（表 7-5），约占出口总量的 50%，其中香港市场约占 25%。

表 7-4 2008 年我国电池产品的出口量　　　　　　（万只）

编号	商品名称	出口量	总产量	无汞部分	有汞部分
85061011	扣式碱性锌锰原电池（组）	185259.01	850000	50000	800000
85061012	圆柱型碱性锌锰原电池（组）	408670.61	782594.05	782594.05	0
85061019	其他碱性锌锰原电池（组）	23281.82	33753.23	33753.23	0
85061090	其他二氧化锰原电池（组）[①]	1562343.02	2169920.87	1331300	838600
85064000	锌-氧化银原电池（组）	7957.59	8841.77	0	8841.77
85066000	锌-空气的原电池及原电池组	264.45	293.84	0	293.84
85068000	其他原电池及原电池组	20218.91	22465.45	0	22465.45

① 包括糊式锌锰电池和纸板锌锰电池。

表7-5　2008年我国电池产品出口地　　　　　　　（只）

编号	亚洲	非洲	欧洲	南美洲	北美洲	大洋洲
85061011	1597683299	9822100	189219540	11918710	41822925	2123544
85061012	1873855904	52953994	1148914503	171475573	723565501	115940663
85061019	118155629	13798984	67435861	9176472	11682321	12568899
85061090	5624829069	6881571336	1463846254	561020146	1037262149	54901282
85064000	72358209	152000	1523558	1397170	4069594	75400
85066000	2051156	0	582823	720	0	9840
85068000	95695022	926608	26258344	23338380	1542153	54428568

从我国两类主要含汞电池的替代情况来看，扣式碱锰电池已有成熟的无汞替代产品，即采用金属铟替代汞，但由于无汞电池的价格约为0.1~0.15元/只，而含汞电池仅约0.06元/只，国内推广受制约，目前主要用于出口，但随着国外客商环保意识的提高，无汞扣式电池产量也在逐步提高。相比而言，糊式锌锰电池的无汞化进程较为复杂；一方面，纸板电池可以替代糊式电池，而且替代产品多为无汞化程度较高的R03和R06纸板电池，另随着电子器具小型化，要求配置体积小、功率大的电池，小型二次电池也在逐步替代锌锰电池，导致锌锰电池产量总体呈小幅下降趋势，但无汞纸板电池替代糊式电池也同样面临着价格偏高的制约；另一方面，糊式电池本身的生产工艺也可以无汞化，我国已有企业在小批量生产无汞糊式电池，但由于糊式电池需采用天然二氧化锰为原料，我国天然二氧化锰杂质多，品位下降，实现无汞化难度较大，目前的无汞糊式电池比例很小。

整体来看，支持推广无汞碱性锌锰电池和无汞普通锌锰电池技术、提高无汞电池出口退税比例等措施，将显著削减我国电池行业的用汞量。就碱锰电池而言，在我国2011年产业结构调整指导目录中，已将该类电池列入限期淘汰类落后产品，即2015年将淘汰含汞高于0.0001%（非人工添加汞）的圆柱型碱锰电池以及含汞高于0.0005%（非人工添加汞）的扣式碱锰电池，该项政策的实施，使得占行业用汞量80%左右的扣式碱锰电池将逐步淘汰。就糊式电池而言，目前该类电池产品已满足低汞含量（低于0.025%）要求，虽目前尚无相关政策对该类电池中的含汞产品实行控制，无法量化该类产品的汞削减潜力，但行业呈现的发展趋势表明，含汞糊式电池产量在小幅下降，其用汞量也将呈现逐年降低趋势，如果再考虑其他国家控制含汞电池进口的因素，我国出口比例70%以上的糊式电池的产量和用汞量将有进一步降低的可能性。此外，目前我国已将无汞碱性锌锰电池出口退税率恢复到15%，而对含汞碱性锌锰电池则取消出口退税，这将对我国无汞扣式碱锰电池的生产和出口起到促进作用，同时也会一定程度抑制含汞扣式碱锰电池的生产。

7.1.2.3 电光源生产行业

我国目前生产的含汞电光源主要是气体放电光源，分为低压气体放电灯（荧光灯，FL）和高压气体放电灯（HID）两大类，荧光灯又分为直管、紧凑、环形和无极荧光灯，HID 灯分为高压汞灯、高压钠灯和金卤灯。2008 年，我国电光源产品生产用汞总量约为 80t，用汞量最大的是荧光灯，其用汞量约占总量的 90% 以上，是我国电光源生产行业汞削减的重点。

荧光灯生产使用的含汞原材料分液汞和固汞两类，其中固汞又可分为汞齐和汞包两种。液汞属于元素汞，汞含量接近 100%；汞齐是汞与钠、铋、铱、锡、锌等金属元素组成的汞合金物质，主要应用于荧光灯，在紧凑型荧光灯产品中应用相对较多；汞包属于在金属包壳内充满元素汞的一种含汞原材料，主要应用于直管荧光灯。在电光源生产过程中，液汞注汞后的排气、老练以及后续环节都会产生汞排放和含汞废物，而且注入量难于控制，因此一般情况下液汞的注入量要高于行标规定的汞含量，例如，直管荧光灯单支汞含量约为 10mg，而液汞的单支注入量全行业平均则高达 25mg，其中约 15mg 的汞在生产过程中流失和因过量注入而损失。采用固汞技术，可以准确控制固汞中的汞含量，也减少液汞注入过程产生遗洒、滴落的可能性，还可降低含汞废气和废物的产生量以及其中的汞含量，是行业正在推广的清洁生产技术之一。

汞是气体放电光源生产中不可缺少的原材料，从目前的生产技术来看，还没有更适合的可用于替代汞的其他原材料，这是我国也是全球电光源行业面临的技术障碍。气体放电光源是照明节电领域的主要产品，也是目前全球倡导的"逐步淘汰白炽灯"活动的重要替代产品，我国是全球荧光灯生产大国，目前全球70% 以上的紧凑型荧光灯（俗称节能灯）在我国加工制造，随着白炽灯逐步退出市场，预计国内外市场对荧光灯产品的需求将进一步扩大，行业用汞量存在继续增长的可能。相反，LED 灯的快速发展也部分取代了含汞的气体放电光源，固汞技术的推广应用也对行业汞削减起到了积极促进作用，但 LED 灯本身存在技术和功能缺陷，尚不能取代所有类型的气体放电光源产品，且成本较高，而固汞和液汞的性能有差异，目前也还不能完全采用固汞来取代液汞。

为进一步削减汞的使用，减少汞的排放，目前行业已提出全面推广固汞替代液汞的技术，计划在 3 年内将固汞比例由目前的 20% 提高到 80%，同时，将废旧电光源产品的回收和处理列为行业循环经济发展的重点领域。按此计划，我国2012 年固汞使用比例将提高 60%，若不考虑荧光灯产量变化，也不考虑固汞生产过程中汞的流失和排放，则固汞替代液汞后单支产品含汞量与单支产品用汞量基本相同，即直管荧光灯从液汞的 25mg 减为固汞的 10mg，紧凑型荧光灯从 8mg

减为 5mg。2012 年我国直管荧光灯用汞量将在 2008 年基础上削减 36%，紧凑型荧光灯用汞量将削减 22.5%。如果考虑目前国家发展改革委正在推广的高效电光源产品的含汞量限制要求，即三基色双端荧光灯（直管荧光灯）含汞量不超过 8mg，普通照明用自镇流荧光灯（紧凑型）含汞量不超过 5mg，假设我国 5 年后全部采用此类高效电光源产品（较为积极的假设），则 2015 年我国直管荧光灯用汞量将在目前基础上削减 68%，紧凑型荧光灯用汞量将削减 38%。但必须考虑的是，我国节能灯产量一直处于稳步增长的趋势（见图 7 - 1，GLS 为白炽灯，CFL 为节能灯），年增长率近 10%，而且随着照明节电工作的深入开展，含汞的气体放电光源的生产和使用比例将会有所上升，按行业协会预测，行业用汞总量会逐步减少，但幅度不会太大。

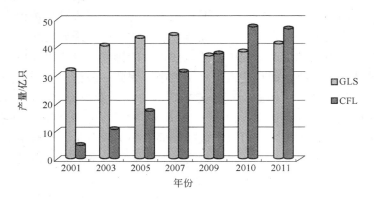

图 7 - 1   2001 ~ 2011 年中国 CFL 与 GLS 产量对比图

此外，考虑到我国电光源产品约 2/3 出口，国内可供回收的产品仅 1/3，即便对废旧荧光灯产品实现 100% 回收，汞回收量也非常小。但如果在产品出口方面出台相关控制政策，则对我国电光源行业汞的削减会产生明显效果。

总体而言，按目前行业的发展趋势，我国电光源行业汞削减的潜力不大，如果在出口方面不加以控制，未来几年我国在此行业的用汞量还会有上升的可能性。

7.1.2.4   医疗器械行业

医疗器械行业生产的含汞产品主要是含汞体温计和含汞血压计。2008 年，我国含汞体温计产量约为 10659 万支，血压计产量约为 257.93 万台。2010 年，我国含汞体温计产量约为 15032 万支，血压计产量约为 295.32 万台。目前全国生产体温计、血压计的企业有 100 多家，其中涉及含汞产品的仅有 20 多家，其余均为电子或红外等无汞产品生产企业。

近几年，电子体温计、远红外体温计等产品已在一些医院得到应用。相比含汞温度计,电子温度计在安全、性能、测量时间等方面都有优势,但在价格、计量准确率(受电量、环境因素影响较大)等方面处于劣势,推广较为缓慢,而且电子体温计的芯片还主要依赖从欧美、日本、中国台湾等地进口。我国非汞血压计的推广进展也相当缓慢,主要原因是观念问题和宣传问题,其次是无汞产品的性价比较含汞产品低,无汞血压计的价格高于传统血压计,且性能不稳定。

由于我国生产的含汞体温计50%以上出口国外,随着欧盟、美国等越来越多的国家和地区禁售含汞体温计,我国含汞体温计的出口将受到较大影响,这将会一定程度地抑制我国含汞体温计的生产,有助于淘汰一批小企业和不规范的体温计企业。不仅如此,我国对含汞体温计的汞污染问题也越来越重视,为推广电子体温计,我国已开始制订《医用电子体温计校准规范》,对电子体温计性能评定方法进行统一,促进电子体温计的规范生产和推广使用,对正确使用电子体温计、获得准确可靠的体温测量数据具有重要意义。该校准规范的出台,有助于发展电子及其他环保型体温计,取代含汞体温计。含汞血压计的替代也面临同样的现状,电子血压计的应用范围在逐步扩大,从医院到普通家庭均有使用,如果国家加大力度推广电子血压计,则含汞血压计的替代进程会加快并最终实现完全替代。

7.1.3　汞减排现状及趋势

我国主要的大气汞排放源是燃煤、有色金属冶炼、钢铁和水泥生产。2007年,四类排放源的大气汞排放量在800t左右,其中燃煤约占43%,铅、锌、铜有色金属冶炼约占49%,水泥生产约占6%,钢铁生产约占2%。可见,有色金属冶炼和燃煤是我国目前最大的两类大气汞排放源,合计排放量约占四类排放源汞排放总量的92%,是我国大气汞减排的重点。

"十一五"期间,我国对燃煤电厂采取了严格的控制标准。到2008年底,我国已有95%的燃煤电厂安装了静电除尘装置,60%的燃煤电厂安装了脱硫装置,在除尘、脱硫的同时也显著减少了汞的排放。但是,由于对工业部门没有采取控制措施,随着工业部门煤耗的增长,工业锅炉的汞排放占到了燃煤总排放的55.6%,而目前的工业锅炉通常只安装了对汞的协同去除效率较低的除尘装置,有很大的汞减排空间。我国的有色金属冶炼也有较大的汞减排潜力,如果冶炼工艺配备高效的烟气处理设施以及制酸工艺,冶炼过程的汞排放会大幅减少,但我国当前除部分大型冶炼厂外,众多的小型冶炼厂没有相应的设施,这也有很大的减排空间。

2011年,环保部启动了重金属规划的实施,其中涉及汞的行业主要有汞矿开采、有色金属冶炼、电石法PVC生产以及电池和荧光灯生产,目前各省已经完成了实施方案的制定,现已开展的工作主要是汞污染防治技术的示范应用,包括低汞触媒技术、汞触媒处置回收技术、无汞扣式碱锰电池生产技术、无汞糊式锌锰电池生产技术、矿山废水废渣处理和资源化技术以及有色金属冶炼汞减排技术等。

近期，联合国环境规划署（UNEP）编写的研究报告对我国汞排放进行了预测，报告假定了两种大气汞减排情景，预测基准设定为 2005 年，该年度我国大气汞排放量为 635t，并假设 2020 年我国煤炭消费量为 2005 年的 2 倍，工业生产强度为 1.5 倍。第一种为"加强排放控制"情景，预计 2020 年我国的汞排放量将下降到 380t，第二种为"最佳可行技术削减"情景，预计 2020 年我国的汞排放量将下降为 290t，相当于减少 40% ~ 55%。由于我国未来的经济、技术、政策等发展的具体情形难以估计，UNEP 在假定情形下所作的静态预测尚具有较大的不确定性，但选择不同减排技术在很大程度上决定了我国未来的汞排放水平，与发达国家相比，我国的大气汞减排还需寻求一个适合国情的最佳技术方案、技术战略，以适当减少在技术、资金方面面临的巨大压力。

7.2 我国汞污染防治对策建议

7.2.1 我国汞污染防治面临的挑战

我国在汞的生产、加工利用、贸易、排放等领域采取的控制措施，一定程度上遏制了汞的无序使用和排放。但我国作为发展中国家，经济发展速度较快但技术却相对落后，汞的生产、使用以及排放量均居世界前列，汞削减基数较大，而且存在着基本底数不清、基础研究薄弱以及缺乏经济可行的替代和减排技术等诸多问题需进一步解决。

（1）基础信息缺乏。近年来，与汞有关的一系列监测、调研和信息收集工作在我国不同层面、不同领域以不同形式和方法相继开展。从已获信息来看，我国已有针对典型行业的汞使用和排放清单，已有针对各大河流和海域的汞污染物监测数据和数据库系统，也已一定程度地掌握和了解了局部区域的汞污染现状信息以及部分城市的大气汞污染和重点地带的土壤汞污染数据，汞污染的环境和健康影响也已取得一些重要的研究成果。这些数据和信息的获得促进了我国汞污染防治工作的开展，但尚不足以为汞污染防治的技术支撑和环境管理体系建设提供必要的支持。我国目前涉及的汞排放源约有 40 多类，已开展调研的仅有几类；我国对大气和土壤的汞污染物监测数据缺乏，难以进行整体的现状评估；而关于汞污染的环境和健康影响数据则更加零散和缺乏。不仅如此，对于汞污染较为严重的典型地区也尚未进行系统的调研、监测和综合评估。总体看来，我国还需进一步系统调研汞排放源和汞污染现状信息，监测和评估汞污染的环境影响和健康影响，也迫切需要建立相应的信息管理和监控系统。

（2）基础研究薄弱。汞在环境介质中的迁移转化规律和特征是汞污染环境监测和预警体系建立的基础，我国针对此领域的研究起步较晚，基础薄弱。目前，我国虽已针对水体中的汞实施常规监测，但监测范围、手段等需进一步完善，也还需建立水体汞污染的预警模型；而我国针对大气和土壤环境则尚未建立常规监测体系。汞污染监测和预警体系的建立是我国汞污染防治能力建设的具体需求，需基于开展汞污染在大气、水体、土壤介质中的传输和迁移转化规律等研究来实现。

（3）汞污染防治技术落后。我国的汞污染防治技术整体落后于发达国家。含汞产品和用汞工艺的替代技术落后，汞需求量削减缓慢，也制约了汞供应的削减，特别是原生汞的生产供应，使得越来越多的汞通过产品加工、工艺使用等途径进入环境；大气汞减排技术落后，燃煤、有色金属冶炼、水泥生产等汞排放严重；汞污染场地修复技术缺乏，汞矿区、有色金属开采和冶炼区等土壤中汞超标现象普遍存在，周边居民身体健康受到严重威胁；城镇污水处理处置缺乏对重金属的专项治理技术，污泥汞含量高，农用受限；城市垃圾填埋场渗滤液汞回收和处理处置技术落后，二次污染严重。此外，随着我国汞减量减排力度的不断加强，汞需求量将逐渐减少，汞回收量将不断增加，我国还将面临汞的过量供应以及过量汞的长期贮存问题，目前国外已开展汞的长期贮存技术研究，我国在此领域尚处空白。因此，我国目前急需开展汞污染防治可行技术的筛选和示范研究，为相关管理政策的制定奠定基础。

（4）汞污染综合管理水平有待提高。我国汞污染的综合管理水平与发达国家的差距较大。由于发达国家多已建立了比较完善的有毒化学品管理的法律法规体系，与之配套的风险评价体系、污染物监控体系（如 PRTR 制度）等也相对比较完善，已具备先进的管理手段和措施，汞污染的综合管理水平较高。而我国则由于化学品管理法律法规体系滞后，国际先进的管理手段和措施难以采纳和实施，加之现行法律法规的执行力度不足，导致针对汞污染防治的综合管理水平不高。因此，我国目前急需针对各涉汞行业开展最佳环境实践体系研究，开展导则的编制及示范研究，以推动、促进现行法律法规和标准的实施，推动国际先进管理手段和措施的应用；也需优先开展汞污染物排放及转移登记制度的研究，建立数据库管理系统，为汞污染物减排管理奠定基础。同时，还应启动汞污染风险评价和控制研究，为涉汞行业的环境影响评价提供技术支持。

（5）汞管理政策法规体系亟待完善。在过去十多年中，我国采取一系列行动，制定完善了诸多关于汞的法律法规和标准，如制定和实施了大气和水的汞排放标准；对汞的进出口实行了政策性控制；淘汰了一些落后的用汞工艺和产品，如汞法氯碱生产、汞法提金、氧化汞电池等；对有些涉汞产品制定了含汞量限制标准，如干电池、扣式电池、荧光灯等，一定程度上遏制了汞的无序使用和排放。但与发达国家相比，我国汞管理政策法规体系尚存在许多缺口，也有许多尚待完善。目前，我国对汞供需环节的管理和控制手段缺乏，导致无汞替代产品推广受阻，汞需求行业扩张迅速，也使得我国近年来的汞需求量呈上升趋势。此外，我国现行的各类涉汞标准多已陈旧，特别是汞排放标准，已难以适应当前汞污染防治工作的具体需求；含汞废物收集、回收困难等问题，也对我国现行的含汞废物管理提出了新的要求。更为紧迫的是，2013 年国际汞公约的谈判制定，汞削减的各项行动及目标陆续实施，我国也急需开展相关研究工作，研究制定全生命周期汞污染防治对策。

7.2.2　汞污染防治对策建议

汞排放源主要分为无意排放和有意使用两类。汞的无意排放源主要来源于燃煤、燃油、有色金属生产、水泥生产、钢铁生产、废物焚烧以及燃料的提取等。有意使用产生的汞排放来源于用汞工艺和含汞产品的生产制造，用汞工艺主要有汞法氯碱生产、个体和小型金矿开采、电石法 PVC 生产等；含汞产品主要为测量和控制装置（包括温度计和血压计）、电池、齿科汞合金、电光源产品、开关和继电器以及少量的其他用汞产品。我国目前涉及的汞排放源主要包括燃煤、有色金属生产、水泥生产、钢铁生产、废物焚烧、原生汞生产、电石法 PVC 生产、含汞电池生产、含汞电光源生产、含汞体温计和血压计生产等，其他行业也有涉及，但对比上述主要涉汞行业而言，汞使用量和排放量相对较少。

我国环境污染防治的总体方针是以污染预防为主，防治结合。适应国家对重金属的污染防治规划，汞污染防治的未来趋势将以源头控制为主，通过调整产业结构，提高技术和管理水平，逐步减少汞的生产、使用和排放，有效降低汞污染风险及危害。无意排放领域面临的主要是大气汞减排技术问题，技术落后制约着汞减排政策的制定和实施；有意使用领域面临的主要是替代技术问题，无汞替代产品和工艺技术缺乏以及推广应用困难也同样制约着汞需求削减政策的制定和实施，进而影响汞供应特别是原生汞矿开采的削减和淘汰进程。汞污染防治对策的制定应从技术和政策两方面入手，以政策促进可行技术的研发和推广应用，以技术手段支持汞削减政策的制定和实施，主要对策是开展汞污染防治专题研究工作，从技术和政策两方面为汞污染防治工作提供支持。

7.2.2.1　政策领域

立足现状是汞污染防治对策制定的首要原则，应充分借鉴国内、外先进的汞污染防控技术和管理经验，依据国家重金属污染防治、清洁生产、循环经济、污染物末端治理、废物处理处置等环保政策，并充分结合行业现状及发展趋势，确保对策具有可行性。为保证对策的可操作性，具体措施的制定还应坚持科学性与实用性相结合的原则，依据各涉汞行业汞污染防治技术和管理水平现状，选择可行的替代产品/工艺技术、汞减量减排技术、废物处理处置技术以及先进的管理手段和措施，推行最佳可行技术和最佳环境实践，最大限度地减少汞的生产、使用和排放。

对策的制定应充分考虑以下要素：

（1）污染预防。选择资源消耗少、汞含量低、废物产排量少和污染小的工艺或产品，减少对环境和人类健康威胁，实现行业的可持续发展。

（2）环境管理体系建设。为更好地遵守相关环保法规，建立企业内部运行的环境管理体系，包括组织结构、责任分工、工作程序、操作指南等。

（3）汞污染综合防控。在优先采取预防措施的同时，必要情况下采取末端治理措施，包括与其他节能减排技术和措施的协同增效，减少汞向大气、水以及土壤的排放。

（4）循环和再利用。采用合理工艺及废物处理处置方法，尽可能实现生产过程中含汞三废的循环利用，尽可能回收废物中的汞。

（5）清洁生产。将国家综合性环保策略应用于生产全过程和产品整个生命周期，合理使用自然资源和能源，保护环境，提高企业整体效率，满足国家清洁生产审核要求。

（6）全生命周期管理。系统性评价产品/工艺在其整个生命周期中的废物产生、排放以及能源资源消耗状况，基于当前的环境评价手段以及经济、社会和环境的综合情况，树立贯穿产品和社会服务的全生命周期管理理念，实现可持续化生产和消费。

（7）利用科技手段解决实际问题。加强对汞污染防治相关科学知识和技术的利用，加强与科研机构的合作，积极参与研发、示范及应用新技术。

（8）职业安全防护。提高企业管理者和工人的环保意识，采取有效的公共和个人防护措施，加强职业安全管理，减少汞对工人身体健康的危害。

此外，为确保汞污染防治对策具有前瞻性，还应充分考虑国际、国内的管理需求和趋势，明确各涉汞领域汞污染防治的管理目标。汞供需领域的对策目标是最大限度减少至最终淘汰汞的生产、使用和贸易，而汞排放领域的对策目标则是最大限度减少汞的排放，但不可能完全消除无意排放。

7.2.2.2 科研领域

（1）汞排放源的系统识别与筛查。该项研究的主要目的是建立全国汞排放源信息系统，筛选确定重大汞排放源清单，为管理政策、法规的制定和实施等提供信息平台。全面识别汞排放源，包括所有涉汞的生产、加工、使用、固体废物处理处置、市政污水和城市垃圾处理等行业，分析汞排放产生原因和排放特征；针对各类汞排放源，全面调研和收集汞排放企业的基础信息和环保信息，建立全国汞排放源信息系统；分析我国各类汞排放源现状及其发展趋势，研究制定重大汞排放源的筛选原则和方法，筛选确定我国重大汞排放源清单。

（2）汞污染物的监测与现状评估。研究制定全国水域、大气、土壤汞污染物监测方案并实施监测，对全国汞污染现状进行全面评估；选择汞矿开采、有色金属冶炼等行业企业较为集中的区域，制定大气、水、土壤三类环境介质的汞污染物监测方案并实施监测，综合评估典型区域的汞污染现状；研究建立全国汞污染监控信息系统，为建立汞污染监测和预警体系提供基础数据支撑。

（3）汞污染的环境影响与健康效应研究。该项研究的目的是评估我国汞污染环境影响和健康危害现状，为汞污染风险评价与控制技术研究以及汞污染防治政策研究提供支持。针对与人类生存密切相关的水生动物和陆生植物等，研究确定汞污染环境影响评估指标体系，制订调研方案并开展调研工作，对全国汞污染环境影响现状进行综合评估；研究确定汞污染健康危害评估指标体系，制订调研方案并开展调研工作，对全国汞污染健康危害现状进行综合评估；选择汞矿开采、有色金属冶炼等行业企业较为集中的区域，制订汞污染环境影响和健康危害调研方案并开展调研工作，综合评估典型区域的汞污染环境影响和健康危害现状。

（4）汞污染防治技术支撑体系研究。开展大气汞污染传输规律及特征研究，研究区域和全球大气汞污染的扩散传输及多界面交换特征；开展水体、土壤汞污染迁移转化规律及影响特征研究；开展大气汞减排可行技术筛选研究，针对燃煤、有色金属冶炼、水泥窑、垃圾焚烧等主要大气汞排放源，筛选研究包括原料预处理、与其他大气污染物的协同减排、汞回收等的最佳可行技术，研究针对各排放源大气汞减排的最佳可行技术；开展市政污水、城镇垃圾处理中汞的迁移转化及阻断技术研究，研究市政污水处理中汞的迁移转化规律，研究汞在污水处理过程中的阻断技术以减少污泥汞含量以及促进污泥农用，研究垃圾填埋处理中汞的迁移转化规律，研究阻断汞随垃圾渗滤液迁移技术；开展典型涉汞行业最佳环境实践模式及推广应用研究；开展汞污染场地修复技术筛选研究，针对汞矿区、有色金属矿山尾矿库、废弃氯碱厂等汞污染场地，结合国内外较为成熟的修复技术，筛选研究适合各类汞污染场地的可行土壤修复技术；开展全国汞污染监测及预警体系研究，基于我国汞污染监控信息系统，建立适合环境管理需求的环境监测体系，研发汞实时在线监测设备，实现实时监控，建立汞污染数值预报模型，用于汞污染事件的预警和预报；开展汞污染物排放和转移登记制度及网络数据库管理系统研究，基于汞排放源信息系统，研究建立汞污染物排放及转移登记制度，研究建立网络数据库管理系统；开展汞污染风险评价与控制技术导则编制研究，研究汞污染风险评价的原则和方法，建立汞污染风险评价指标体系，研究风险降低的控制技术和措施，研究编制汞污染风险评价与控制技术导则；开展汞无害环境长期贮存可行技术筛选研究，结合国外已有技术，筛选研究适合我国地域特点的汞长期贮存环境及贮存技术，为未来汞过量后的安全贮存提供技术储备。

（5）汞污染防治管理政策体系研究。开展汞全生命周期管理政策框架研究，研究制定包括汞的生产、加工、利用、销售、进出口贸易、无意排放以及含汞废物的回收和处理处置、废水处理、垃圾填埋等全生命周期的管理政策框架；开展汞削减规划的制定、实施及成本效益研究，研究制定汞供、需削减的可行目标及实施手段，研究制定燃煤、有色技术冶炼、水泥生产、废物焚烧等的大气汞排放削减可行目标及实施手段，研究汞削减成本效益评估方法；开展行业汞准入环境管理政策和总量控制政策研究，针对典型涉汞行业，研究建立汞污染防治综合管理指标体系，研究制定各行业汞准入环境管理政策，研究汞供需、排放的总量控制政策；开展大气汞排放标准研究，研究制定针对固定源、开放源、流动源等不同类型排放源的大气汞排放标准；开展废水汞排放标准研究，对现有废水汞排放源进行分类，细化排放标准；开展典型涉汞行业清洁生产审核标准研究，研究针对重大污染源行业的清洁生产审核标准；开展含汞废物回收和处理处置机制研究，研究建立含汞废物回收机制，研究制定全国含汞废物处理处置体系建设规划，研究建立有效调度和监督机制。

参考文献

[1] Global Mercury Assessment [M]. Geneva Switzerland: UNEP Chemicals, 2002.

[2] WHO/IPCS (1990). Methylmercury [R]. Geneva, Switzerland: World Health Organisation, International Programme on Chemical Safety (IPCS), 1990.

[3] Hladíková V, Petrík J, Jursa S. Atmospheric mercury levels in the Slovak Republic [J]. Chemosphere, 2001 (45): 801~806.

[4] Beusterien K M, et al. Indoor air mercury concentrations following application of interior latex paint [J]. Archives of Environmental Contamination and Toxicology, 1991, 21 (1): 62~64.

[5] Barregard L, Sällsten G, Järvholm B. People with high mercury uptake from their own dental amalgam fillings [J]. Occupational Environmental Medicine, 1995 (52): 124~128.

[6] USA, ATSDR. Toxicological profile for mercury [R]. Atlanta, USA: Agency for Toxic Substances and Disease Registry, 1999.

[7] Pelclova D, Lukas E, Urban P. Mercury intoxication from skin ointment containing mercuric ammonium chloride [J]. International Archives of Occupational Environmental Health, 2002, 75 (1): 54~59.

[8] Ernst E, Coon J T. Heavy metals in traditional Chinese medicines: A systematic review [J]. Clinical Pharmacology and Therapeutics, 2001, 70 (6): 497~504.

[9] Koh H L, Woo S O. Chinese proprietary medicine in Singapore: Regulatory Control of Toxic Heavy Metals and Undeclared Drugs. Drug Safety [J]. An International Journal of Medical Toxicology and Drug Experience, 2000, 23 (5): 351~162.

[10] Garvey J G, Hahn G, Lee R V. Heavy metal hazards of Asian traditional remedies [J]. International Journal of Environmental Health Research, 2001 (11): 63~71.

[11] WHO/IPCS. Inorganic mercury Environmental Health Criteria No. 118 [R]. Geneva, Switzerland: World Health Organisation, International Programme on Chemical Safety (IPCS), 1991.

[12] Lindqvist O, Johansson K, Aastrup M. Mercury in the Swedish environment——Recent Research on Causes, Consequenses and Corrective Methods. [J]. Water, Air and Soil Pollution, 1991 (55).

[13] Johansson K, Bergbäck B, Tyler G. Impact of atmospheric long range transport of lead, mercury and cadmium on the Swedish forest environment [J]. Water, Air and Soil Pollution, 2001 (1): 279~297.

[14] Louekari K, Mukherjee A B, Verta M. Changes in human dietary intake of mercury in polluted areas in Finland between 1967 and 1990 [J]. Mercury pollution, Integration and Synthesis, 1994: 705~711.

[15] Lindqvist O, Munthe J, Xiao Z F. The aqueous reduction of divalent mercury by sulfite [J]. Water, Air and Soil Pollution, 1991 (56): 621~630.

[16] Verta M. Mercury in Finnish forest lakes and resevoirs: Anthropogenic contribution to the load and accumulation in fish. Doctoral dissertation, Univ. of Helsinki [R]. Finland: Nat. Board of Waters and the Environ, 1990.

[17] Pirrone N. Mercury Research in Europe: Towards the preparation of the New EU Air Quality Directive [J]. Atmospheric Environment, 2001 (35): 2979~2986.

[18] US EPA (1997). Mercury study report to congress. US EPA [EB/OL]. http://www.epa.gov/airprogm/oar/mercury.html.

[19] CDC (2001). Blood and hair mercury levels in young children and women of childbearing age – United States, 1999. CDC – Morbidity and Mortality Weekly Report, March 2001 [EB/OL]. http://www.cdc.gov/mmwr/preview/mmwrhtml/mm5008a2.htm.

[20] Schober S E, Sinks T, Jones R. Methylmercury Exposure in US Children and Women of Childbearing Age, 1999–2000 [R]. USA: Journal of the American Medical Association, 2002.

[21] Feng Q, Suzuki Y, Hisashige A. Hair mercury levels of residents in China, Indonesia and Japan [J]. Archives of Environmental Health, 1998, 53 (1).

[22] Menasveta P. Fish survey and sampling in the Gulf of Thailand for total mercury determination [R]. Thailand, 1993.

[23] AMAP. Arctic Pollution Issues [R]. Oslo: Arctic Monitoring and Assessment Programme, 1998.

[24] Bowles K C. Mercury Cycling in Aquatic Systems [D]. Canberra: University of Canberra, 1998.

[25] Boischio A A P, Henshel D. Fish consumption, fish lore, and mercury pollution —— Risk communication for the Madeira River people [J]. Environmental Research, 2000, 84 (2): 108~126.

[26] Malm O. Mercury Environmental and Human Contamination in Brazilian Amazon [R]. Brazilian Amazon: NIMD Forum, 2001.

[27] Cossa D. Le mercure en milieu marin, le cas du littoral francais dans le contexte d'une contamination à l'échelle planétaire [J]. Revue Equinoxe no, 1994: 47~48.

[28] Thibaud Y. Utilisation du modèle de Thomann pour l'interprétation des concentrations en mercure des poissons de l'Atlantique [J]. Aquatic Living Resources, 1992 (5): 57~80.

[29] Denton G R W, Wood H R, Concepcion L P. Contaminant assessment of surface sediments from Tanapag Lagoon [R]. Saipan: WERI Technical Report, 2001 (93): 110~113.

[30] Dickman M D, Leung K M. Mercury and organochlorine exposure from fish consumption in Hong Kong [J]. Chemosphere, 1998 (37): 991~1015.

[31] Ramamurthy. Baseline study of the level of concentration of mercury in the food fishes of Bay of Bengal, Arabian Sea and Indian Ocean [J]. Bulletin of the Japanese Society of Scientific Fisheries, 1979, 45 (11): 1405~1407.

[31] Renzoni A, Zino F, Franchi E. Mercury levels along the food chain and risk for exposed populations [J]. Environmental Research, 1998 (77): 68~72.

[32] Naidu S D, Aalbersberg W G L, Brodie J E. Water quality studies on selected South Pacific Lagoons [R]. Nairobi: UNEP Regional Seas Reports and Studies, 1991.

[33] Khordagui H, Dhari A. Mercury in Seafood: A Preliminary Risk Assessment for Kuwaiti Consumers [J]. Pergamon Press, 1991.

[34] OSPAR. Quality Status Report 2000, Region II – Greater North Sea [R]. London: OSPAR Commission, 2000a.

[35] OSPAR. Quality Status Report 2000 (all regions) [R]. London: OSPAR Commission, 2000b.

[36] Yasuda Y, Kindaichi M, Akagi H. Changes of mercury concentration in fishes and those prey in Minamata Bay [R]. Japan: Gaia Minamata.

[37] Cernichiari E, Toribara T Y, Liang L. The biological monitoring of mercury in the Seychelles study [J]. Neurotoxicology, 1995 (16): 613~628.

[38] Kannan K, Tanabe S, Iwata H. Butyltins in muscle and liver of fish collected from certain Asian and Oceanic countries [J]. Environmental Pollution, 1995 (83): 159~167.

[39] Han B C, Jeng W L, Chen R Y. Estimation of target hazard quotients and potential health risks for metals by consumption of seafood in Taiwan [J]. Archives of Environmental Contamination and Toxicology, 1998, 35 (4): 711~720.

[40] Windom L H, Cranmer G. Lack of Observed Impacts of Gas Production of Bangkok Field, Thailand on Marine Biota [J]. Marine Pollution Bulletin, 1998, 36 (10): 799~807.

[41] Leah R T, Evans S J, Johnson M S. Mercury in flounder (Platichthys flesus L.) from estuaries and coastal waters of the north – east Irish Sea [J]. Environmental Pollution, 1992 (75): 317~322.

[42] Downs S G, Macleod C L, Jarvis K. Comparison of mercury bioaccumulation in eel (Anguilla anguilla) and roach (Rutilus rutilus) from river systems in East Anglia, UK – I. Concentrations in fish tissue [J]. Environmental Technology, 1999 (20): 1189~1200.

[43] Burger J, Gochfeld M. Risk, MercuryLevels and Birds: Relating Adverse Laboratory Effects to Field Monitoring [J]. Environmental Research, 1997 (75): 160~172.

[44] Burgess N M, Braune B M. Increasing trends in mercury concentrations in Atlantic and Arctic seabird eggs in Canada [R]. SETAC Europe: Poster presentation, 2001.

[45] Pirrone N, Costa P, Pacyna J M, et al. Atmospheric mercury emissions from anthropogenic and natural sources in the Mediterranean region [J]. Atmos pheric Environment, 2001 (35): 2997~3006.

[46] Barr J F. Population dynamics of the common loon (Gavia immer) associated with mercury – contaminated waters in northwestern Ontario [R]. Ottawa, Canada: Canadian Wildlife Service Occas, 1986.

[47] Nocera J J, Taylor P D. In situ behavioral response of common loons associated with elevated mercury (Hg) exposure [J]. Conservation Biology, 1998 (2): 10~26.

[48] Scheuhammer A M. Methyl mercury exposure and effects in piscivorous birds [R]. Canada: Ecological Monitoring Coordinating Office, 1995.

[49] Wiener J G, Spry D J. Toxicological significance of mercury in freshwater fish [R]. USA: Special Publication of the Society of Environmental Toxicology and Chemistry, 1996. 297~339.

[50] WHO/IPCS. Mercury—— Environmental aspects [R]. Geneva, Switzerland: World Health Organisation, International Programme on Chemical Safety (IPCS), 1989.

[51] Monteiro L R, Furness R W. Accelerated increase in mercury contamination in North Atlantic mesopelagic food chains as indicated by time series of seabird feathers [J]. Environmental Toxicology and Chemistry, 1997, 16 (12): 2489~2496.

[52] Maag J, Lassen C, Hansen E. Massestrø msanalyse for kviksølv (substance flow assessment for mercury) [R]. Copenhagen (in Danish with summary in English). : Danish Environmental Protection Agency, 1996.

[53] Mukherjee A B, Melanen M, Ekquist M. Assessment of atmospheric mercury emissions in Finland [J]. The Science of the Total Environment , 2000 (259): 73 ~83.

[54] Norwegian Pollution Control Authority. Personal communication and received material [R]. Oslo: 2001.

[55] Finnish Environment Institute. Atmospheric emissions of heavy metals in Finland in the 1990's [R]. Helsinki (in Finnish): Finnish Environment Institute, 1999.

[56] KEMI – National Chemicals Inspectorate. Kvicksilveravveckling i Sverige – redovisning av ett regeringsuppdrag (Substitution of mercury in Sweden) [R]. Sweden: The Chemicals Inspectorate, 1998.

[57] Travnikov O, Ryaboshapko A. Modelling of mercury hemispheric transport and depositions [R]. Moscow, Russia: Meteorological Synthesizing Centre – East, 2002.

[58] Lindqvist O, Jernelöv A, Johansson K. Mercury in the Swedish Environment [R]. Stockholm: National Swedish Environmental Protection Agency, 1984.

[59] Nriagu J O, Pacyna J M. Quantitative assessment of worldwide contamination of air water and soils by trace metals [J]. Nature , 1988 (333): 134 ~139.

[60] Nriagu J O. A global assessment of natural sources of atmospheric trace metals [J]. Nature, 1989 (338): 47 ~49.

[61] Fitzgerald, W, F. Cycling of Mercury between the Atmosphere and Oceans [R]. Reidel Publishing Company, 1986: 363 ~408.

[62] Mason R P, Fitzgerald W F, Morel M M. The biogeochemical cycling of elemental mercury: Anthropogenic influences [J]. Geochimica. et Cosmochimica. Acta, 1997, 58 (15): 31 ~98.

[63] Pirrone N, Keeler G J, Nriagu J O. Regional differences in worldwide emissions of mercury to the atmosphere [J]. Atmospheric Environment , 1996, 30 (37): 2981 ~2987.

[64] Lamborg C H, Fitzgerald W F, O'Donnell J. A non – steady – state compartmental model of global – scale mercury biogeochemistry with interhemispheric atmospheric gradients [J]. Geochimica et Cosmochimica Acta , 2002, 66 (7): 1105 ~1118.

[65] United Nations Environment Programme Chemicals Branch And Dtie. Summary of Supply Trade and Demand Information on Mercury [R]. Geneva: UNEP Governing Council decision, 23/9, 2006.

[66] UNEP Chemicals Branch DTIE. Overarching Framework UNEP Global Mercury Partnership [R]. Geneva, Switzerland.

[67] UNEP. Report on the major mercury containing products and processes, their substitutes and experience in switching to mercury – free products and processes [R]. Nairobi, Kenya: United Nations Environment Programme , 2008.

[68] The International Institute for Sustainable Development. A Reporting Service for Environment

and Development Negotiations [R]. Earth Negotiations Bulletin, 2011.

[69] Ministry of the Environment of Japan. Lessons from Minamata Disease and Mercury Management in Japan [R]. Japan, 2011.

[70] Xueyu L. Market Research Report on Chinese Mercury – free Thermometers and Sphygmomanometers [R]. 2007.

[71] Technology Demonstration For Reducing Mercury Emissions From Small – Scale Gold Refining Facilities [R]. Argonne National Laboratory Environmental Science Division : U. S. Environmental Protection Agency Office of International Affairs , 2008.

[72] Cheng Hefa, Zhang Yanguo. Municipal Solid Waste Fueled Power Generation in China: A Case Study of Waste – to – Energy in Changchun City [J]. Environment Science Technology, 2007 (41): 7509 ~ 7515.

[73] Cheng H, Hu Y. Municipal solid waste (MSW) as a renewable source of energy: Current and future practices in China [J]. Bioresour. Technol, 2010, 101 (11): 3816 ~ 3824.

[74] USGS. Mercury Content in Coal, Mines In China [R]. USA: 2004.

[75] Yewen Tan, Renata Mortazavj Bob Dureau, et al. An investigation of mercury distribution and speciation during coal combustion [J] . Fuel, 2004 (83): 2229 ~ 2236.

[76] European Commission and Directorate – General Environment. Options for reducing mercury use in products and applications, and the fate of mercury already circulating in society final report [R]. 2008.

[77] Pirrone N, Costa P, Pacyna J M. Mercury emissions to the atmosphere from natural and anthropogenic sources in the Mediterranean region [J]. Atmos. Environ, 2001, 35: 2997 ~ 3006.

[78] Pacyna E G, Pacyna J M. Global emission of mercury from anthropogenic sources in 1995 [J]. Water Air Soil Poll, 2002, 137: 149 ~ 165.

[79] Yan L, Wu Y. Secondary pollution problem caused by urban domestic refuse [J]. Zhong guo Huan bao Chan ye, 2003, 4: 16, 17.

[80] Streets D G. Anthropogenic Mercury Emissions in China [J]. Atmos Environ, 2005, 39: 7789 ~ 7806.

[81] Cheng Hefa, Hu Yuanan. China Needs to Control Mercury Emissions from Municipal Solid Waste (MSW) [J]. Incineration Environ. Sci. Technol, 2010, 44: 7994, 7995.

[82] UNEP. 关于各项战略目标的成本与惠益的报告 [R]. 2008.

[83] UNEP. 关于减少汞主要用途和排放的指南 [R]. 2006.

[84] UNEP. 查明可能受到汞暴露危害的人口指南 [R]. 2008.

[85] UNEP. 关于汞供求现状的报告 [R]. 2008.

[86] 关于加强重金属污染防治工作指导意见的通知 (国办发 [2009] 61 号).

[87] 重金属污染综合防治 "十二五" 规划.

[88] 产业结构调整指导目录 (2011 年本). 国家发展和改革委员会令 2011 第 9 号.

[89] 部分工业行业淘汰落后生产工艺装备和产品指导目录 (2010 年本). 中华人民共和国工业和信息化部. 工产业 [2010] 第 122 号.

[90] 关于加强电石法生产聚氯乙烯及相关行业汞污染防治工作的通知. 环境保护部, 环发

[2011] 4 号.

[91] 聚氯乙烯行业清洁生产技术推行方案. 工业和信息化部, 工信部节 [2010] 104 号.

[92] 电石法聚氯乙烯行业汞污染综合防治方案. 工业和信息化部, 工信部节 [2010] 261 号.

[93] 菅小东, 沈英娃, 姚薇, 等. 我国汞供需现状分析及削减对策 [J]. 环境科学研究, 2009, 22 (3): 788~792.

[94] 菅小东, 沈英娃, 曹国庆. 中国电池生产用汞量调查分析及削减对策 [J]. 环境科学与管理, 2008, 33 (10): 10~16.

[95] 郝春玲, 沈英娃, 张亚珍. 我国聚氯乙烯 (PVC) 树脂行业耗汞量削减方案研究 [J]. 环境科学研究, 2005, 18 (4): 23~27.

[96] 菅小东, 沈英娃, 周红, 等. 中国汞污染现状及防治 [J]. 环境污染与防治 (网络版), 2003 (4).

[97] 郝春玲, 沈英娃. 我国水银体温计生产及用汞情况研究 [J]. 环境科学研究. 2006, 19 (1): 18~21.

[98] 沈英娃, 菅小东. 论我国用汞总量的削减 [J]. 环境科学研究, 2004, 17 (3): 13~15.

[99] 曹国庆, 沈英娃, 菅小东. 废旧电池管理与环保法规 [J]. 电池工业, 2002, 7 (6): 322~325.

[100] 林海, 兰儒, 柯真山, 等. 市政污水管网中汞污染来源行业浅析 [J]. 环境科学与管理, 2007, 32 (1): 8~12.

[101] Jian Xiaodong, Wang Lei, Wang Yujing, Zhang Xin. Best Available Technology of Mercury Use Reduction and Pollution Control [J]. 2011 International Conference on Remote Sensing, Environment and Transportation Engineering, 2011, 5: 3874~3877.

[102] 苑自行. 如何理解 GB/T 24001—2004/ISO14001: 2004 《环境管理体系要求及使用指南》4.3.2 条款 [J]. Environmental Conformity Assessment, 2007 (3): 44~46.

[103] 王立刚, 刘伯谦. 燃煤汞污染及其控制 [M]. 北京: 冶金工业出版社, 2008.

[104] 沈路路, 胡建英, 董兆敏, 等. 中国部分地区汞暴露对儿童健康风险评价 [J]. 中国环境科学, 2009, 29 (12): 1323~1326.

[105] 林陶. 汞在水旱轮作系统的释放特征及其影响因素 [D]. 重庆: 西南大学, 2007.

[106] 原田正纯. 水俣病: 史无前例的公害病 [M]. 北京: 北京大学出版社, 2012.

[107] 余刚, 周隆超, 黄俊, 等. 持久性有机污染物和斯德哥尔摩公约履约 [J]. 2011 (5): 7~9.

[108] 郭卫广, 刘建国. 全球汞控制公约形式及中国履约需求分析 [J]. 环境污染与防治, 2010 (9): 107~111.

[109] 牟树森. 瑞典国际汞污染物学术会议综述 [J]. 重庆环境科学, 1991: 47, 48.

[110] 温武瑞, 李培, 李海英, 等. 我国汞污染防治的研究与思考 [J]. 环境保护, 2009: 33~35.

[111] 李静. 中瑞两国城市居住区大气汞的变异特征及人体暴露剂量估算 [D]. 重庆: 西南大学, 2007.

[112] 王少锋, 冯新斌, 仇广乐. 大气汞的自然来源研究进展 [J]. 地球与环境, 2006, 34 (2): 1~11.

[113] 孙淑兰. 汞的来源、特性、用途及对环境的污染和对人类健康的危害 [J]. 上海计量测试, 2006 (5): 6~9.

[114] 李成剑. 汞污染危害分析与防范措施探讨 [J]. 长江大学学报, 2010, 7 (2): 151, 152.

[115] 陈业材. 环境汞的来源与迁移转化规律的研究 [J]. 矿物岩石地球化学通报, 1994 (4): 135~137.

[116] 冯新斌, 仇广乐, 付学吾, 等. 环境汞污染 [J]. 化学进展, 2009, 21 (2): 436~457.

[117] 蔡文洁, 江研因. 上海燃煤电厂大气汞排放初探 [J]. 上海环境科学, 2007, 26 (5): 207~211.

[118] 于建国. 我国汞污染防治现状和发展趋势 [J]. 化学工业, 2010, 28 (3): 40~42.

[119] 刘东升, 范红波. 加强汞污染防治促进电石法聚氯乙烯行业健康发展 [J]. 中国氯碱, 2011 (4): 1~3.

[120] 国内外汞问题背景情况及全球形势调研分析报告 [R]. 北京: 化学品登记中心, 2010.

[121] 郦涓林, 李承志. PVC 生产过程安全与环保状况分析 [J]. 聚氯乙烯, 2007, 3 (3): 1~13.

[122] 李广辉. 贵州省土法炼锌中环境汞污染研究 [D]. 重庆: 西南农业大学, 2003.

[123] 中国有色金属工业协会. 中国有色金属工业年鉴 [M]. 北京: 《中国有色金属工业年鉴》编辑部, 2008: 555~557.

[124] 王起超, 沈文国, 麻壮伟. 中国燃煤汞排放量估算 [J]. 中国环境科学, 1999, 19 (4): 318~321.

[125] 张明泉, 朱元成, 邓汝温. 中国燃煤大气排放汞量的估算与评述 [J]. Ambio - 人类环境杂志, 2002, 31 (6): 482~484.

[126] 陶秀成, 赖维平. 重庆市燃煤排汞调查 [J]. 重庆环境科学, 1989. 11 (4): 87~90.

[127] 典型行业汞使用和排放清单项目研究报告 [R]. 北京: 环境保护部污染防治司化学品处, 2010.

[128] 燃煤、有色、钢铁、水泥工业汞使用和排放清单项目研究报告 [R]. 北京: 清华大学环境科学与工程系, 2010.

[129] 徐稳定, 石林, 耿曼. 燃煤电厂烟气中汞控制技术研究概况 [J]. 电站系统工程, 2006, 22 (6): 1~4.

[130] 张杰, 潘卫国, 魏敦菘. 燃煤电站汞的排放及控制 [J]. 锅炉技术, 2007, 38 (1): 32~37.

[131] 冯新斌, 洪业汤. 中国燃煤向大气排放汞量的估算 [J]. 煤矿环境保护, 1996, 10 (3): 10~13.

[132] 典型涉汞行业工艺筛选和汞排放环节识别 [R]. 北京: 环境保护部化学品登记中心, 2010.

[133] 朱雪梅, 王一喆. 有色冶炼的重金属污染 [J]. 中国有色金属, 2009 (19): 62, 63.

[134] 王书肖, 刘敏, 蒋靖坤, 等. 中国非燃煤大气汞排放量估算 [J]. 环境科学, 2006, 27 (12): 2401~2406.

[135] 蒋靖坤. 中国燃煤汞排放清单的初步建立 [D]. 北京: 清华大学, 2000.

[136] 何磊. 重庆市人为汞散发和自然释放通量研究 [D]. 重庆：西南农业大学，2004.

[137] 葛俊，徐旭，等. 垃圾焚烧重金属污染物的控制现状 [J]. 环境科学研究，2001，14 (3)：62～64

[138] 汤庆合，丁振华，等. 大型垃圾焚烧厂周边环境汞影响的初步调查 [J]. 环境科学，2005，26 (1)：196～199.

[139] 张俊姣，董长青，刘启旺. 城市生活垃圾焚烧过程中汞污染防治研究 [J]. 能源研究与利用，2001 (6)：17～19.

[140] 王军玲，张增杰，韩玉花. 医院含汞废物污染和减排对策探讨 [J]. 环境科学与管理 2010，35 (7)：10～13.

[141] 张英民，梁锡伟，郎需霞，等. 新型环保低汞触媒的开发及应用 [J]. 中国氯碱，2008 (4)：14～17.

[142] 何志明. 固汞在低气压气体放电灯中的应用（上）[J]. 中国照明电器，2008 (1)：9～12.

[143] 何志明，晏波元，何志平. 带罩节能灯用固汞的选择及应用 [J]. 中国照明电器，2009 (1)：22～26.

[144] 尹偕. 两类紧凑型荧光灯圆排机的比较 [J]. 中国照明电器，2005 (5)：15～18.

[145] 王敬贤，郑骥. 含汞废弃荧光灯管处理现状及分析 [J]. 中国环保产业，2010 (10)：37～40.

[146] 张明，彭瑾，曹燕燕. 废旧电池的回收处理技术进展 [J]. 环境卫生工程，2008 (2)：18～21.

[147] 肖传豪. 废旧电池污染及其防治对策 [J]. 化工时刊，2010 (4)：64～67.

[148] 孟祥和，胡国飞. 重金属废水处理. [M]. 北京：化学工业出版社，2000.

[149] 唐宁，柴立元，闵小波. 含汞废水处理技术的研究进展 [J]. 工业水处理，2004 (8)：5～13.

[150] 朱又春，林建民，林美强，等. 电池厂含汞废水的微电解处理 [J]. 环境保护，1999 (3)：12～16.

[151] 阳争荣，王洪涛. 含汞废水处理研究进展 [J]. 广东水利水电，2004 (6)：55～57.

[152] 邓先伦，蒋剑春. 除汞载硫活性炭研发 [J]. 林产化工通讯，2004 (6)：13～16.

[153] 潘庆. 汞蒸气净化治理技术应用现状 [J]. 福建环境，2000 (5)：12，13.

[154] 赵新丽，周军，李春华. 含汞废水深度处理技术在电石法 PVC 汞减排体系中的应用 [J]. 聚氯乙烯，2010 (5)：29～34.

[155] 韩月香，诸永泉，谈定生，等. 吸附法治理汞废气的机理研究 [J]. 上海大学学报（自然科学版），2002 (3)：205～208.

[156] 吴丹，张世秋. 国外汞污染防治措施与管理手段评述 [J]. 环境保护，2007 (10)：72～75.

[157] Gold M R, Siegel J E, Russell L B, et al. Cost – effectiveness in health and medicine [M]. New York：Oxford University Press, 1996.

[158] 孟祥周. 中国南方典型食用鱼类中持久性卤代烃的浓度分布及人体暴露的初步研究 [D]. 北京：中国科学院研究生院，2007.

[159] 唐洪磊，郭英，孟祥周，等. 广东省沿海城市居民膳食结构及食物污染状况的调研 [J]. 农业环境科学学报，2009，28（2）：329~336.

[160] 蔡文洁，江研因. 甲基汞暴露健康风险评价的研究进展 [J]. 环境与健康杂志，2008，25（1）：77~80.

[161] 田文娟，陈来国，莫测辉，等. 广州市典型食用鱼类甲基汞含量及风险评估 [J]. 农业环境科学学报，2011，30（3）：416~421.

[162] 吴沈春. 环境与健康 [M]. 北京：人民卫生出版社，1982.

[163] Joshua T Cohen, D C Bellinger, W E Conor, et al. A Quantitative risk – benefit analysis of changes in population fish consumption [J]. Am J PrevMed, 2005, 29 (4)：325~334.

[164] WHO，邵岩，齐津权. 2001 年的食物链——食品安全是一个世界性的挑战 [J]. 国外医学卫生学分册，2002，29（1）：1~20.

[165] National Academy of Sciences. Toxicological effects of mercury [R]. USA：The National Academy of Sciences, 2000.

[166] Sumner J, Ross T, Ababouch L. Application of Risk Assessment in the Fish Industry [M]. Rome：FAO, 2004.

[167] 江津津，曾庆孝，阮征，等. 水产品中汞与甲基汞风险评估的研究进展 [J]. 食品工业科技，2007，28（11）：244~246.

[168] 我国乙炔法 PVC 生产企业汞环境保护调研报告 [R]. 化工信息中心，2009.

[169] 中国统计局. 中国统计年鉴 [EB/OL]. http://www. stats. gov. cn/tjsj/ndsj/.

[170] US, EPA. Mercury laws and regulations [EB/OL]. http://www. epa. gov/mercury/regs. htm.

[171] 湖南认证网. HSE 健康、安全与环境管理体系 [EB/OL]. http://www. hnrzw. com/ show_news. asp? newsid = 519.

[172] PDCA 循环 [EB/OL]. http://www. chinavalue. net/wiki/showcontent. aspx?titleid = 35367.

[173] HELCOM. Fourth periodic assessment of the state of the environment of the Baltic marine area [R]. Finland：Helsinki Commission, 2001.

[174] Bhattacharya B, Sarkar S K. Chemosphere [R]. India, 1996：147~158.

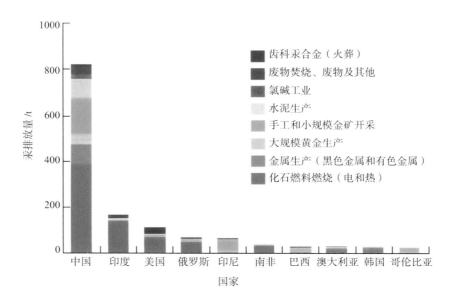

图 3-9　2005 年全球十大大气汞排放国

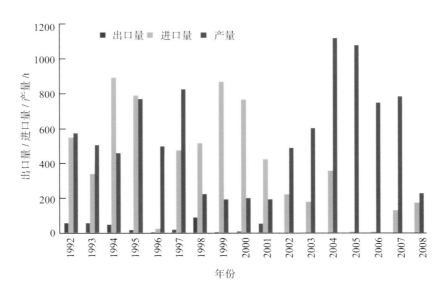

图 5-2　我国汞产量和进出口量变化情况